火力发电工人实用技术问答丛书

燃料设备检修技术问答

《火力发电工人实用技术问答丛书》编委会　编著

中国电力出版社
CHINA ELECTRIC POWER PRESS

内 容 提 要

本书为《火力发电工人实用技术问答丛书》的一个分册。全书以问答形式，简明扼要地介绍了火力发电厂燃料设备检修方面的有关知识，主要内容包括燃煤和燃油两部分。燃煤部分包含燃煤检修基础知识，电气基础，卸煤、储煤、输煤设备及其检修，筛分破碎设备、辅助设备及其检修，输煤电气设备的控制及其检修，输煤环境综合治理设备及其检修，燃煤检修和安全技术管理等内容。燃油部分包含燃油系统检修基础，卸、储、供油设备、燃油泵、燃油部件及其检修，燃油区域设备检修安全及消防安全管理等内容。

本书从火力发电厂燃料设备检修的实际出发，不仅相关设备及其理论知识覆盖面广，而且贴近燃料设备检修实际情况，并重点突出检修过程中的故障分析、原理讲解等知识。本书可供火力发电厂从事燃料管理和燃料设备检修工作的技术人员、检修人员学习、参考，以及为员工培训、考试、现场抽考等提供题目，也可供相关专业的大、中专学校师生参考和阅读。

图书在版编目（CIP）数据

燃料设备检修技术问答/《火力发电工人实用技术问答丛书》编委会编著 . —北京：中国电力出版社，2023.1

（火力发电工人实用技术问答丛书）

ISBN 978-7-5198-7343-1

Ⅰ.①燃…　Ⅱ.①火…　Ⅲ.①火电厂—电厂燃料系统—检修—问题解答　Ⅳ.①TM621.2-44

中国版本图书馆 CIP 数据核字（2022）第 243791 号

出版发行：中国电力出版社
地　　　址：北京市东城区北京站西街 19 号（邮政编码 100005）
网　　　址：http：//www.cepp.sgcc.com.cn
责任编辑：孙　芳（010－63412381）
责任校对：黄　蓓　朱丽芳　王海南
装帧设计：赵姗姗
责任印制：吴　迪

印　　　刷：三河市万龙印装有限公司
版　　　次：2023 年 1 月第一版
印　　　次：2023 年 1 月北京第一次印刷
开　　　本：787 毫米×1092 毫米　16 开本
印　　　张：20
字　　　数：496 千字
印　　　数：0001—1000 册
定　　　价：78.00 元

《火力发电工人实用技术问答丛书》

编　委　会

（按姓氏笔画排列）

主　　编	王国清	栾志勇	
副 主 编	方媛媛	关晓龙	张宇翼
	张建军	张　挺	陈军义
	周　爽	赵喜红	郭　珏
编写人员	丁　旭	王卓勋	史翔宇
	白　辉	刘建武	刘　轶
	刘雪斌	邢　晋	李　宁
	李志伟	李思国	李敬良
	杨永恒	苏应华	陈金伟
	武玉林	原冯保	耿卫众
	贾鹏飞	郭光强	郭宏胜
	郭希红	郭景仰	高　健
	寇守一	梁小军	潘皓然

前　言

为了提高电力生产运行、检修人员和技术管理人员的技术素质和管理水平，适应现场岗位培训的需求，特别是为适应火力发电技术快速发展、超临界和超超临界机组大规模应用的现状，使火力发电企业员工技术水平与生产形势相匹配，编写了此套丛书。

丛书结合近年来火力发电发展的新技术及地方电厂现状，根据《中华人民共和国职业技能鉴定规范（电力行业）》及《职业技能鉴定指导书》，本着紧密联系生产实际的原则编写而成。丛书采用问答形式，内容以操作技能为主，基本训练为重点，着重强调了基本操作技能的通用性和规范化。

燃料系统作为火电厂的辅助系统，设备检修人员素质参差不齐，为此在本书编著中，增添了许多机械、液压、电气的基础知识，以满足不同层次检修人员的需求。在突出基础知识的同时，尽可能加入新设备、新材料、新工艺的内容，力求包含各型各类燃料设备的知识。全书内容丰富、覆盖面广、文字通俗易懂，是一套针对性较强的、有相关先进性和普遍适用性的工人技术培训参考书。

本书全部内容共两篇，总计十四章。全书由张挺、陈军义编写，张挺主编。古交西山发电有限公司副总工程师王国清统稿、主审。在此书出版之际，谨向为本书提供咨询及所引用的技术资料的作者们致以衷心的感谢。

本书在编写过程中，由于时间仓促和编著者的水平与经历有限，书中难免有缺点和不足之处，恳请读者批评指正。

编者

2022 年 5 月

燃料设备检修技术问答

目 录

前言

第一篇 燃 煤 部 分

15

第二篇 燃 油 部 分

第一篇
燃煤部分

第一章

燃煤检修基础知识

第一节　燃煤电厂基础

1　电能的生产过程是指什么?

答:电能的生产过程实际上是电厂通过发电设备将一次能源转化为二次能源的过程。一次能源是指以原有形式存在于自然界中的能源,如原煤、原油、水力、风力、草木燃料、地热、核能、太阳能等;二次能源是指由一次能源直接或间接转换为其他形式的能源,如电能、热能、各种石油制品、煤气、液化气、余热、火药、酒精等。

2　火力发电厂存在哪几种形式的能量转换?

答:火力发电厂存在三种形式的能量转换:煤炭在锅炉内燃烧放出热量,将水加热成具有一定压力和温度的蒸汽,然后蒸汽沿管道进入汽轮机膨胀做功,带动发电机一起高速旋转,从而发出电来。在汽轮机中做完功的蒸汽排入凝汽器中并凝结成水,然后被凝结水泵送入除氧器。水在除氧器中被来自抽汽管的汽轮机抽汽加热并除去所含气体,最后又被给水泵送回锅炉中重复参加上述循环过程。显然,在整个过程中的能量转换有:在锅炉中煤的化学能转变为热能;在汽轮机中热能转变为机械能;在发电机中机械能转换成电能。

3　煤炭是怎样形成的?

答:煤炭是地壳运动的产物,远在几亿年前的古生代到新生代时期,生长在浅海或沼泽湖泊中的大量植物的遗体,经微生物的化学作用转变成废泥和泥炭。因为地壳的运动和下沉,这些泥炭被深埋在地下,在长期高温高压的作用下,就转变成煤炭。这一转变过程也叫做煤化过程,随着煤化作用的加深,泥炭转变成褐煤、烟煤和无烟煤。

4　我国煤炭的种类与性能大致有哪些?

答:煤炭的分类有成因分类法、实用工艺分类法、煤化程度和工艺性能结合分类法。我国现行煤炭是按照煤化程度和工艺性能结合分类的,表征煤化程度的参数主要是干燥无灰基挥发分 V_{daf},煤化时间越长,挥发分越少,煤化程度就越高,含碳量也就越高。根据这个过程,煤炭大致可分为以下种类:

(1) 褐煤。包括褐煤一号、褐煤二号,煤化变质程度不大,挥发分 $V_{daf} > 37\%$,含水量高达 45％，含碳量相对低。

（2）烟煤。包括长焰煤、不黏煤、弱黏煤、中黏煤、气煤、肥煤、焦煤、瘦煤、贫瘦煤、贫煤等。以上各项从长焰煤到贫煤变质程度由低到高。

（3）无烟煤。是煤化程度最高的煤，挥发分 $V_{daf} \leqslant 10\%$，含碳量高达 90％，不易自燃。

5 我国煤炭资源的储量情况如何？

答：我国是一个煤炭资源丰富的国家，预测煤炭蕴藏量超过 5 万亿 t，已探明储藏量达万亿吨，年生产量 13.5 亿 t，居世界首位。在我国能源结构中，煤炭占 7％以上，火力发电厂年用量约 5 亿 t。

6 我国煤炭资源的分布格局如何？

答：我国煤炭资源呈现南少北多、东少西多的分布格局，在目前已探明的煤炭储量中，新疆居全国首位，主要分布于天山南北，煤质好，埋藏浅。内蒙古的煤炭储量仅次于新疆，居全国第二，主要分布于伊克昭盟、锡林郭勒盟及鄂尔多斯大草原地区。山西煤炭储量居全国第三位，目前的保有量占全国的 1/3，可开采储量 150 亿 t，煤种类别较多，品种齐全，煤质较好，煤层构造平缓，埋较浅，有利于开采。山西煤炭年生产量居全国第一位。其中大同矿务局生产量最大，居全国第一。河南地区已探明的煤炭储存量超过 150 亿 t，其中年生产量最大的煤炭基地是平顶山矿务局，年产量达 2300 万 t，居全国第二。华东地区的鲁、皖、苏三省探明储存量 380 亿 t，煤的埋藏较深，表土层厚，流沙层多，水量大，开采困难。目前，安徽淮南矿务局的年生产量居全国第三位。

7 动力用煤有哪些种类？

答：动力用煤主要有长焰煤、褐煤、不黏结煤、弱黏结煤、贫煤和黏结性较差的煤及少部分无烟煤。另外，商用动力用煤还有洗混煤、洗中煤、煤泥、末煤、粉煤和筛选煤等。

8 煤的发热量是什么？其计量单位是什么？

答：煤的发热量是指 1kg 煤在一定温度下完全燃烧所释放出的最大反应热量。

发热量的单位是兆焦/千克（MJ/kg）或千卡/千克（kcal/kg）。$1MJ \approx 238.8kcal$（$1cal = 4.186\,8J$）。

9 什么是标准煤？如何换算？

答：规定收到基低位发热量 $Q_{net,ar} = 29\,271kJ/kg$（即 7000kcal/kg）的燃煤为标准煤。不同发热量的燃料消耗量可按式（1-1）换算成标准煤量，即

$$B_{std} = \frac{BQ_{net,ar}}{29\,271} \tag{1-1}$$

式中：B_{std} 为标准煤耗量；B 为实际燃煤耗量；$Q_{net,ar}$ 为实际燃料的收到基低位发热量，kJ/kg。

10 煤的自然堆积角（安息角）是什么？

答：煤以一定的方式堆积成锥体，在给定的条件下，只能堆到一定程度，若继续从锥顶缓慢加入煤时，煤粒便从上面滑下来，锥体的高度基本不再增加，此时所形成的锥体表面与

基础面的夹角称为自然堆积角或自然休止角或安息角。

　　静止安息角是物料在静止时的安息角；运动安息角是物料在动输中的安息角。运动安息角小于静止安息角。在输煤系统中，自然堆积角（安息角）对皮带输送机的选型，溜槽的角度，煤仓中煤堆的高度均有影响。常见煤种的自然堆积角（安息角）见表1-1。

表1-1　　　　　　　　　　　　　常见煤种的自然堆积角表

物料名称	堆积密度 （t/m³）	工艺计算有效容量 统一取值（t/m³）	物料自然休止 （°）	溜管、溜槽最小倾角 （°）
块煤（水分＜5％）	0.8～1.0	0.9	30～40	45
块煤（水分≥5％）	0.9～1.1	1.0	30～40	50
碎煤	0.7～0.9	0.8	40	50
无烟煤（干、大块）	0.8～1.2	1.0	25～40	50
无烟煤（干、小块）	0.7～1.0	0.9	27～40	50
无烟煤粉	0.5～0.9	0.5	37～45	50
烟煤（干、大块）	0.8～1.1	0.9	25～40	50
烟煤（干、小块）	0.8～0.9	0.85	30～40	50
烟煤粉	0.4～0.8	0.5	37～45	50
褐煤（干、大块）	0.8～0.9	0.85	23～40	50
褐煤（干、小块）	0.6～0.8	0.7	27	50
褐煤	0.7～1.0	0.85	35～40	50
煤粉（包括各工艺环节）	0.5～0.9	0.5	25～45	50

11　煤的真密度、视密度和堆积密度是什么？

　　答：煤的真（相对）密度（TRD）是在20℃时煤（不包括煤的孔隙）的质量与同温度、同体积水的质量之比。

　　煤的视（相对）密度（ARD）是20℃时煤（包括煤的孔隙）的质量与同温度、同体积水的质量之比。煤的密度决定于煤的变质程度、煤的组成和煤中矿物质的特性及其含量。煤的变质程度不同，纯煤密度有相当大的差异，如褐煤密度多小于1300kg/m³，烟煤多为1250～1350kg/m³，无烟煤一般是1400～1850kg/m³，即煤的变质程度越高，纯煤的密度越大。

　　煤的堆积密度是指在规定条件下单位体积煤的质量，单位为t/m³。一般随着煤变质程度的加深，堆积密度随之增大，如无烟煤为900～1000kg/m³、烟煤为850～950kg/m³、褐煤为650～850kg/m³、泥煤为300～600kg/m³。

12　煤的可磨性是什么？

　　答：煤是一种脆性物质，当煤受到机械力作用时，就会被磨碎成许多小颗粒，可磨性就是反映煤在机械力作用下被磨碎的难易程度的一种物理性质。它与煤的变质程度、显微组成、矿物质种类及其含量等有关。我国动力用煤可磨性（用哈氏指数HGI表示），其变化范围为45～127HGI，其中绝大多数为55～85HGI。其值越大，煤越易磨碎；反之则难以磨碎。它可用于计算碎煤机和磨煤机出力及运行中更换煤种时估算磨煤机的单位制粉量。

13 煤的磨损性是什么？

答：磨损性是表示煤对其他物质（如金属）的磨损程度大小的性质，用磨损指数 $AI(mg/kg)$ 表示，其值越大，则煤越易磨损金属。我国多数煤的 AI 为 $20\sim40$，只有少数煤 $AI>70$，它主要用来计算磨煤机在磨制各种煤时对其部件的磨损速度，也可用来计算输煤系统的碎煤机各部煤筒等部件的磨损。

14 煤质的变化对输煤系统有何影响？

答：煤质煤种的变化对输煤系统的影响很大，主要表现在煤的发热量、灰分、水分等指标。

（1）发热量的变化对输煤系统的影响。如果煤的发热量下降，锅炉的燃煤量将增加，为了满足生产需要，不得不延长上煤时间，使输煤系统设备负担加重，导致设备的健康水平下降，故障增多。

（2）灰分变化对输煤系统的影响。煤中的灰分越高，固定碳就越低，这样发同样的电就需要烧更多的原煤，会使输煤系统的负担加重，破碎困难，设备磨损加速，状态恶化。

（3）水分变化对输煤系统的影响。煤中水分很少，在卸车和上煤时，煤尘很大，易造成环境污染，影响环境卫生，影响职工身体健康；煤中水分过大（超过 4% 时），将使输煤系统沿线下煤筒黏煤现象加剧，严重时会使下煤筒堵塞，系统停机，不能正常运行，人员工作量加大，还会引起冬季存煤冻块太多，损坏设备。

（4）硫分太高，黄铁矿增多，使落煤管磨损和锈蚀严重，破碎困难。

（5）挥发分太多，易造成粉尘自燃。

15 煤的燃烧性能指标主要有哪些？各对锅炉运行有何影响？

答：燃煤的燃烧性能指标主要有：发热量，挥发分，结焦性，灰的熔点、灰分、水分、硫分等。

煤质成分变化时对锅炉运行的影响主要有：

（1）挥发分。挥发分高的煤易着火，燃烧稳定，但火焰温度低；挥发分低的煤不易着火，燃烧不稳定，化学不完全燃烧热损失和机械不完全燃烧热损失增加，严重的甚至还能引起熄火。锅炉燃烧器形式和一二次风的选择、炉膛形状及大小、燃烧带的敷设、制粉系统的选型和防爆措施的设计等都与挥发分有密切关系。

（2）水分。水分大于 8% 的煤，首先会造成原煤仓蓬煤、堵煤，使给煤机供应不足，制粉受阻；对燃烧系统来说会使热效率降低（1kg 水汽化约耗 2.3MJ 热量），导致炉膛温度降低，着火困难，排烟增大。烟气中的水分大，加快了三氧化硫形成硫酸的过程，造成空气预热器和炉膛腐蚀等后果。

（3）灰分。灰分越高，发热量越低，使炉膛温度下降。灰分大于 30% 时，每增加 1% 的灰分，炉膛温度降低 $5℃$，造成燃烧不良，乃至熄火、打炮。灰分增多使锅炉受热面污染积灰、传热受阻，降低了热能的利用，同时增大了机械不完全燃烧的热损失和灰渣带走的物理热量损失，而且增加了排灰负荷和环境污染。

（4）硫分。硫分高能造成锅炉部件腐蚀，加速磨煤机磨损，粉仓温度升高甚至自燃，又

5

会造成大气污染，煤中的硫每增加 1%，$1t$ 煤就多排 $20kg$ SO_2。

16 煤中水分存在的形式和特征有哪些？

答：煤中水分根据存在的形式可以分成三类：内在水分、表面水分、与矿物质结合的结晶水。

煤中水分的特征如下：

（1）表面水分，又称游离水分或外在水分。它存在于煤粒表面和煤粒缝隙及非毛细管的孔隙中。煤的表面水分含量与煤的类别无关，与外界条件（如温度、湿度）却密切相关。在实际测定中，是指煤样达到空气干燥状态下所失去的水分。

（2）内在水分，又称固有水分，它存在于煤的毛细管中。它与空气干燥基水分略有不同，空气干燥基水分是在一定条件下，煤样在空气干燥状态时保持的水分，这部分水在 $105\sim110℃$ 下加热可除去。因为煤在空气干燥时，毛细管中的水分有部分损失，所以空气干燥基水分要比内在水分高些。

（3）矿物质结合水（或结晶水），它是与煤中矿物质相结合的水分，如硫酸钙（$CaSO_4$·$2H_2O$）、高岭土（Al_2O_3·$2SiO_2$·$2H_2O$）中的结晶水，在 $105\sim110℃$ 温度下测定空气干燥基水分时结晶水是不会分解逸出的，而通常在 $200℃$ 以上方能分解、析出。

17 什么是煤的自燃倾向性？它与什么有关？

答：煤的自燃倾向性是表征煤自燃难易的特性。

煤的自燃倾向性与煤的吸氧量、含水量、全硫含量以及粒度等特性有关。

18 煤粉的爆炸极限是多少？

答：煤粉的爆炸极限是：烟煤，爆炸下限浓度为 $110\sim335g/m^3$，爆炸上限浓度为 $1500g/m^3$；无烟煤，爆炸下限浓度为 $45\sim55g/m^3$，爆炸上限浓度为 $1500\sim2000g/m^3$。

19 什么是瓦斯？瓦斯爆炸极限是多少？

答：瓦斯又称煤层瓦斯、煤层气。它是指从煤和围岩中逸出的甲烷、二氧化碳和氮等组成的混合气体。

当空气中瓦斯含量为 $5\%\sim16\%$ 时，遇火会引起爆炸，造成事故。

20 灰的化学成分主要是什么？

答：灰的化学成分主要包括二氧化硅、三氧化二铝、三氧化二铁、氧化钙、氧化镁、氧化钾、氧化钠、二氧化锰、五氧化二磷和三氧化硫等。

21 灰的熔融性对锅炉工作有什么影响？

答：当炉内温度达到或高于灰分的熔点时，固态的灰分将逐渐变成熔融状态，熔融状态的灰与受热面接触时，就会黏在受热面上造成结渣，使传热恶化，影响正常的水循环，严重时将威胁锅炉的安全、经济运行。

22 什么是煤的焦结性？焦结性与什么因素相关？

答：煤的焦结性是指煤在隔绝空气条件下加热，能否炼出性质优良的冶金焦的特性。

黏结性强的煤，炼出的焦炭不一定符合金焦的要求，如高挥发分的肥煤黏结性强，但炼出的焦横裂纹多，机械强度不够。煤的黏结性与挥发分关系密切。一般地说，干燥无灰基挥发分在22%～32%之间的煤黏结性最强，过高或过低都能使黏结性减弱。煤的黏结性与氧化程度也有很大关系，氧化程度大，黏结性减弱。煤的黏结性与灰分关系也极为密切，灰分高的煤中黏结成分与灰分结合而相应消失，所以黏结性就弱了。煤的焦结性与煤种有关，通常情况下，除烟煤外，其余的煤几乎都不结焦。也就是说，通常呈粉末状或黏结状。煤的焦结性还与煤在大气中的风化程度有关。有的煤初出矿时焦结性很强，但是在露天放置几星期后就失去了焦结性。

23 输煤系统主要由哪些设备组成？

答：输煤系统主要设备有：卸煤设备（翻车机等）、给料机、皮带输送机、煤场设备（斗轮机等）、筛碎煤机、除铁器、除尘器、电子皮带秤、自动采样器、犁式卸煤器、电动三通切换挡板、各种传感器以及排污泵等。

第二节　识　图　基　础

1 如何识读一张零件图？

答：识读零件图的方法为：

(1) 看标题栏。从标题栏内了解零件的材料、名称、比例等，并浏览视图，初步得出零件的用途和形体概貌。

(2) 看视图关系。分析思考视图布局，找出主视图、其他基本视图和辅助视图。根据剖视、断面的剖切方法、位置，分析思考剖视、断面的表达目的和作用。

(3) 识读尺寸和标注。找出零件长、宽、高三个方向的尺寸基准，然后从基准出发，找出主要尺寸，再找出各部分的定形尺寸和定位尺寸。

(4) 根据视图和尺寸，想象零件形状、结构和功能。从主视图出发，联系其他视图思考零件各部分的结构形状，直至想出整个零件的结构形状。同时通过对视图和尺寸的相互印证，检查视图有无冲突或尺寸及标注有无遗漏和错误的地方。若能结合零件结构功能来进行分析，思考会更加容易和准确。

(5) 从加工和使用的角度出发，识读图纸技术要求以及尺寸公差、形位公差、表面粗糙度等其他技术要求。着重弄清哪些部位尺寸精度要求高，哪些要求低，哪些表面要求高，哪些表面要求低，哪些表面不加工以及如何加工制作的问题。

(6) 最后综合前面的分析思考，把图形、尺寸和技术要求等全面系统地联系起来思索，并参考相关资料，得出零件的尺寸大小、整体结构、技术要求及零件的作用等完整的概念。

注意：在看零件图的过程中，上述步骤不能把它们机械地分开，往往是参差进行的。对于有些表达不够理想的零件图，需要反复仔细地分析思考，才能看懂。

2 "三视图"指的是什么？它们之间的投影规律是什么？

答："三视图"指的是采用正投影法绘制的主视、俯视、左视三面视图。

"三视图"的投影规律是：主视图、俯视图长对正（等长）；主视图、左视图高平齐（等高）；俯视图、左视图宽相等（等宽）。

3 什么叫斜度？它在图样中怎样标注？

答：斜度是指一直线或平面对另一直线或平面的倾斜程度，其大小以两直线或两平面间夹角的正切来表示。

通常以 $1:n$（并在其前加斜度符号"∠"）的形式，注写在与引出线相连的基准线上。斜度符号用细实线绘制，倾斜边方向应与直线或平面倾斜的方向一致。

4 什么叫锥度？它在图样中怎样标注？

答：锥度是指正圆锥的底圆直径与圆锥高度之比。若是圆锥台，其锥度为两底圆直径之差与圆锥台高度之比。

通常以 $1:n$（并在其前加锥度符号"◁"）的形式，注写在与引出线相连的基准线上。锥度符号用细实线绘制，符号所示的方向应与锥度的方向一致。

5 除基本视图外，还有哪些常用的视图？其应用条件是什么？它们与基本视图怎样配合使用？

答：除基本视图外，常用的视图还有：

（1）向视图。不在原位配置的基本视图，称为向视图（向视图与基本视图的主要差别就在于视图的配置形式——位置和标注不同）。当需用基本视图表达而又不宜将其画在原位时可将它配置在图纸的任何部位，主要是为了合理利用图纸幅面和匀称布图。

（2）局部视图。将机件的某一部分向基本投影面投射所得的视图，称为局部视图。当机件的某一部分在其他视图上尚未表示清楚，若因此再画一完整视图又大部分重复时，可用局部视图表达，即只画出基本视图中的一部分，而将其余部分省略不画。

（3）斜视图。将机件向不平行于基本投影面的平面投射所得的视图，称为斜视图。当机件上具有倾斜结构时可选用斜视图表达，即将倾斜部分向新设置的辅助投影面上投射以获得实形，而将其余部分省略不画。

基本视图与向视图、局部视图、斜视图的表达各有侧重，相辅相成。

6 剖视图共有哪几种？分别说明它们的概念和应用条件各是什么？

答：剖视图共有全剖视图、半剖视图、局部剖视图三种。

各剖视图的概念和应用条件为：

（1）全剖视图。用剖切面完全地剖开机件所得的视图，称为全剖视图。

全剖视图用于表达内部形状复杂的不对称机件，或外形简单的对称机件。

（2）半剖视图。当机件具有对称平面时，向垂直于对称平面的投影面上投射所得的图形，可以对称中心线为界，一半画成剖视图，另一半画成视图，这种剖视图称为半剖视图。

半剖视图用于表示对称机件。机件的形状接近于对称，且不对称部分已另有图形表达清楚时，也可画成半剖视图。

（3）局部剖视图。用剖切面局部地剖开机件所得的剖视图，称为局部剖视图。

局部剖视图主要用于表达局部内部形状结构，或不宜采用全剖或半剖的地方。

7　什么叫断面图？断面图分为哪几种？它们的画法有何不同？常用于什么场合？

答：假想用剖切面将机件的某处切断，仅画出该剖切面与机件接触部分的图形，称为断面图，可简称为断面。

断面图分为两种：移出断面和重合断面。

移出断面图的图形应画在视图之外，断面的轮廓线用粗实线绘制，配置在剖切线的延长线上或其他适当的位置。

重合断面图的图形应画在视图之内，断面轮廓线用细实线绘制。当视图中轮廓线与重合断面图的图形重叠时，视图中的轮廓线仍应连续画出，不可间断。

断面图常用于表达机件上某一部分的断面形状，如机件上的肋、轮辐、键槽、小孔、杆件和型材的断面等。

8　什么是局部放大图？怎样绘制和标注？局部放大图的比例指什么？

答：将机件的部分结构，用大于原图形所采用的比例画出的图形，称为局部放大图。当机件上的细小结构在视图中表达不清楚，或不便于标注尺寸和技术要求时，可采用局部放大图。

局部放大图可根据需要画成视图、剖视图或断面图，它与被放大部分的表达方式无关。

局部放大图必须标注：在视图上用细实线画出被放大的部位。当放大的部分仅为一个时，只需在局部放大图的上方注明所采用的比例；当有几个部位需要放大时，必须用罗马数字依次在圆圈上注明，并在局部放大图的上方注出相应的罗马数字和所采用的比例。同一机件上不同部位的局部放大图，当图形相同或对称时，只需画出一个。

局部放大图上所标注的比例是指该图形中机件要素的线性尺寸与实际机件相应要素的线性尺寸之比，而不是与原图形所采用的比例之比。

9　何谓简化画法？常用的简化画法有哪些？

答：简化画法是对视图、剖视图、断面图等常规画法加以简化的表示方法。

常用的简化画法有：

（1）对称机件的视图，可只画 1/2 或 1/4。

（2）回转体上的小平面，可用平面符号（相交的两细实线）表示。

（3）细长的机件可折断缩短绘制。

（4）肋、轮辐纵向不剖，横向剖。

（5）零件回转体上未剖的均布肋、轮辐、孔等可旋转剖视。

（6）小于 30° 的倾斜圆或圆弧的投影，可用圆或圆弧代替。

（7）剖切平面前的结构，可按假想的轮廓线（双点画线）绘制。

（8）若干相同结构的机件，可只画出一个或几个，其余用点画线表示中心位置，并注明总数。

（9）零件上的小圆角、小倒角可不画，但必须标注出尺寸。

（10）网状结构应用粗实线完全或部分地画出。

10　何谓标准件？常用的标准件有哪些？

答：标准件是指在结构、尺寸、材料、技术条件等方面均有标准要求，且其画法和标记均有标准规定的零件。

常用的标准件有：螺纹紧固件（螺栓、螺柱、螺钉、螺母、垫圈）、键（通平、半圆键、钩头楔键）、销（圆柱销、圆锥销、开口销）和各种滚动轴承等。

11 螺纹的五要素是什么？其含义是什么？内、外螺纹连接时对该要素有何要求？

答：螺纹的五要素是：牙型、直径、线数、螺距（导程）、旋向。

五要素的含义分别为：

（1）牙型。在通过螺纹轴线的断面上，螺纹的轮廓形状称为牙型。常见的螺纹牙型有三角形、梯形、锯齿形等。

（2）直径。螺纹直径分为大径、中径、小径。螺纹的公称直径为大径（管螺纹用尺寸代号表示）。

（3）线数。螺纹分为单线、多线。沿一条螺旋线所形成的螺纹称为单线螺纹。沿两条或两条以上螺旋线形成的螺纹称为多线螺纹。连接螺纹大多为单线螺纹。

（4）螺距。相邻两牙在中径线上对应两点间的轴向距离，称为螺距。注意区别螺距与导程：同一条螺旋线上的相邻两牙在中径线上对应两点间的轴向距离，称为导程。对于单线螺纹，螺距＝导程；对于多线螺纹，螺距＝导程/线数。

（5）旋向螺纹。有右旋和左旋两种。顺时针旋转时旋入的螺纹为右旋螺纹；逆时针旋转时旋入的螺纹为左旋螺纹。

内、外螺纹连接时，它们的上述五要素必须完全相同才能旋合到一起。

12 螺纹按用途怎样分类？常用的有哪几种？用在何处？其规定代号是什么？

答：螺纹按用途可分为两类：

（1）连接螺纹（用于连接零件和管件），常用的有普通螺纹和各种管螺纹。

普通螺纹又分为两种：当螺纹大径相同时，标准螺距中最大的一种，称为粗牙普通螺，其余的均为细牙普通螺纹。粗牙螺纹主要用于连接两个或两个以上的零件：由于细牙螺纹的螺距较粗牙的小牙也小，故适用于精密零件或薄壁零件的连接。

管螺纹又分为两种：非螺纹密封的管螺纹和用螺纹密封的管螺纹。后者又分为圆锥外螺纹、圆锥内螺纹和圆柱内螺纹。管螺纹是一种特殊的细牙螺纹，仅用于水管、油管和煤气管等薄壁管子的连接。

（2）传动螺纹（用于传递动力和运动），常用的有梯形螺纹和锯齿形螺纹。

梯形螺纹常用作各种机床上的丝杠。锯齿形螺纹常用作螺旋压力机上的传动丝杠。

常用标准螺纹的规定代号：粗、细牙普通螺纹用 M（细牙螺纹须在公称直径尺寸后乘以螺距表示）；55°非密封管螺纹用 G；55°密封管螺纹：圆锥外螺纹与圆柱内螺纹相配合时用 R；与圆锥内螺相配合时用 R_2。圆锥内螺纹用 R_c；圆柱内螺纹用 R_p；梯形螺纹用 T_r；锯齿形螺纹用 B。

13 下列螺纹标注的含义是什么？

答：螺纹标注的含义是：

（1）M12-5g6g-S。表示粗牙普通外螺纹，公称直径为 12mm，单线，右旋，中径、顶径公差带分别为 5g、6g，短旋合长度。

（2）M16×15 LH-6H。表示细牙普通内螺纹，公称直径为 16mm，螺距为 1.5mm，单线，左旋，中径、顶径公差带为 6H，中等旋合长度。

（3）G3/4A。表示非螺纹密封的圆柱外管螺纹，尺寸代号为 3/4，公差等级为 A 级，右旋。

（4）T,36×12（P6）LH-8e-L。表示梯形外螺纹，公称直径为 36mm，导程为 12mm，螺距为 6mm，双线，左旋，中径、顶径公差带为 8e，长旋合长度。

（5）B32×6-8c。表示锯齿形外螺纹，公称直径为 32mm，螺距为 6mm，单线，右旋，中径、顶径公差带为 8c，中等旋合长度。

14 常用的齿轮有哪几种？各有什么用途？

答：常用的齿轮有三种：
（1）圆柱齿轮（分为直齿、斜齿、人字齿），用于两平行轴之间的传动。
（2）锥齿轮，用于相交两轴之间的传动。
（3）蜗杆蜗轮，用于交错两轴之间的传动。

15 直齿圆柱齿轮的基本参数是什么？如何根据这些参数计算齿轮的其他几何尺寸？

答：直齿圆柱齿轮的基本参数是模数 m 和齿数 z。

只要知道这两个参数，就可以计算出齿轮的其他几何尺寸。其计算方法是：齿顶高＝m，齿根高＝$1.25m$，全齿高＝$2.25m$，分度圆直径＝mz，齿顶圆直径＝$m(z+2)$，齿根圆直径＝$m(z-2.5)$。知道了这些尺寸，就可以绘制齿轮轮齿部分的图形了。

16 试述单个直齿圆柱齿轮的规定画法。两齿轮啮合的首要条件是什么？在其剖视图的啮合区内，画图时应注意什么？

答：画齿轮的轮齿部分，关键是要掌握三条线和三个圆（齿顶线和齿顶圆、分度线和分度圆、齿根线和齿根圆）的规定画法。

画单个齿轮时，在齿轮的端面视图中，齿顶圆用粗实线绘制，分度圆用点画线绘制，齿根圆用细实线或省略不画。另一视图一般画成全剖视图（轮齿按不剖绘制），齿顶线和齿根线用粗实线绘制，分度线用点画线绘制。若不画成剖视图，齿根线用细实线绘制或省略不画。

两齿轮啮合的首要条件是：两个齿轮的模数必须相等。

在其剖视图的啮合区内，应注意五条线（两条齿顶线、两条齿根线、一条分度线）的画法：齿顶线与齿根线之间应有 0.25m 的间隙；被遮挡的齿顶线应画成虚线（但也允许省略不画）。

17 常用的销有哪几种？它们各有何功用？怎样标注？

答：常用的销有：圆柱销、圆锥销和开口销三种。
圆柱销和圆锥销主要起定位作用（限定两零件间的相对运动），也可作连接件使用。开口销起锁紧作用（常用于防止螺母的松脱）。

圆柱销的公差有 m6($R \leqslant 0.8m$) 和 h6($R \leqslant 1.6m$) 两种，其规格尺寸为直径 d 和长度 L，如公称直径 $d=10$mm、公称长度 $L=50$mm 的圆柱销，应标记为：

销 GB/T 119.1 10m6×50（或简化标记为：销 GB/T 119.1 10×50）

开口销的规格尺寸为销孔直径 d 和长度 L。如销孔直径 $d=5$mm、公称长度 $L=80$mm 的开口销，应标记为：

销 GB/T 915×80（销的直径稍小于销孔直径，具体尺寸可查标准）。

18 滚动轴承的代号由哪几部分组成？基本代号由哪几部分组成？其具体含义是什么？

答：滚动轴承的代号由基本代号、前置代号和后置代号组成。常用的为基本代号，前置、后置代号是轴承在结构形状、尺寸、公差、技术要求等有改变时，在其基本代号左右添加的补充代号。

基本代号（从左至右）由轴承类型代号、尺寸系列代号、内径代号构成。例如，6210 中"6"表示轴承类型代号为深沟球轴；"2"表示尺寸系列代号为 02 系列，0 省略不注；"10"表示内径代号为 $d=50$mm。又如：32006 中"3"表示轴承类型代号为圆锥滚子轴承；"20"表示尺寸系列代号为 20 系列；"06"表示内径代号为 $d=30$mm。

基本代号的具体含义如下：

（1）类型代号由数字或字母表示。例如，6 表示深沟球轴承，3 表示圆锥滚子轴承，5 表示推力球轴承，8 表示推力圆柱滚子轴承，N 表示圆柱滚子轴承等。

（2）尺寸系列代号由轴承宽（高）度系列代号和直径系列代号组合而成，均用数字表示。例如，02 为深沟球轴承尺寸系列代号中的一组，0 为宽度系列代号，省略不注，2 为直径系列代号；20 是圆锥滚子轴承尺寸系列代号中的一种，2 为宽度系列代号，0 为直径系列代号。各种轴承的尺系列代号是已规定了的，选用时须在相应标准中查得。

（3）内径代号一般由两位数字表示。当代号数字为 04～96 时，代号乘以 5 即为轴承内径。应注意，04～96 乘以 5，是表示 20～480mm（22、28、32 除外）范围内的公称内径尺寸。

19 什么是表面粗糙度？它用哪些符号表示？其含义是什么？

答：表面粗糙度是指加工表面上具有较小的间距和峰谷所组成的微观几何形状特征。

表面粗糙度的表示符号及其含义如下：

√—基本符号，表示表面可用任何方法获得。当不加注粗糙度参数值或有关说明（如表面处理、局部热处理状况等）时，仅适用于简化代号标注。

√—基本符号加一横画，表示表面是用去除材料的方法获得。例如：车、铣、钻、磨、剪切、抛光、腐蚀、电火花加工、气割等（可称为加工符号）。

√—基本符号加一小圆，表示表面是用不去除材料的方法获得。例如：铸、锻、冲压变形、热轧、冷轧、粉末冶金等，或用于保持上道工序的状况（可称为不加工符号）。

20 **什么是偏差、公差、公差带、标准公差和基本偏差？**

答：某一尺寸（实际尺寸、极限尺寸等）减其基本尺寸所得的代数差，称为偏差。最大极限尺寸减其基本尺寸所得的代数差称为上偏差；最小极限尺寸减其基本尺寸所得的代数差称为下偏差。上偏差与下偏差统称为极限偏差。实际尺寸减其基本尺寸所得的代数差称为实际偏差。偏差可以是正值、负值或零。实际偏差应位于极限偏差范围内。

最大极限尺寸减最小极限尺寸之差，或上偏差减下偏差之差，称为公差。它是允许尺寸的变动量。尺寸公差是一个没有符号的绝对值（永为正值）。

在公差带图解中，由代表上偏差和下偏差或最大极限尺寸和最小极限尺寸的两条线所限定的一个区域，称为公差带。

国家标准规定的确定公差带大小的任一公差称为标准公差。"IT"是标准公差的代号，阿拉伯数字表示其公差等级。标准公差等级分 IT 01、IT 0 至 IT 18 共 20 级。从 IT 01 至 IT 18 等级依次降低，而相应的标准公差数值依次增大。

确定公差带相对中性线位置的那个极限偏差称为基本偏差。它可以是上偏差或下偏差，一般为靠近中性线的那个偏差。当公差带位于中性线（表示基本尺的一条水平线）上方时，基本偏差为下偏差；当公差带位于中性线下方时，基本偏差为上偏差。

21 **公差带由哪两个要素组成？孔和轴的公差带代号由哪两种代号组成？**

答：公差带由"公差带大小"和"公差带位置"这两个要素组成。公差带大小由标准公差确定，公差带位置由基本偏差确定。

孔和轴的公差带代号，均由基本偏差代号（字母）和标准公差等级代号（数字）组成。标注时，两种代号并列（有大写字母的为孔的公差带代号，有小写字母的为轴的公差带代号），位基本尺寸之后，并与其字号相同。例如，H8 和 N7 为孔、h7 和 f6 为轴的公差带代号等。

22 **什么是配合？配合分哪几类？它们是怎样定义的？各用在什么场合？**

答：基本尺寸相同的、相互结合的孔和轴公差带之间的关系，称为配合。

配合分为以下三种：

（1）间隙配合。具有间隙（包括最小间隙等于零）的配合称为间隙配合。此时，孔的公差在轴的公差带之上，任取其一对孔和轴相配都具有间隙。

间隙配合主要用于孔、轴之间的活动联结，两者有相对运动。

（2）过盈配合。具有过盈（包括最小过盈等于零）的配合称为过盈配合。此时，孔的公差在轴的公差带之下，任取其一对孔和轴相配都具有过盈。

过盈配合主要用于孔、轴之间的紧固联结，它不允许两者有相对运动。

（3）过渡配合。可能具有间隙或过盈的配合称为过渡配合。此时孔的公差带与轴的公带相互交叠，任取其一对孔和轴相配，都可能具有间隙，也可能具有过盈。

过渡配合主要用于孔、轴之间的定位联结。

23 **什么是间隙？什么是过盈？在三类配合中，怎样计算最大、最小间隙和过盈？**

答：间隙是指孔的尺寸减去相配合的轴的尺寸之差为正（孔径＞轴径）。

过盈是指孔的尺寸减去相配合的轴的尺寸之差为负（孔径＜轴径）。

在间隙配合中，孔的最大极限尺寸减去轴的最小极限尺寸之差为最大间隙；孔的最小极限尺寸减去轴的最大极限尺寸之差为最小间隙。

在过盈配合中，孔的最小极限尺寸减去轴的最大极限尺寸之差为最大过盈；孔的最大极限尺寸减去轴的最小极限尺寸之差为最小过盈。

在过渡配合中，孔的最大极限尺寸减去轴的最小极限尺寸之差为最大间隙；孔的最小极限尺寸减去轴的最大极限尺之差为最大过盈。

其配合究竟是出现间隙或过盈，只有通过轴实际尺寸的比较或试装才能知道，不过其间隙或过盈量都很小，甚至为零。

24 在配合制中，有哪几种配合制度？其含义是什么？作为基准的孔、轴各有什么特点？

答：在配合制中，有两种配合制度：基孔制和基轴制。

两种配合制度的含义是：

（1）基孔制配合。基本偏差为一定的孔的公差带，与不同基本偏差的轴的公差带形成各种配合的一种制度，称为基孔制配合。

基孔制配合中的孔，称为基准孔。以代号 H 表示，它的基本偏差为下偏差，其值为零，即孔的最小极限尺寸等于基本尺寸。在基孔制配合中，轴的基本偏差从 a～h 用于间隙配合，从用 j～zc 用于过渡配合和过盈配合。当轴的基本偏差（比时为下偏差）的绝对值大于或等于孔的标准公差时，为过盈配合；反之，则为过渡配合。

（2）基轴制配合。基本偏差为一定的轴的公差带，与不同基本偏差的孔的公差带形成各种配合的一种制度，称为基轴制配合。

基轴制配合中的轴，称为基准轴。以代号 h 表示，它的基本偏差为上偏差，其值为零，即轴的最大极限尺寸等于基本尺寸。在基轴制配合中，孔的基本偏差从 A～H 用于间隙配合，从 J～ZC 用于过渡配合和过盈配合。当孔的基本偏差（此时为上偏差）的绝对值大于或等于轴的标准公差时，为过盈配合；反之，则为过渡配合。

25 在装配图和零件图上怎样标注极限与配合？标注时应注意什么？

答：在装配图上标注极限与配合时，其代号必须在基本尺寸的右边用分数形式注出，分子为孔的公差带代号，分母为轴的公差带代号。

在零件图上标注极限与配合有三种形式：

（1）只注公差带代号（适用于大批量生产）。

（2）只注极限偏差，上偏差注在右上方，下偏差应与基本尺寸注在同一底线上（适用于中小批量生产）。

（3）同时注出公差带代号和对应的偏差值，此时偏差值需加圆括号（适用于试制新产品，生产批量未定）。

标注极限偏差时应注意：其字高要比基本尺寸的字高小一号；上、下偏差的小数点必须对齐，小数点后均为三位数（末尾应用"0"占位，如 0.05 应写成 0.050）；如上偏差或下偏差为零时，应标注"0"，并与下偏差或上偏差的小数点前的个位数对齐；当上、下偏差的数值相同时，其数值只需标注一次，在数字前加注符号"±"，且字高与基本尺寸相同，如 $\phi 80\pm0.030$。

26　在装配图上怎样标注滚动轴承内、外圆与相配轴、孔的配合代号？

答：滚动轴承是不可再加工的标准组件，内、外圈直径尺寸都是固定的。所以，轴承内孔与轴的配合应采用基孔制，外圈与零件孔的配合应采用基轴制，且实际多为过渡配合。

由于轴承内、外直径尺寸的限偏差另有规定，所以在装配图上标注轴承与轴、孔零件的配合代号时，不宜采用分数形式，只标注零件轴的公差带代号和零件孔的公差带代号即可。

27　装配图上的下列标注表示什么意思？

答：（1）$\phi 50H8/f7$ 表示：轴、孔的基本尺寸为 50，基孔制、孔为 8 级公差。轴的基本偏差为 f，公差为 7 级，表示间隙配合。

（2）40S7/h6 表示：轴、孔的基本尺寸为 40，基轴制、轴为 6 级公差。孔的基本偏差为 S，公差为 7 级，表示过盈配合。

（3）30H7/n6 表示：轴、孔的基本尺寸为 30，基孔制、孔为 7 级公差。轴的基本偏差为 n，公差为 6 级。具体配合性质（过渡配合或过盈配合）需根据极限偏差确定。从查表结果 $H7\binom{+0.021}{0}$，$n6\binom{+0.028}{+0.015}$ 可知，轴、孔的公差带相互交叠，孔的实际尺寸可能大于或小于轴的实际尺寸，所以为过渡配合。

（4）80H10/h10 表示："轴""孔"的基本尺寸为 80，一般可视为基孔制，也可视为基轴制，是间隙量最小（可等于零）的一种间隙配合，轴孔均为 10 级公差。

28　形状和位置公差的含义是什么？形状和位置公差有哪些项目？

答：形状公差是指单一实际要素的形状所允许的变动全量。

位置公差是指关联实际要素的位置对基准所允许的变动全量。

形状和位置公差可简称形位公差。它们共有 14 项，分别是：直线度；平面度；圆度；圆柱度；线轮廓度；面轮廓度；平行度；垂直度；倾斜度；位置度；同轴度；对称度；圆跳动和全跳动。

29　什么是草图？草图有哪些用途？绘制草图有哪些具体要求？

答：草图是以目测估计图形与实物的比例，按一定画法要求徒手（或部分使用绘图仪器）绘制的图。

草图的用途比较广泛，表达设计意图，交流技术思想，零部件测绘、看图时勾画草图和轴测图等都要用到它，就是在计算机上设计图形时，也应先勾画出草图，也有助于提高绘图速度。

绘制草图的具体要求是：不但要求快，还要保证图形正确，比例匀称，线型分明，字体工整，图面整洁。这除了要掌握各种徒手画线的方法外，还必须注意保持图形各部分的比例关系不失真，以达到局部图形与整体图样的协调。若想画好草图，只有通过经常地、有意识地练习，才能逐步提升水平。

第三节 工程材料知识

1 常用金属材料可分为哪几大类？试举例说明。

答：金属材料分为黑色金属和有色金属两大类。

黑色金属主要是铁和以铁为基的合金，如钢、铸铁和铁合金。广义的黑色金属还包括锰、铬及合金。

有色金属种类较多，常用的有铝及铝合金、铜及铜合金、钛及钛合金、镁及镁合金和镍及镍合金等。

2 什么是铸铁？什么是钢？两者有什么区别？

答：铸铁是碳的质量分数超过2%（一般为2.5%～3.5%）的铁碳合金。

钢是指碳的质量分数不大于2%的铁碳合金。

钢的塑性较好，强度、硬度较高。常以热锻、轧制等成形。强度要求较高、形状较复杂的零件可用铸钢制造。铸铁则用铸造成形，流动性较好，适用于形状较具的铁基金属合金，复杂的一般零件。

3 灰铸铁的牌号有哪些？各有哪些应用情形？

答：灰铸铁的牌号是由字符HT（灰铁）后加数字组成，数字指的是该牌号的抗拉强度（单位：MPa）。

灰铸铁有以下几种：

HT100。承受轻载荷、抗磨性要求不高的零件，铸造流动性好，如盖、平衡重锤、把手、手柄等。

HT150。承受中等载荷，摩擦面间压强可达0.5MPa，用于有相对运动和轻度磨损的零件，并可用于轻腐蚀工作条件，如水泵壳、管子、管道附件、机床工作台、床身、阀体等。

HT200。可承受较大载荷，用于有气密性要求的场合或轻腐蚀工作条件。例如：齿轮、带轮、凸轮、联轴器、机床床身、泵、阀体、划线平板及有一定耐腐蚀要求的容器。

HT250。强度较高的铸铁，耐弱腐蚀介质，用于制造齿轮、联轴器齿轮箱、气缸套、液压缸、泵体、机座。

HT300。高强度铸铁，有良好的气密性和磨性，适用于制造床身导轨、齿轮、曲轴、凸轮、车床卡盘、高压液压缸、高压泵体冷冲模等。

HT350。高强度铸铁，有良好的气密性和耐磨性，适用于制造床身导轨、齿轮、曲轴、凸轮、车床卡盘、高压液压缸、高压泵体冷冲模等。

4 工程常用铸钢牌号有哪些？试说明它们的特点和应用。

答：一般工程用铸钢牌号由字符ZG（铸钢）后加两组数字组成，前面的数字表示屈服点，后面的数字表示抗拉极限。例如：ZG200-400，表示该铸钢的屈服点为200MPa，抗拉极限为400MPa。

常用铸钢牌号、特点及应用为：

（1）ZG200-400。特点：低碳铸钢，强度和硬度较低而韧性、塑性较好，焊接性好，铸造性差，导磁、导电性能好。常用于：机座、变速箱体、电气吸盘等。

（2）ZG230-450。特点：同样是低碳铸钢，强度和硬度较低而韧性、塑性较好，焊接性好，铸造性差，导磁、导电性能好。常用于：轧钢机架、轴承座、箱体、砧座。

（3）ZG270-500。特点：中碳铸钢，强度和韧性较高，切削性良好，焊接性能尚可，铸造性能较好。常用于：车轮、水压机工作缸、蒸汽锤气缸、连杆、箱体，应用广泛。

（4）ZG310-570。特点：中碳铸钢，强度和韧性较高，切削性良好，焊接性能尚可，铸造性能较好。常用于：承受重载荷的零件，如大齿轮、机架、制动轮、轴等。

（5）ZG340-640。特点：高碳铸钢，高强度、高硬度、高耐磨性，塑性和韧性较差，焊接和铸造性均差，裂纹敏感性大。常用于：起重运输机齿轮、车辆、联轴器。

5　常用的 Q235（A3）钢指的是何种钢材？这种钢材有哪些用途？

答：Q235 是一种碳素结构钢，235 指的是该牌号的屈服极限。分为 A、B、C、D 四个等级。

Q235 主要用于金属结构件、焊接件、螺栓、螺母，C、D 级用于重要的焊接构件，可作渗碳零件，但心部强度低。

6　除 Q235 外碳素结构钢还有哪几种？它们各自有哪些用途？

答：除 Q235 外碳素结构钢还有 Q195、Q215、Q255、Q275。

Q195 主要用于受较轻载荷的零件、冲压件和焊接件；Q215 主要用于垫圈、焊接件和碳零件；Q255、Q275 主要用于轴、吊钩等零件，焊接性能尚可。

7　常说的 20、25、45、40Mn、50Mn 等钢材指的是何种钢材？它们的特性和用途是什么？

答：常说的 20、25、45、40Mn、50Mn 等钢材都是优质碳素结构钢。

20 钢的特性和用途：冷变形塑性高，板材正火或高温回火后深冲压延性好，用于受力小，且要求韧性高的零件、紧固件，如螺钉、轴套、吊钩等。

25 钢的特性和用途：特性与 20 钢相似，焊接性能好，无回火脆性倾向。用于制造焊接设备，承受应力小的零件，如轴、垫圈、螺栓、螺母等。

45 钢的特性和用途：强度较高，韧性和塑性尚好，焊接性能差，水淬时有形成裂纹倾向，应用广泛。截面小时可做调质处理，截面较大时做正火处理，也可表面淬火。用作齿轮、蜗杆、键、轴、销、曲轴等。

40Mn 钢的特性和用途：切削加工性好，冷变形时的塑性中等，焊接性不好。用于制造在高应力或变应力下工作的零件，如轴、螺钉等。

50Mn 钢的特性和用途：弹性、强度、硬度高，焊接性能差。多在淬火与回火后或正火后应用。用于制造耐磨性能要求很高，承受高负荷的热处理零件，如齿轮、齿轮轴、摩擦盘。

8　低合金结构钢有哪几种？其特性及主要用途有哪些？

答：低合金结构钢也称为低合金高强度钢，根据屈服强度划分，其共有 Q345、Q390、Q420、Q460、Q500、Q550、Q620 和 Q690 八个强度等级。

低合金结构钢的特性及主要用途为：

（1）低合金结构钢是在普通钢中加入微量合金元素，而具有高强度、高韧性、良好的冷成形和焊接性能、低的冷脆转变温度和良好的耐蚀性等综合力学性能，如 Q345 强度比普碳钢 Q235 高 20%～30%，耐天气腐蚀性能高 20%～38%，用它制造工程结构，质量可减轻20%～30%。

（2）低合金结构钢主要适用桥、钢结构、锅炉汽包、压力容器、压力管道、船舶、车辆、重轨和轻轨等制造，用它来代替碳素结构钢，可大大减轻结构质量，节省钢材，例如：2008 年北京奥运会主会场——国家体育场"鸟巢"钢结构总重为 4.6 万 t，最大跨度 343m，所用的钢材就是 Q460，屈服强度为 460MPa，是由我国自主研发生产的，这是国内在钢结构上首次使用 Q460 钢材，这次使用的钢板厚度达到 110mm。又如，某 600MW 超超临界电站锅炉汽包使用的就是 Q460 型钢。

9 设备检修中常用的型钢有哪些？

答：设备检修中常用型钢主要有：圆钢、方钢、扁钢、H 型钢、工字钢、T 型钢、角钢、槽钢、钢轨等。

10 起重吊装作业中使用的钢丝绳指的是什么？选用钢丝绳时应注意哪些事项？

答：起重吊装作业中常用钢丝绳为多股钢丝绳，由多个绳股围绕一根绳芯捻制而成。大型吊装应采用 GB 8918—2006《重要用途钢丝绳》规定的钢丝绳。

钢丝绳的选用主要考虑以下几点：

（1）钢丝绳钢丝的强度极限。起重工程中常用的钢丝绳钢丝的公称抗拉强度有1570MPa（相当于 $1570N/mm^2$）、1670MPa、1770MPa、1870MPa、1960MPa 等数种。

（2）钢丝绳的规格。钢丝绳是由高碳钢丝制成。钢丝绳的规格较多，起重吊装常用 6×19＋FC（IWR）、6×37＋FC（IWR）、6×61＋FC（IWR）三种规格的钢丝绳。其中 6 代表钢丝绳的股数，19（37、61）代表每股中的钢丝数，"＋"后面为绳股中间的绳芯，其中 FC 为纤维芯、IWR 为钢芯。

（3）钢丝绳的直径。在同等直径下，6×19 钢丝绳中的钢丝直径较大，强度较高，但柔性差，常用作缆风绳。6×61 钢丝绳中的丝最细，柔性好，但强度较低，常用来做吊索。6×37 钢丝绳的性能介于上述二者之间。后两种规格钢丝绳常用作穿过滑轮组牵引运行的跑绳和吊索。吊索俗称千斤绳或绳扣，用于连接起重机吊钩和被吊装设备。例如：GB 8918—2006《重要用途钢丝绳》中 6×37S＋FC（IWR）钢丝绳为点线接触型，绳股为 1＋6＋15＋15 结构，直径范围为 20～60mm，性能较好，在大型吊装中使用最为普遍。

（4）安全系数。钢丝绳安全系数为标准规定的钢丝绳在使用中，允许承受拉力的储备拉力，即钢丝绳在使用中破断的安全裕度。

钢丝绳做缆风绳的安全系数不小于 3.5，做滑轮组跑绳的安全系数一般不小于 5，做吊索的安全系数不小于 8。如果用于载人，则安全系数不小于 12～14。

（5）钢丝绳的许用拉力。许用拉力 T＝钢丝绳破断拉力 P（MPa）/安全系数 K。

11 燃料设备检修中常用的橡胶材料有哪些种类？其特点及主要用途是什么？

答：常用的橡胶材料有氯丁橡胶（CR）、丁基橡胶（IIR）、丁腈橡胶（NBR）、聚氨酯橡胶（UR）。其特点及主要用途如下：

（1）氯丁橡胶（CR）的特点和用途：含有氯原子，有优良的抗氧、抗臭氧性，不易燃，着火后能自熄，耐油、耐溶剂、耐酸碱、耐老化，气密性好。力学性能不低于天然橡胶。主要缺点是附寒性差，比重较大，相对成本高，电绝缘性不好。用于重型电缆护套，要求耐油、耐腐蚀的胶管、胶带、化工设备村里，要求耐燃的地下矿山运输带及垫圈、密封圈、黏结剂等。

（2）丁基橡胶（IIR）的特点和用途：耐臭氧、耐老化、耐热性好，可长期工作在130℃以下，能耐一般强酸和有机溶剂，吸振、阻尼性好，电绝缘性非常好。缺点是弹性不好（现有品种中最差），加工性能差。用作内胎、汽球、电线、电缆绝缘层，防振制品，耐热运输带等。

（3）丁腈橡胶（NBR）的特点和用途：耐汽油和脂肪烃油的能力特别好，仅次于聚硫橡胶、丙烯酸酯橡胶和橡胶。耐磨性、耐水性、耐热性及气密性均较好。缺点是强度和弹力较低，耐寒和耐臭氧性能差，电绝缘性不好。用于制造各种耐油制品，如耐油的胶管、密封圈等。也作耐热运输带。

（4）聚氨酯橡胶（UR）的特点和用途：在各种橡胶中耐磨性最高。强度、弹性高，耐油性好，耐臭氧、耐老化、气密性等也都很好。缺点是耐湿性较差，耐水和耐碱性不好，耐溶剂性较差。用于制作轮胎及耐油、耐苯零件，垫圈防震制品等。还用于要求高耐磨、高强度、耐油的场合，如皮带清扫器的清扫刃。

12 燃料设备检修中常用的塑料有哪些种类？各自的主要用途是什么？

答：燃料设备检修中常用的塑料制品有：聚氯乙烯、聚乙烯、聚四氟乙烯等，用于建筑管道、电线导管、化工蚀零件及热交换器等。

（1）聚乙烯塑料管：无毒，可用于输送生活用水，常使用于低密度聚乙烯水管（简称塑料自来水管）。

（2）ABS工程塑料管：耐腐蚀、耐高温及耐冲击性能均优于聚氯乙烯管，使用温度为−20～70℃，压力等级分为B、C、D三级。

（3）聚丙烯管（PP管）：丙烯管材是聚丙烯树脂经挤出成型而得，其刚性、强度、硬度和弹性等性能均高于聚乙烯，但其低温性差，易老化，常用于流体输送，压力分为Ⅰ、Ⅱ、Ⅲ型，其常温下的工作压力分别为0.4、0.6、0.8MPa。

（4）硬聚氯乙烯排水管及管件：硬聚氯乙烯排水管及管件用于建筑工程水，在化学性和耐热性能满足工艺要求的条件下，此种管材也可用于化工、纺织等工业废气排污排毒塔、气体液体输送等。

（5）铝塑复合管（PAP）：铝合金层增加耐压和抗拉强度，使管道容易弯曲而不反弹。外塑料层可保护管道不受外界腐蚀，内塑料层采用中密度聚乙烯时可作饮水管，无毒、无味、无污染，符合国家饮用水标准；内塑料层采用交联聚乙烯，则可耐高温、耐高压，适用于采暖及高压用管。

13 什么是堆焊耐磨衬板？该材料具有什么特点？

答：堆焊耐磨衬板即双金属复层耐磨钢板，是指采用自动焊接工艺，将高硬度自保护合金焊丝均匀地焊接在基材上而形成的耐磨钢板。

耐磨层主要以铬合金为主，同时还添加锰、钼、铌、镍等其他合金成分，表面硬度可达到 HRc60-67。母材采用 Q235A 软钢基板，表面采用了碳化铬多元素耐磨堆焊复合超硬材料。具有复合材料既有超常耐磨性又有抗冲击韧性的双重优点。复合耐磨钢板具有很高耐磨性能和较好的耐冲击性，能够进行切割（等离子切割）、弯曲、焊接等，可采取焊接、塞焊、螺栓连接等方式与其他结构进行连接，在维修现场过程中具有省时、方便等特点。

14 什么是复合陶瓷衬板？该材料具有什么特点？

答：复合陶瓷衬板是指由高硬度陶瓷块、高弹性橡胶、钢板通过硫化复合工艺形成的一种复合衬板。

复合陶瓷衬板具有较高耐磨损及耐冲击性能，耐磨层材质常为三氧化二铝 Al_2O_3，硬度可达 HRA85。耐磨层表面平整、光滑，不易于煤炭粘连，不易导致煤炭积聚。橡胶层具有良好地吸收冲击振动的能力。产品尺寸可定制，常见规格有 200mm×200mm、250mm×250mm、400mm×400mm、500mm×500mm 等。缺点是：现场切割需使用专用切割片，加工、安装比较困难。

第四节　焊接、黏接与铆接工艺

1 燃料设备检修常用的焊接方法有哪些？它们各有什么特点？

答：燃料设备检修常用的焊接方法有：焊条电弧焊、埋弧焊、钨极惰性气体保护焊、熔化气体保护电弧焊（GMAW）、气焊。

常用焊接方法的特点分别为：

（1）焊条电弧焊。它是发展最早而仍应用最广的方法。是用外部涂有涂料的焊条作电极和填充金属，电弧在焊条端部和被焊工件表面之间燃烧，涂料在电弧热的作用下产生气体以保护电弧，而熔化产生的熔渣覆盖在熔池表面，防止熔化金属与周围气体的相互作用。熔渣还与熔化金属产生冶金物理化学反应或添加合金元素，改善焊缝金属性能。焊条电弧焊设备简单，操作灵活，配用相应的焊条可适用于普通碳钢低合金结构钢、不锈钢、铜、铝及其合金的焊接。重要铸铁部件的修复，也可采用焊条电弧焊。

（2）埋弧焊。以机械化连续送进的焊丝作为电极和填充金属。焊接时，在焊接区的上面覆盖一层颗粒状焊剂，电弧在焊剂层下燃烧，将焊丝端部和局部母材熔化，形成焊缝。在电弧热的作用下部分焊剂熔化成渣并与液态金属发生冶金反应，改善焊缝的成分和性能。渣浮在金属熔池表面，保护焊缝金属，防止氧、氮等气体的浸入。

埋弧焊可以采用较大的焊接电流。与焊条电弧相比，其优点是焊缝质量好，焊接速度快，适用于机械化焊接大型工件的直缝和环缝。埋弧焊已广泛用于碳钢、低合金结构钢和不锈钢的焊接。

（3）钨极惰性气体保护焊（GTAW）。利用钨极和工件之间的电弧使金属熔化形成焊缝。焊接过程中钨极不熔化，只起电极的作用。同时由焊炬的喷嘴送进氩气保护焊接区。还可根据需要另外添加填充金属焊丝。

本方法能很好地控制电流，是焊接薄板和打底焊的一种很好的方法。它可以用于各种金属焊接，尤其适用于焊接铝、镁及其合金。本方法焊缝质量高，但比其他电弧焊方法的焊接速度慢。

（4）熔化气体保护电弧焊（GMAW）。利用连续送进的焊丝与工件之间燃烧的电弧作热源，由焊炬喷嘴喷出的气体保护电弧进行焊接。

本方法常用的保护气体有：氩气、氮气、二氧化碳或这些气体的混合气。以氩气或氮气为保护气时称为熔化极化惰性气体保护焊；以惰性气体与氧化性气体混合气为保护气时，称为气体保护电弧焊。利用二氧化碳作为保护气体时，则称为二氧化碳气体保护焊，简称二氧化碳焊。

本方法的主要优点是：可以方便地进行各种位置的焊接，速度较快、熔敷效率较高。适用于焊接大部分主要金属，包括碳钢、合金钢、不锈钢、铝、镁、铜、钛及镍合金。

（5）气焊。用气体火焰为热源的焊接方法。应用最多的是以乙炔气作燃料的氧乙炔火焰。本方法设备简单、操作方便。但气焊加热速度及生产率较低，焊接热影响区较大，并且容易引起较大的焊件变形。

气焊可用于黑色金属、有色金属及其合金的焊接。一般适用于维修及单件薄板焊接。

2 **热处理常用的"四把火"指的是什么？它们各有什么作用？**

答：热处理常用的"四把火"指的是退火、正火、淬火、回火。

热处理常用的"四把火"的作用分别为：

（1）退火。将钢加热到适当温度，保持一定时间，然后缓慢冷却的热处理工艺。其目的和作用是：

1）降低钢的硬度，提高塑性，以利于冷加工。

2）均匀钢的组织及成分，以防止变形和开裂

（2）正火。将钢材或钢件加热到 Ac 以上 30～50℃，保温适当的时间后，在静止的空气中冷却的热处理工艺。其目的和作用是：正火与退火两者的目的基本相同，但组织较细，它的强度、硬度比退火钢高。

（3）淬火。将钢件加热到 Ac3 或 Ac1 以上某一温度，保持一定时间，然后以适当速度冷却（达到或大于临界冷却速度），以获得马氏体或贝氏体组织的热处理工艺。

淬火的目的和作用为：提高钢的硬度、强度和耐磨性，更好地发挥钢材的性能潜力。需注意的是淬火后，必须配以适当的回火，以满足各类工具或零件的使用要求。

（4）回火。钢件淬火后，再加热到 Ac1 点以下的某一温度，保温一定时间，然后冷却到室温的热处理工艺。

回火的目的和作用为：

1）消除淬火内应力。

2）提高钢件韧性，调整强度和硬度。

3）稳定组织机构，保证工件尺寸和工件精度。

3 手工电弧焊的工艺参数有哪些?

答:手工电弧焊的工艺参数有:
(1) 焊条的种类和牌号的选择。
(2) 焊接电源和极性的选择。
(3) 焊条直径。
(4) 焊接电流。
(5) 电弧电压。
(6) 焊接速度。
(7) 焊接层数。

4 如何选择焊条直径?

答:焊条直径可根据焊件厚度进行选择。厚度越大,选用的焊条直径应越粗,见表 1-2。但厚板对接接头坡口打底焊时要选用较细焊条。另外,接头形式不同,焊缝空间位置不同,焊条直径也有所不同,如 T 形接头应比对接接头使用的焊条粗些,立焊、横焊等空间位置比平焊时所选用的应细一些。立焊最大直径不超过 5mm,横焊仰焊直径不超过 4mm。

表 1-2　　　　　　　　　　　焊条直径与焊件厚度的关系　　　　　　　　　　(mm)

焊件厚度	2	3	4~5	6~12	>13
焊条直径	2	3.2	3.2~4	4~5	4~5

5 如何选择焊接电流?

答:焊接电流是手弧焊最重要的工艺参数,也是焊工在操作过程中唯一需要调节的参数,而焊接速度和电弧电压都是由焊工控制的。选择焊接电流时,要考虑的因素很多,如焊条直径、药皮类型、工件厚度、接头类型、焊接位置、焊道层次等。但主要由焊条直径、焊接位置和焊道层次来决定。

(1) 焊条直径。焊条直径越粗,焊接电流越大,每种直径的焊条都有一个最合适的电流范围,见表 1-3。

表 1-3　　　　　　　　　　　各种直径焊条使用电流的参考值

焊条直径(mm)	1.6	2.0	2.5	3.2	4.0	5.0	6
焊接电流(A)	25~40	40~65	50~80	100~130	160~210	260~270	260~300

另外,也可以根据经验式 (1-2) 计算焊接电流,即

$$I = (35 \sim 55)d \tag{1-2}$$

式中:I 为焊接电流,A;d 为焊条直径,mm。

(2) 焊接位置。在平焊位置焊接时,可选择偏大些的焊接电流。横、立、仰焊位置焊接时,焊接电流应比平焊位置小 10%~20%。角焊电流比平焊电流稍大些。

(3) 焊道层次。通常焊接打底焊道时,特别是焊接单面焊双面成形的焊道时,使用的焊

接电流要小，这样才便于操作和保证背面焊道的质量；焊填充焊道时，为提高效率，通常使用较大的焊接电流；而焊盖面焊道时，为防止咬边和获得较美观的焊缝，使用的电流稍小些。另外，碱性焊条选用的焊接电流比酸性焊条小 10% 左右。不锈钢焊条比碳钢焊条选用电流小 20% 左右等。

总之，电流过大过小都易产生焊接缺陷。电流过大时，焊条易发红，使药皮变质，而且易造成咬边、弧坑等缺陷，同时还会使焊缝过热，促使晶粒粗大。

6 焊条型号与牌号的含义是什么？常用牌号有哪些？说明它们的使用范围。

答：焊条型号是国家标准中规定的焊条代号。焊接结构生产中应用最广的碳钢焊条和低合金钢焊条，相应的国家标准是 GB/T 5117 和 GB/T 5118。标准规定，碳钢焊条型号由字母 E 和四位数字组成。如"E4301"，其含义如下：

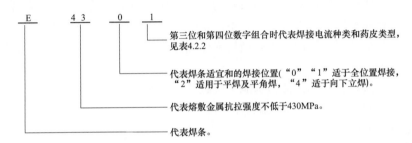

焊条牌号是焊条生产行业统一的焊条代号，如 J422。焊条牌号前的字母表示焊条类别，前两位数字代表焊缝金属抗拉强度等级，末尾数字表示焊条的药皮类型和焊接电流种类。焊条牌号对应用途分类见表 1-4；牌号末尾数字的含义见表 1-5。

表 1-4 焊条牌号对应用途分类表

名　称	焊条牌号	名　称	焊条牌号
结构钢焊条	J×××	铸铁焊条	Z×××
钼及铬钼耐热钢焊条	R×××	镍及镍合金焊条	Ni×××
低温钢焊条	W×××	铝及铝合金焊条	L×××
不锈钢焊条	G×××	铜及铜合金焊条	T×××
	A×××	特殊用途焊条	TS×××
堆焊焊条	D×××		

常见焊条牌号的使用范围：

J422：焊接较重要的低碳结构钢和强度要求相当的低合金结构钢。

J506：用于中碳和低合金重要结构的焊接。

A107：用于工作温度低于 300℃ 的低碳不锈钢的全位置焊接。

Z308：用于铸铁工件的修补。

表 1-5 焊条牌号末尾数字含义表

末尾数字	药皮类型	焊接电流种类	末尾数字	药皮类型	焊接电流种类
××0	不属已规定的类型		××5	纤维素型	交流或直流正、反接
××1	氧化钛型	交流或直流正、反接	××6	低氢钾型	交流或直流反接
××2	氧化钛钙型		××7	低氢钠型	直流反接
××3	钛铁矿型		××8	石墨型	交流或直流正、反接
××4	氧化铁型		××9	盐基型	直流反接

7 黏接有哪些优缺点？

答：金属结构用黏接，同铆接、螺栓连接相比较，具有以下优点：

（1）应力分布比较均匀，胶黏剂与被黏物表面靠黏附作用形成"面连接"，能避免铆接、点焊和螺栓等"点连接"的应力集中，它不像铆接、螺栓连接那样需要在基材上钻孔，也不像焊接那样存在热影响区，因而可提高结构强度和整体刚度，改善结构的疲劳性能、腐蚀性能和破损安全性能。

（2）传力面积大，整个黏接面积都能承受载荷，因而承载能力高。

（3）可黏接不同类的、极薄的或脆弱的材料。

（4）胶层具有较好的密封性。

黏接的缺点：

（1）在当前的工程技术水平下，黏接强度的分散性较大，剥离强度较低，黏接性能易随环境、应力作用发生变化。

（2）黏接要求胶黏剂与被黏物及其表面相匹配零件尺寸配合公差要求严格。

（3）胶黏剂的耐热性一般都较低，通常使用温度在 150℃ 以下。可在 250℃ 以上使用的胶黏剂品种不多。

8 常用材料如钢铁等适用哪些黏接剂？

答：钢铁黏接适用的黏接剂有：环氧-聚酰胺胶、环氧-多胺胶、环氧-丁腈胶、环氧-聚硫胶、环氧-尼龙胶、环氧-缩醛胶、酚醛-丁腈胶、第二代丙烯酸酯胶、厌氧胶、无机胶等。

铜及其合金黏接适用的黏接剂有：环氧-聚酰胺胶、环氧-丁腈胶、酚醛-缩醛胶、第二代丙烯酸酯胶、厌氧胶。

铝及其合金黏接适用的黏接剂有：环氧-聚酰胺胶、环氧-缩醛胶、环氧-丁腈胶、环氧-脂肪胺胶、酚醛-缩醛胶、酚醛-丁腈胶、第二代丙烯酸酯胶、厌氧胶、聚氨酯胶。

不锈钢黏接适用的黏接剂有：环氧-聚酰胺胶、环氧-丁腈胶、聚氨酯胶、第二代丙烯酸酯胶、聚苯硫醚胶。

第五节 齿轮传动及齿轮减速器

1 齿轮传动有哪些优缺点？

答：齿轮传动的优点有：结构紧凑，适用广泛，传动比恒定不变，机械效率高（一般效率可达 90%～98%），工作寿命长，轴及轴承上所受的压力较小。

缺点有：安装精度要求较高，制造费用较大，不适宜远距离传动。

2 什么是齿轮的模数和压力角？

答：模数是代表齿轮大小的数值，也是轮齿与 π 的比值，即模数 $m＝$ 分度圆直径 $d/$ 齿数 $z＝$ 齿距 $p/$ 圆周率 π。

压力角是指齿轮渐开线上某点法向压力方向与该点速度方向之间的夹角。

3 提高齿轮强度的工艺方法有哪些？

答：除了采用优质合金钢以外，经过渗碳、淬火、氮气保护、齿根抛丸消除热处理内应力等，可以提高齿轮的使用强度 20%～30%，使新型减速机结构更为紧凑、耐用。

4 轮齿的主要失效形式有哪些？相应的承能力计算有哪些？

答：一般闭式软齿面钢齿轮的主要失效形式有：齿面点蚀（主要）、轮齿折断。应校核齿面接触疲劳（GB/T 3480—1997）、齿根弯曲疲劳（GB/T 3480—1997）。

一般闭式硬齿面钢齿轮的主要失效形式有：轮齿折断（主要）、齿面点蚀、剥落。应校核齿面接触疲劳（GB/T 3480—1997）、齿根弯曲疲劳（GB/T 3480—1997）。

高速重载钢齿轮的主要失效形式有：齿面胶合（主要）、齿面点蚀、轮齿折断。应校核抗胶合能力（GB/Z 6413—2003）、齿面接触疲劳（GB/T 3480—1997）、齿根弯曲疲劳（GB/T 3480—1997）。

开式齿轮的主要失效形式有：齿面磨损。目前暂无公认的磨损寿命计算法，通常按考虑磨损后的轮齿，计算齿根弯曲强度。

5 标准基本齿条齿廓和相啮标准基本齿条齿廓几何参数有哪些？它们的代号和单位是什么？

答：基本几何参数，如图 1-1 所示。

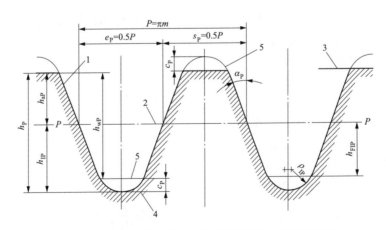

图 1-1　标准基本齿条齿廓和相啮标准基本齿条齿廓参数

1—标准基本齿条齿廓；2—基准线；3—齿顶线；4—齿根线；5—相啮标准基本齿条齿廓

标准基本齿条齿廓和相啮标准基本齿条齿廓参数代号和单位，见表 1-6。

表 1-6 基本参数代号和单位表

符号	意　义	单位
c_p	标准基本齿条轮齿与相啮标准基本齿条轮齿之间的顶隙	mm
e_p	标准基本齿条轮齿齿槽宽	mm
h_{ap}	标准基本齿条轮齿齿顶高	mm
h_{fp}	标准基本齿条轮齿齿根高	mm
h_{Ffp}	标准基本齿条轮齿齿根直线部分的高度	mm
h_p	标准基本齿条的齿高	mm
h_{wp}	标准基本齿条和相啮标准基本齿条轮齿的有效齿高	mm
m	模数	mm
p	齿距	mm
s_p	标准基本齿条轮齿的齿厚	mm
u_{FP}	挖根量	mm
α_{FP}	挖根角	°
α_p	压力角	°
ρ_{fP}	基本齿条的齿根圆角半径	mm

6　常用减速器的代号类型有哪些？

答：常用减速器的代号类型有：

DBY 型：两级硬齿面圆锥圆柱齿轮减速器。

DCY 型：三级硬齿面圆锥圆柱齿轮减速器。

ZDY 型：单级硬齿面圆柱齿轮减速器。

ZLY 型：两级硬齿面圆柱齿轮减速器。

ZSY 型：三级硬齿面圆柱齿轮减速器。

ZQ 型：两级外啮合渐开线斜齿圆柱齿轮减速机（JZQ、JQ 系列的统称）。

ZSC 型：三级立式圆柱齿轮减速机。

ZD 型：单级圆柱齿轮减速器。

ZL 型：两级圆柱齿轮减速器。

ZS 型：三级圆柱齿轮减速器。

NGW 型：行星摆线齿轮减速器。

NGW-S 型：直交行星齿轮减速器。

WSJ、WDJ 型：蜗轮减速器。

HW 型：圆弧齿圆柱蜗杆减速器。

7　型号为 ZQ100-25 Ⅱ Z 减速机各段字的含义是什么？

答：ZQ100-25 Ⅱ Z 减速机各段字的含义是：

ZQ，渐开线圆柱齿轮减速机；100，总中心距的 1/10(1000mm)；

25，公称传动比；Ⅱ，装配形式（表示出轴形式：Ⅰ、Ⅱ…）；

Z，输出轴端形式（Z 表示圆柱形轴端）。

8 如何选择工业闭式齿轮润滑油的种类？

答：齿面接触应力小于 350MPa，一般齿轮传动工况，推荐使用抗氧防锈工业齿轮油（L-CKB）。

齿面接触应力在 350～500MPa（轻负荷齿轮），一般齿轮传动工况，推荐使用抗氧防锈工业齿轮油（L-CKB）。

齿面接触应力在 350～500MPa（轻负荷齿轮），有冲击的齿轮传动工况，推荐使用中负荷工业齿轮油（L-CKC）。

齿面接触应力在 500～1100MPa（中负荷齿轮），矿井提升机、露天采掘机、水泥磨、化工机械、水力电力机械、冶金矿山机械、船舶海港机械等传动工况，推荐使用中负荷工业齿轮油（L-CKC）。

齿面接触应力大于 1100MPa（重负荷齿轮），冶金轧钢、井下采掘、高温有冲击、含水部位传动工况，推荐使用重负荷工业齿轮油（L-CKD）。

齿面接触应力大于或等于 500MPa，在更低的、低的或更高的环境温度和轻负荷下运转的传动工况，推荐使用极温工业齿轮油（L-CKS）。

齿面接触应力大于或等于 500MPa，在更低的、低的或更高的环境温度和重负荷下运转的传动工况，推荐使用极温重负荷工业齿轮油（L-CKT）。

9 工业闭式齿轮润滑油的换油时间和标准是什么？

答：由于工业齿轮传动的使用环境条件差别很大，因此换油（或过滤）的时间也不能一成不变。通常第一次换油大约在 4 个星期或 300～600h 后进行；以后大约平均间隔 2500h，最多半年检验一次或换油一次。工业闭式齿轮油换油指标见表 1-7。

表 1-7　　　　　　　　工业闭式齿轮油换油指标的技术要求和试验方法

项　目	L-CKC 换油指标	L-CKD 换油指标	试验方法
外观	异常*	异常*	目测
运动黏度（40℃）变化率（％），超过	±15	±15	GB/T 265
水分（质量分数）（％），大于	0.5	0.5	GB/T 260
机械杂质（质量分数）（％），大于或等于	0.5	0.5	GB/T 511
铜片腐蚀（100℃，3h），大于或等于	3b	3b	GB/T 5096
梯姆肯 OK 值（N），小于或等于	133.4	178	GB/T 11144
酸值增加（mgKOH/g），大于或等于	—	1.0	GB/T 7304
铁含量（mg/kg），大于或等于	—	200	GB/T 17476

* 外观异常时指使用后油品颜色与新油相比变化非常明显（如由新油的黄色或棕黄色变为黑色）或油品中能观察到明显的油泥状物质或颗粒状物质等

10 齿轮传动的合适油温是多少？

答：一般工业齿轮喷油润滑时喷油温度为 40～60℃，喷油温差小于 10℃。大型齿轮浸油润滑时最高油温为 $60\sim80℃$。起重机齿轮浸油润滑时最高油温为 $40\sim50℃$。小型齿轮浸油润滑时最高油温为 $90\sim100℃$。高速齿轮喷油润滑时喷油温度为 $40\sim60℃$，喷油温差为 $15\sim20℃$。

11 如何识读 HB 系列工业减速器型号参数？

答：HB 系列工业减速器型号参数，如图 1-2 所示。

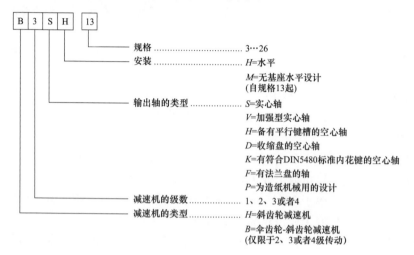

图 1-2　HB 系列工业减速器型号参数

12 HB 系列工业减速器输出轴设计方案有哪些？

答：HB 系列工业减速器输出轴有实心轴、加强实心轴、法兰盘轴、有平键槽的空心轴、有收缩盘的空心轴、内花键空心轴。其具体形式如图 1-3 所示。

500005-10-7

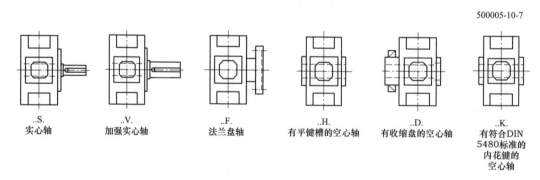

图 1-3　HB 系列工业减速器输出轴方案

13 逆止器的工作原理是什么？

答：逆止器内部有多个异形块分布在由内、外圈所形成的滚道中，当内圈正向运转时，带动异形块一起旋转，当转速在一定范围内时，异形块在离心力的作用下发生偏转，与内、外圈脱离接触，从而实现无磨损运转。当内圈反向运转时，在弹簧的作用下使异形块与内、外圈接触，并将其楔紧成一体，从而承受由内圈转送来的反向力矩。

14　减速器的安装基础有何要求？

答：减速机的基础应该水平并平整。在拧紧紧固螺栓的时候不能让减速机产生过大的应力。基础的设计应该保证不会产生谐振而且不会有临近的基础传递过来的振动。安装减速机的钢结构的刚性应该大并且适合于减速机的质量和扭矩，还要考虑作用在减速机上的力。当使用螺栓或地基块将减速机固定在其混凝土的基础上时，应该有合适的凹槽容纳减速机。

15　减速器的紧固螺栓和螺母的扭矩是多少？紧固螺栓的强度有何规定？

答：减速器紧固螺栓强度及螺栓和螺母扭矩的规定，见表1-8。

表 1-8　　　　　　　紧固螺栓强度及螺栓和螺母扭矩的规定值　　　　　　（Nm）

螺纹规格	拧紧扭矩（摩擦因素 $\mu = 0.14$）	
	强度级别 8.8	强度级别 10.9
M10	49	69
M12	86	120
M16	210	295
M20	410	580
M24	710	1000
M30	1450	2000
M36	2530	3560
M42	4070	5720
M48	6140	8640
M56	9840	13 850
M64	14 300	21 000

16　摆线针轮减速机的特点与结构原理是什么？

答：摆线针轮减速机特点是：

（1）输入轴、输出轴在同一直线上。

（2）结构紧凑，体积和质量小，电动机和减速机合为一体，体积比同功率硬齿面减速机减小了1/3。

（3）减速比大，一级传动速比可达1：9～1：87；二级传动速比可达1：121～1：7000。

（4）传动效率高。因针齿啮合部位为滚动摩擦，单级机械传动效率可达90%以上。

（5）主要零件用轴承钢制造，过载能力强，耐冲击、惯性力矩小，适用于启动频繁和正反转场合，输煤系统主要用于带式除铁器传动和要求空间较为紧凑的驱动场合。

（6）运转平稳，噪声低。摆线齿啮合数多，重叠系数大，故运转平稳，噪声低。

摆线针轮减速机结构原理，如图1-4所示。

采用少齿差行星传动原理，太阳轮（针齿轮）Z_z 与行星轮（摆线轮）Z_b 的齿数差为1，即 $Z_z - Z_b = 1$。在输入轴上装有一个错位180°的双偏心套，套上装有两个被称为转臂的滚柱

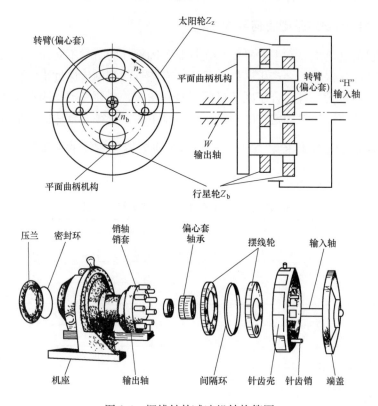

图 1-4　摆线针轮减速机结构简图

轴承，形成"H"机构。两个摆线轮的中心孔即为偏心套上转臂轴承的滚道，并由摆线轮与针齿轮上一组针齿相啮合，组成齿差为一齿的内啮合减速机构（为了减小摩擦，在速比小的减速机中，针齿上带有针齿套）。当输入轴带着偏心套转动一周时，由于摆线轮上齿廓曲线的特点及其受针齿轮上针齿限制的缘故，摆线轮的运动成为既有公转又有自转的平面运动。在输入轴正转一周时，偏心套亦转动一周，摆线轮于相反方向转过一个齿从而得到减速，再借助 W 输出机构，将摆线轮的低速自转运动通过柱销式平行机构，传递给输出轴，从而获得了减速。

17 辊道马达减速机的特点和用途有哪些？

答：辊道马达减速机由 Y 系列辊道专用电动机与两级圆柱齿轮减速机组成。

辊道马达减速机用于输煤系统辊轴筛的传动，结构紧凑。减速机用工业齿轮油 N200 润滑，油池浸油润滑，工作温度不得超过 90°。

18 减速机一般适应的环境条件是什么？

答：普通减速机一般适应环境温度是 $-40 \sim +45 \text{℃}$，环境温度低于 0℃ 时，启动前最好先加热润滑油到 10℃，运行油温不得超过 65℃。高速轴电动机的转速一般不大于 1500r/min（4 级电动机）。

19 减速机试运转前主要有哪些检查项目和要求？

答：减速机试运转前应主要检查的项目和要求为：

（1）各紧固件是否确实紧固，各项安装调整工作是否符合要求。

（2）减速机机体内是否已按油针刻线指示注入了规定的润滑油。采用循环润滑油的减速机，在启动前，必须先启动润滑系统，并检查系统油压是否正常。

（3）用手转动高速轴使低速级最末一根轴转动一周，检查转动的灵活性。

（4）电动机的转速符合工况规定。

（5）如果减速机闲置时间较长，则应每隔 3 周启动运转一次，如不能做到，须对减速机进行防锈保护。

20 减速机试运主要有哪些检查项目和要求？

答：减速机试运要在额定转速下进行，主要检查项目和要求如下：

（1）各密封处、接合处不应有渗油、漏油现象。

（2）各连接件、紧固件连接可靠，无松动现象。

（3）各级齿面接触区及接触率应达设计要求，不允许出现偏载接触。

（4）按工作方向运转 30min 以上，轴承温升一般不超过 40℃，其最高温度不得超过 80℃。

（5）运转平稳，没有异音，齿轮正常。

（6）当减速机首次启动时，尽可能让其空载运行数小时，如无异常情况，再逐渐加载，要对减速机进行连续观察。

21 减速器的维护内容有哪些？

答：减速器的维护内容有：

（1）减速器的润滑油应定期更换，新的或新更换齿轮的减速器在运转 300～600h 以后，必须更换新油，以后每隔 3000～4000h 更换一次润滑油，如环境恶劣可缩短时间。

（2）轴承采用飞溅润滑的，每次拆洗重装时，应加入适量的钙钠基润滑脂（约轴承空间体积的 1/3）。

（3）减速器运行 100h 后，应检查各密封、紧固件和油质、油位等，如有异常现象，应立即排除。

（4）减速器运行半年应检修内部一次，以后应定期检查齿面有无点蚀、擦伤、胶合等损伤，若损伤面积沿齿长方向和齿高方向均超过 20％时，应更换齿轮，更换后应跑合和负荷试车，再正式使用。

（5）减速器外表面应清洁，通气孔不得堵塞。

（6）工作中发现油温显升提高且超过 90℃时，以及产生不正常振动和噪声现象时，应立即停止使用，查明原因，排除故障后再使用。

（7）减速器拆洗重装时，密封胶不可把回油管和回油孔堵塞。

22 减速机常见的故障及原因有哪些？

答：减速机常见的故障及原因有：

（1）润滑油发热。润滑油过多；润滑油黏度过高；机体表面散热不良，应清除表面污秽。

（2）轴承发热或有杂音。轴承内有杂质，联轴器安装不正确，轴承装配不正确，轴承损坏，超负荷。

（3）轴与可通端盖之间漏油。径向油槽内未加润滑脂，回油槽回油孔堵塞，回油孔未处于下方，通气帽堵塞。

（4）端盖与机体之间漏油。密封不良，重涂密封漆；通气帽堵塞。

（5）机盖与机座分隔面漏油。机盖、机座连接螺栓拧得不紧或拧紧程度不均匀；结合面密封不良，均匀地涂密封漆；通气帽堵塞。

（6）检查盖与机盖之间漏油。纸垫损坏，螺钉拧得不紧或拧紧程度不均匀，视孔盖不平，帽堵塞。

（7）通气孔漏油。油过多，油温高；孔下的挡油片角度不对，应调整角度或在方盖下加一四角带孔的挡皮。

（8）齿轮传动有噪声。齿轮制造质量不佳，侧隙过大或过小，齿的工作面磨损后不平坦，齿顶具有尖薄的边缘。

（9）齿面过度磨损。润滑油污秽，载荷过大。

（10）齿面胶合。润滑油的黏度不足，超负荷。

（11）振动超限，高速轴弹性块损坏。电动机联轴器不正，高速轴承间隙过大或损坏。

23 减速机振动大的原因有哪些？

答：减速机振动大的原因有：
（1）联轴器转动中心不正。
（2）地脚螺栓松动或脱落。
（3）轴承部件损坏等。

24 减速机齿轮检修时如何检查与拆卸？

答：检修齿轮时应按以下步骤进行检查与拆卸：

（1）转动齿轮，观察齿轮啮合情况，检查齿轮有无剥皮、麻坑和裂纹等情况，用钢棒敲击法检查齿轮在轴上的紧固情况。轻者可修理，重者需更换。

（2）用塞尺或压铅丝法测量齿顶、齿侧间隙，并做好记录。

（3）利用千分表和专用支架，测定齿轮的轴向和径向跳动。如不符合要求，应对齿轮和轴进行修理。

（4）用齿形样板检查齿形。按照齿廓制造样板，以光隙法检查齿形。根据测试结果，判断轮齿磨损和变形的程度。

（5）检查平衡重块有无脱落。

（6）齿轮需要从轴上卸下时，可用压力机或齿轮局部加热法卸下。

25 减速机齿轮常出现的故障及原因有哪些？

答：减速机齿轮常出现的故障及原因有：

（1）疲劳点蚀。润滑良好的闭式齿轮传动，常见的齿面失效形式为疲劳点蚀。所谓疲劳点蚀，就是齿面材料在交变的接触应力作用下，由于疲劳而产生的麻点状剥蚀损伤现象。齿面最初出现的点蚀仅为针点大小的麻点，然后逐渐扩大，最后甚至连成一片，形成明显的损伤。轮齿在靠近节线处啮合时，由于相对滑动速度低，形成油膜的条件差，润滑不良，摩擦力较大。因此，点蚀首先出现在靠近节线的齿根面上，然后再向其他部位扩展。

（2）磨损。在齿轮传动中，当进入粉尘或落入磨料性物质（如砂粒、铁屑）时，轮齿工作表面即被逐渐磨损，若不及时清除，就可能使齿轮报废。

（3）胶合。对于重载高速齿轮传动，齿面间的压力大，瞬时速度高，润滑效果差。当瞬时速度过高时，相啮合的两齿面就会发生黏在一块的现象，同时两齿面又做相对滑动，黏住的地方即被撕破，于是在齿面上沿相对滑动的方向形成伤痕，称为胶合。采用抗胶合力强的润滑油，降低润滑系数，或适当提高齿面的硬度和光洁度，均可以防止或减轻齿轮的胶合。

（4）塑性变形。在齿轮的啮合过程中，如果齿轮的材料较软而载荷及摩擦力又很大时，齿面表层的材料就容易沿着摩擦力的方向产生塑性变形。由于主动轮齿齿面上所受的摩擦力背离节线，分别朝向齿顶及齿根方向，故产生塑性变形后，齿面上节线附近就下凹；而从动轮齿的齿面上所受的摩擦力则分别由齿顶及齿根朝向节线方向，故产生塑性变形后，齿面上节线附近就上凸。提高齿面硬度及采用黏度较高的润滑油，有助于防止轮齿产生塑性变形。

（5）折断齿。当齿轮工作时，由于危险断面的应力超过极限应力，轮齿就可能部分或整齿折断。冲击载荷也可能引起断齿，尤其是存在有锻造和铸造缺陷的轮齿容易断齿。断齿齿轮不能再继续使用。

26 减速机的轴磨损后应如何处理？

答：减速机轴磨损后的处理为：

（1）对于磨损的轴，可采用刷镀或金属喷涂的方法进行修复，然后按图纸要求进行加工。对于磨损严重而强度又允许时，可用镶套的方法，为了减少应力集中，在加工圆角时，一般应取图纸规定的上限，只要不妨碍装配，圆角应尽量大些。

（2）发现轴上有裂纹时，应及时更换。受力不大的轴可进行修补，焊补后一定要进行热处理。

（3）发现键槽有缺陷时，应及时处理，可以更换位置重新加工一个键槽。

27 减速机箱体的清理检查步骤是什么？

答：减速机箱体的清理检查步骤是：

（1）对上下机壳要先内后外全部清洗。死角和油槽容易积存油垢，要注意仔细清除。清理、检查油面指示器，使其显示正确，清晰可辨。

（2）使用酒精、棉布和细砂布清理上、下结合面上的漆片，并检查接触面的平面度。

（3）若箱内有冷却水管时，应检查无缺陷，必要时应做水压试验。

（4）清理机壳内壁时，若发现油漆剥落，应及时补刷。

28 减速机的组装和加油步骤是什么？

答：减速机的组装步骤为：

（1）组装前应将各部件清洗干净。

（2）吊起齿轮，装好轴承外套和轴承端盖，平稳就位，不得碰伤齿轮和轴承。

（3）按印记装好轴承端盖，并按要求调整轴承位置。

（4）检查齿轮的装配质量，用压铅丝法或用塞尺测量齿轮啮合间隙，使径向跳动和中心距在规定范围；在箱体结合面和轴承外圆上，用压铅丝法测量轴承紧力。

减速机的加油步骤如下：

（1）对没有润滑槽的齿轮箱，其轴承在装配时，要先加润滑脂，加入时应用手从轴承一侧挤入，另一侧挤出。

（2）经工作负责人确认减速机内清洁无异物时，在结合面上呈线状涂上密封胶。然后立即将清理干净的箱盖盖好，装上定位销，校正好上盖位置，再对称地、力量均衡地将全部螺栓紧固。

（3）加入质量合格、符合要求的润滑油。

29 减速机的检修质量标准是什么？

答：齿轮齿面应光滑，不得有裂纹、剥皮和毛刺，各处几何尺寸应符合图纸要求。减速机组装后，用手盘动应灵活，啮合平稳，无冲击和断续卡阻现象。各部件装配合格后，加足机油，空载运行 1h；察看各处紧固、密封是否良好，减速机运转是否正常，不得有冲击、振动、漏油、渗油现象。带负荷运行，除满足以上要求外，油的温度不超过 40℃，轴承温度不超过 45℃，齿轮啮合不发生偏磨现象。齿轮轴各段配合符合图纸公差要求，更换润滑油时必须用柴油或煤油将箱内清洁干净，齿轮与轴的装配应注意轮面结合面应光滑，无毛刺，无凹凸点，无密封胶残渣和裂纹损坏等缺陷。

电动机与减速机的联轴器应无裂纹、毛刺和变形，各部尺寸应符合图纸要求。齿轮箱找正时，地脚螺栓处的垫片每处不得超过三片，总厚度不得大于 2mm。

30 减速机解体检修时必须做好的技术记录有哪些？

答：减速机解体检修时必须做好以下技术记录：

（1）凡解体检修的设备，在解体前需做好运行的振动、温度、声音及缺陷记录，以便设备修后进行对照。

（2）设备检修中发现问题及更换备品配件的记录。

（3）更换配件后的各种技术数据，各部调整的数据记录。

（4）检修完毕后试运行的温度、振动、声音等的记录。

31 减速机装配中找正的程序与内容是什么？

答：减速机装配中找正的程序与内容是：

（1）按照装配时选定的基准件，确定合理的便于测量的校正基准面。

（2）先校正机身壳体机座等部件在纵横方向的水平和垂直度。

（3）采取合理的测量方法和步骤，找出装配中的实际位置偏差。

（4）决定调整环节及调整方法，根据测得的偏差进行调整。

（5）复校，达到要求后定位紧固。

32　减速机齿轮接触面的检验方法与标准是什么？

答：轮齿工作面的接触面积用涂色法或光泽法检验。

接触斑点应在工作面的中部，沿齿长方向不少于 60%，沿齿高方向不少于 45%。

33　减速机齿轮侧隙的检验方法与标准是什么？

答：减速机齿轮侧隙可用软铅丝（熔丝）进行检验。

软铅丝的直径不得大于保证侧隙的 4 倍，保证侧隙的数值，见表 1-9。

表 1-9　　　　　　　　　减速机齿轮保证侧隙数值表　　　　　　　　（mm）

中心距	100	150～200	250～300	350～500	600
保证侧隙	0.13	0.17	0.21	0.26	0.34

34　减速机的安装调试工艺要求是什么？

答：减速机的安装调试工艺要求是：

（1）减速机底座必须平整、稳固且具有较好的刚性和防震性能。

（2）减速机与电动机和工作机相连时，必须认真调整，使各轴处于较精确的水平位置并保证相连部件的同轴度，纵向和轴向偏差不得超过规定值。

（3）为了保护联轴器和减速机，即使使用柔性联轴器，也须进行认真、仔细的调整。当减速机轴伸装有悬臂齿轮时，更应认真调整。

（4）减速机底面与机座要吻合。如有缝隙，要用金属垫片垫实。

（5）减速机的地脚螺栓与地脚孔必须匹配，且要拧紧地脚螺栓。

（6）如果减速机安装在钢铁结构上，或受外力作用时，为安全起见，建议利用销栓或水平制动装置锁紧减速机，以防其移动。

（7）减速机输入端旋向指示牌的箭头指向必须与电动机转向相同。带逆止器的减速机安装时必须核实逆止方向是否与电动机转向相匹配。

（8）减速机安装在室外或处于其他不利环境中时（如有灰尘、污物、热源、水雾等），如有可能应进行遮蔽防护，但是不能影响空气沿减速机壳体表面的自由流动。

（9）如果减速机安装位置狭窄，可用导管将排油口、进油口、通气罩改装到便于操作的地方。

（10）为安全起见，有危险的外露旋转部分应采取可靠的防护措施。

35　减速机箱体密封胶的性能和要求是什么？

答：减速机箱体密封胶的性能和要求是：耐油、耐水、耐汽等介质，耐温 180℃，耐压 5～8MPa，即密封胶应适应于常规机械设备的平面密封，工艺要求是将表面处理干净。

36　蜗轮减速机的检修项目及内容是什么？

答：蜗轮减速机的检修项目及内容是：

（1）检查蜗轮、蜗杆的磨损情况，并进行修理或更换。

（2）检查各轴承有无磨损和损坏，并进行测间隙、调整或修理，必要时更换。

（3）检查各接合面及轴盖、轴端等处的密封是否良好。对有漏油的地方进行处理或更换密封垫。

（4）检查机壳有无裂纹或损坏现象，并进行必要的修理。

（5）检查油位计是否齐全、完好，检修后进行加油或换油。

37 电动机与减速器联轴器连接时它们的同心度有何要求？

答：电动机与减速器联轴器连接时它们的同心度要求，见表1-10。

表 1-10　　　　　　　　电动机与减速器联轴器连接的同心度要求值

电机转速	3000r/min 以下		1500r/min 以下		1000r/min 一下		600r/min 以下		200r/min 以下	
同心度	径向	轴向	径向	轴向	径向	轴向	径向	轴向	径向	轴向
刚性联轴器	0.01	0.02	0.01	0.03	0.02	0.04	0.03	0.04	0.03	0.04
弹性联轴器	0.01	0.02	0.01	0.05	0.02	0.05	0.03	0.06	0.03	0.07
齿式联轴器	0.01	0.02	0.01	0.05	0.02	0.05	0.03	0.06	0.03	0.07

第六节　带传动及链传动

1 带传动有哪些特点？

答：带传动是利用张紧在带轮上的带，借助它们间的摩擦或啮合，在两轴（或多轴）间传递运动或动力。带传动具有结构简单、传动平稳、造价低廉、不需润滑以及缓冲吸振等特点，应用广泛。

2 三角带（普通 V 带）的型号和带长如何确定？

答：V 带可分为普通、窄、宽 V 带三种，其中普通 V 带型号有 Y、Z、A、B、C、D、E、F 七种。常见型号数据见表1-11。

表 1-11　　　　　　　　普通 V 带常见型号的参数数据表

型号	上端宽度	厚　　度	角度（楔角）
A	0.50″(13mm)	0.31″(8.0mm)	
B	0.66″(17mm)	0.41″(11mm)	
C	0.88″(22mm)	0.53″(14mm)	40°
D	1.25″(32mm)	0.75″(20mm)	
E	1.50″(40mm)	0.91″(25mm)	

三角带胶带长度的计算式为

$$L = 2C + 1.57(D+d) + (D-d)2/4C \qquad (1-3)$$

式中：L 为周长，mm；C 为两轮中心距离，mm；D 为大轮直径，mm；d 为小轮直径，mm。

得到的带长是带的内周长，可对照规格选定基准长度，最终确定三角带型号。当三角带绕带轮弯曲时，其长度和宽度均保持不变的层面称为中性层。在规定的张紧力下，沿三角带中性层量得的周长称为基准长度 L_d，又称公称长度。它主要用于带传动的几何尺寸计算和三角带的标记，其长度已标准化。

3 订购皮带轮（三角带轮）需要提供哪些数据？

答：订购皮带轮需要提供的数据为皮带轮直径、槽数、槽型、轮毂内径、键槽参数及材质要求即可。

4 链传动有哪些特点？

答：链传动的优点为中心距变化范围大，可工作在恶劣条件下，对轴和轴承的作用力小。

缺点：运转时瞬间速度不稳定，有冲击、振动和噪声，制造精度高。寿命为带传动的2～3倍。

5 滚子链的标记方法是什么？

答：我国目前使用的滚子链的标准为 GB/T 1243—2006，分为 A、B 两个系列，常用的是 A 系列。例如：滚子链的标记为

08A-1×88 GB/T 1243—2006

表示：A 系列，节距 12.7mm，单排，88 节的滚子链。

6 滚子链轮的基本参数有哪些？

答：链轮的基本参数：配用链条的节距 p，滚子的最大外径 d_1，排距 p_t 以及齿数 Z。

第七节　联轴器与轴承

1 联轴器的种类有哪些？

答：高速轴传动的联轴器有：弹性柱销联轴器、尼龙柱销联轴器、梅花盘式联轴器、液力耦合器联轴器、挠性联轴器等。

低速轴传动的联轴器有：十字滑块联轴器、齿轮联轴器。

2 尼龙柱销联轴器的使用条件及特点是什么？

答：尼龙柱销联轴器用于正反转，变化较多，可用于启动频繁的高速轴。

尼龙柱销联轴器的特点是结构简单，装卸方便，较耐磨，有缓冲、减震作用，可以起一定的调节与过载保护的作用。

带抱闸轮的柱销联轴器要注意闸瓦间隙不能太紧，以防止抱闸轮工作时摩擦过热熔化尼龙柱销。

3 液力耦合器的结构和工作原理是什么？

答：液力耦合器，又称限矩式液力耦合联轴器（液力联轴器），是利用液体动能来连接电动机与机械传递功率的动力式液力传动机械。

主要结构及工作原理如下：主动部分包括主动轴、前半联轴节、后半联轴节、弹性块、

泵轮和外壳；从动部分主要包括涡轮和从动轴。主动部分与原动机连接，从动部分与工作机械连接，泵轮将原动机的机械能转变为工作液体的动能，涡轮又将工作液体的动能转变为机械能，通过输出轴驱动负载。泵轮和涡轮之间没有机械联系，泵轮和涡轮对称布置，几何尺寸相同，在轮内各装许多径向辐射叶片。工作时，在联轴器中充满工作油，当主动轴带动泵轮旋转时，工作油在叶片的带动下，因离心力的作用由泵轮内侧（进口）流向外缘（出口），形成高压高速液流，冲击涡轮叶片，使涡轮随着泵轮同向旋转。工作油在涡轮中由外缘（进口）流向内侧（出口）的流动过程中减压减速，然后再流入泵轮进口，如此连续循环。在这种循环流动的过程中，泵轮把输入轴的机械能转换为工作油液的动能和升高压力的势能，而涡轮则把工作油的动能和势能转化为输出轴的机械能，从而实现功率的传递。

液力耦合器广泛应用于带式输送机的驱动装置，其主要特点是能够带动负载平稳启动，提高启动性能，减小电网的冲击电流；具有过载保护作用；能隔离扭振和冲击，在多台电动机传动链中能均衡各电动机的负荷。

4 液力耦合器的主要特点有哪些？

答：液力耦合器有以下特点：

（1）隔离扭振。液力耦合器的扭矩是通过工作油来传递的，当主动轴有周期性波动时，不会通过液力耦合器传至从动轴上。

（2）过载保护。液力耦合器是柔性传动，当从动轴阻力扭矩突然增加时，液力耦合器可使主动轴减速甚至使其制动，此时电动机仍可继续运转而不致造成机械或电气故障。

（3）均衡多台电动机之间的负荷分配。在液力耦合器工作中，主、从动轴转速存在滑差，电动机转速稍有差异时，液力耦合器对扭矩的影响不太敏感，因而在带式输送机双驱动装置中，液力耦合器能均衡它们之间的负荷分配。

（4）空载启动、离合方便。液力耦合器在流道充油时即接合传递扭矩，把油排空即自行脱离。因此，利用充、排油就可实现离合作用。但在缺油状态不得长时间空转，以防内部轴承过热损坏。

（5）可实现无级调速。

（6）没有磨损，散热问题容易解决，泵轮和涡轮不直接接触，工作中没有磨损，使用寿命长。

（7）挠性连接。液力耦合器通过液体传递扭矩，主、从动轴可做成无机械联系的型式，它是一种挠性联轴器，允许主、从动轴之间有较大的安装误差。

5 液力耦合器的安装和拆卸工艺是什么？

答：液力耦合器的安装工艺是：

（1）把电动机和减速机上的键装好并在轴上匀涂润滑油。

（2）借助耦合器轴上的螺纹孔，用相应螺钉将耦合器平稳地与工作机械输入轴连接。不允许用连接片、铁锤敲打，也不允许热装，以免损坏元件和密封。或将后辅室、螺塞、O型圈拆开后，应用相应螺钉安装。

（3）将电动机与耦合器的半联轴节连接（可热装），保证轴向间隙为 2～4mm。

（4）电动机轴与工作机械轴找同心，径向误差不大于 0.3mm，角误差不大于 40′，可用垫片或弹性板调整。

（5）安装完后，把电动机和工作机地脚螺栓拧紧，还须用角尺检查一下电动机和工作机的同心误差是否在允差范围内。同心误差可在弹性半联轴节的最大外径下测得，若要求精确，可用千分表测量。如超出允许误差，必须调整到允许范围内。

（6）工作机高速轴为1∶10锥度安装时，要用专用固定螺母来固定，以防液力耦合器松脱。

其拆卸工艺是：

（1）把电动机底板紧固螺钉松开后，将电动机从耦合器移开。

（2）把耦合器从工作机上卸下来，拆卸时不允许用金属工具敲打，应用相应的拆卸工具。可借助耦合器轴上的螺纹孔，用相应螺钉将耦合器从工作机下卸下来。

6　液力耦合器的工作油有何要求？

答：耦合器最大充油量为工作腔满容量的80％，不允许充油过多，更不能充满，否则，会在运转中引起温升，产生压力使耦合器损坏。最小充油量为工作腔满容量的40％，否则，会使轴承得不到充分润滑而缩短使用寿命。

推荐使用22号汽轮机油或6号液力传动油。

7　液力耦合器使用的常见故障及其原因有哪些？

答：液力耦合器常见故障及其原因有：

（1）工作机达不到额定转速。驱动电动机有故障或连接不正确；从动机械有制动故障；产生过载；充油量过多，电动机达不到额定转速；充油量少；耦合器漏油。

（2）易熔合金熔化。充油量少；耦合器漏油，检查各结合面及轴端是否渗漏、解决密封；产生过载；工作机械制动；频繁启动。

（3）设备运转不稳定。电动机轴与工作机轴位置误差超过允许值，轴承损坏。

8　液力耦合器充油量的要求和充油方法是什么？

答：液力耦合器的充油量为其容积的40％～80％。

充油方法如下：

（1）拧下注油塞。

（2）拧下该注油孔近旁的易熔塞，作为排气孔用。

（3）也可在机旁设备上做上80％油位记号，把注油孔转到开口朝上，从注油孔注入油液。大部分液力耦合器的易熔塞孔接近80％容积的高度，加油到易熔塞孔有油溢出时，说明油已加足。

（4）检查油位，慢慢转动耦合器，使易熔塞孔保持在预定的油位置，可让多余的油自然流出到自停，说明油已加足。

（5）旋上油塞。

9　联轴器的拆装检查及修理注意事项有哪些？

答：联轴器的拆装检查及修理注意事项有：

（1）减速机的输入、输出轴可用联轴器、胀圈、胀盘、法兰盘链轮、齿轮、皮带轮等与电动机或工作机相连接，安装这些零部件时可利用减速机轴端带螺纹的中心孔。

（2）当联轴器需从轴上拆下时，应使用专用工具。必要时可用加热的方法从半联轴器块的外部到内用大火迅速加热，并同时使用螺旋或液压千斤顶等工具将其及时顶出。

（3）用细锉刀清除轴头、轴肩等处的毛刺，可用细砂布将轴与联轴器内孔的配合面打磨光滑。

（4）在安装前要测量轴颈、联轴器内孔、键与键槽各部的配合尺寸，符合标准要求后，方可进行装配。

（5）装配时，为了装配顺利，可在轴颈和联轴器内孔配合面上涂少量润滑油脂。

（6）回装联轴器时，应在其端面垫上木板等软质材料进行敲击，但不能直接用大锤或手锤敲击。必要时采用压入法或温差法进行装配。

10 普通联轴器"找正"的方法是什么？

答：主动轴的动力通过联轴器传递给从动轴，连接后两轴理论上应完全位于同一条中心线上，否则运行中将会产生振动。把两个半联轴器调整成同心并保持平行的方向，称为"找正"。在联轴器找正前，要预先调整两个半联轴器间的间隙，以防止主、从动轴的窜动力相互影响，引起振动。这个间隙一般要大于从动轴与主动轴的轴向窜动量之和。

联轴器的找正是在联轴器与轴装配垂直的条件下进行的。按所用工具的不同，找正方法可分为三种：

（1）利用直角尺、塞尺、楔形间隙规及平面规来找正。采用此法找正测量联轴器的不同心值和不平行值时，先用直角尺靠在一半联轴器的外圆圆柱面边缘上，检测另一半联轴器与直角尺间的间隙，用塞尺测得径向间隙。再用平面规、楔形间隙规测量轴向间隙。在联轴器圆周上要相隔180°各检测一次，即得轴向间隙。轴向、径向间隙测定后，根据间隙的数值在主动机机座下加垫片进行调整，直到符合标准为止。

（2）采用中心卡及塞尺找正法。内外中心卡分别用铁皮套箍固定在两联轴器上，外卡测点的径向和轴向螺钉与内卡相应测点之间的间隙即为径向和轴向间隙。根据要求的不同，操作方法可分两种：

1）一点法。当把一组中心卡安装好后，同时转动两联轴器，使中心卡首先位于上方垂直位置，用塞尺测出径向、轴向间隙，然后将两联轴器顺次转90°、180°、270°三个位置，分别测出径向、轴向间隙，根据得到的数值进行调整。

一点法往往由于轴的窜动或其他原因发生误差，因此对要求较高的联轴器用两点或四点法进行测量、调整。

2）两点法。测量轴向间隙时同时测量两点的轴向间隙，即0°和180°，90°和270°，180°和0°，270°和90°，同时记录轴向间隙。但径向间隙仍只测量一点数值，与一点法相同。

（3）利用千分表找正法。与上述方法相同，只是将测量螺钉换上两个千分表，从千分表上直接读出轴向、径向间隙。这种方法测得的数值较为准确，而且读数直观、迅速。

11 十字滑块联轴器的检修与维护注意事项有哪些？

答：十字滑块联轴器的检修与维护注意事项有：

（1）检查十字滑块联轴器的中间盘和两端的套筒是否有严重磨损或错位的现象，必要时及时修理或更换。

（2）检查中间盘的凸肩是否有残缺或打裂等现象，否则，要及时更换。

12 齿轮联轴器的检修与维护注意事项有哪些？

答：齿轮联轴器的检修与维护注意事项有：

（1）用卡尺、千分尺或样板检查齿轮联轴器的齿形，齿厚磨损超过原厚度的20%时，则要更换新齿轮件。

（2）检查齿轮联轴器的密封装置、挡圈、涨圈、弹簧等有无损坏或老化现象，否则，要及时更换。

（3）对齿轮联轴器要定期加油润滑。

13 齿轮联轴器找正偏差的范围是多少？

答：一般齿轮联轴器找正偏差的范围，见表1-12。

表 1-12 　　　　　　　　　　　　齿轮联轴器找正允许偏差的范围

联轴器直径（mm）	允许倾斜度（‰）	允许径向偏差（mm）
160～290	0.5	0.3
320～470	1	0.5
530～880	2	1

14 轴承的使用要求有哪些？

答：轴承是支撑心轴或转轴的主要部件，是机械传动不可缺少的组成部分。带式输送机的减速机、电动机、滚筒、托辊都离不开轴承。对于轴承一般要求转动灵活，间隙合适，各部件完好，无裂纹、剥落、明显珠痕、麻点、变色、明显锈蚀及拉伤等缺陷。

15 滚动轴承有何优缺点？

答：滚动轴承的优点为：结构简单，互换性好，磨损小，维修方便，消耗功率小，活动间隙小，能保持轴的对中性。

缺点有：承担冲击载荷能力差，高速时易有噪声，寿命较短，安装精度要求高。介质温度高于80℃，转速较高，功率较大者，均采用稀油润滑。

16 滚动轴承常发生的故障现象有哪些？

答：滚动轴承常发生的故障现象有：脱皮剥落；磨损；润滑不良；自然磨损；珠痕及振痕和过热变色。

17 滑动轴承有何优缺点？

答：滑动轴承的优点为：工作平稳、可靠、无噪声，因为润滑油膜具有吸振性，所以能承受较大的冲击载荷。

缺点有：结构复杂、体积大，启动时摩擦阻力大。

18 滑动轴承轴瓦的检修质量标准是什么?

答:滑动轴承轴瓦的检修质量标准是:

(1)轴瓦应无裂纹和毛刺,滑动面、接触面应光滑。

(2)轴承盖加油孔应与上瓦的油槽对正。各油道畅通,无杂质堵塞。

(3)轴瓦与轴承座的结合面应严密、干净、无杂质,不得有间隙和轴向位移。

(4)两瓦座的水平差不大于两瓦座距离的1/1000。

(5)每个轴承底座的垫片不得多于3片。

(6)轴承座螺母应紧固,不得有松动。

(7)加油润滑的油杯应完整,检修完后要加满合格的润滑油脂。在平常的维护中要按规定定期检查和加油润滑。

第八节 润 滑

1 机械摩擦的害处和润滑的作用有哪些?

答:机械摩擦的害处有消耗大量的功,造成机件磨损,产生大量热量。

润滑的作用有控制摩擦,减少磨损,降温冷却,防止摩擦面锈蚀,防尘。

2 润滑介质可分为哪几类?

答:润滑介质可分为五类:气体、液体、油脂、固体、油雾润滑。

3 润滑油应有哪些性能要求?

答:润滑油的性能要求有:

(1)适当的黏度,较低的摩擦系数。

(2)有良好的油性,良好的吸附能力,一定的内聚力。

(3)有较高的纯度,有较强的抗泡沫性、抗氧化和抗乳化性。

(4)无研磨与腐蚀性,有较好的导热能力和较大的热容量。

(5)对含碳量、酸值、灰分、机械杂质、水分等也要达到一定的要求。

4 润滑脂的种类与特性有哪些?

答:润滑脂习惯上称为黄油或干油,是一种凝胶状材料。润滑脂由基础油液、稠化剂和添加剂(或填料)在高温下混合而成。可以说它是一种稠化了的润滑油。工业用润滑脂按其稠化剂类型分为钙基脂、钠基脂、铝基脂、锂基脂、钡基脂等类型。

润滑脂的主要特点及用途如下:

(1)钙基脂是最早应用的一种润滑脂,有较强的抗水性,使用温度不宜超过60℃,使用寿命较短。

(2)钠基脂抗温能力较强(80~100℃),在其使用范围的临界温度上易出现不可逆硬化。易吸收水分,存放时需密封。由于有上述缺点,使它逐渐被淘汰。

(3)铝基脂有很好的抗水防蚀效果,多用于汽车底盘、纺织、造纸、挖泥机及海上起重机等方面的润滑，涂于金属表面具有防蚀作用。

（4）锂基脂是一种多效能润滑剂，使用温度范围在－120～145℃之间，抗水性稍逊于钙基脂。锂基脂通用性强且使用寿命长，除能在高低温、潮湿等不同外围条件收到良好润滑效果外，对于简化油料采购和管理，便于储存和应用，均有良好作用。

此外，还有钡基脂、合成基脂、混合基脂、复合皂基脂、非皂基脂等润滑脂，均有其特定的适用范围。

5 二硫化钼润滑剂的特点是什么？

答：二硫化钼润滑脂主要由复合钙基脂和二硫化钼（胶体 MoS_2）经混合加工制成。二硫化钼润滑脂剂具有良好的润滑性、附着性、耐温性、抗压减摩性等优点，适用于高温、重负荷、高转速等设备的润滑。二硫化钼润滑脂以复合钙基脂为载体，存放三个月以后，表层干涸不能用。因此，油桶一定要密封。对使用二硫化钼润滑脂的摩擦面或轴承，每月至少应检查一次。发现润滑脂变干时，应立即清洗，换上新脂。

6 滚动轴承添加润滑脂应注意什么？

答：滚动轴承的结构不同，会影响润滑油黏度的选择。如在同一温度条件下，向心球面滚子轴承和推力球面滚子轴承，由于同时受径向和轴向载荷，而比球轴承和圆柱滚子轴承需要更高黏度的油。球和滚子轴承添加润滑脂应注意：

（1）轴承里应填满，但不应超过外盖以内全部空间的 1/2～3/4。

（2）装在水平轴上的一个或多个轴承要填满轴承和轴承空隙，但外盖里的空隙只填全部空间的 1/3～3/4。

（3）装在垂直轴上的轴承，只装满轴承，但上盖则只填空间的一半，下盖只填空间的1/2～3/4。

（4）在易污染的环境中，对低速或中速轴承，要把轴承和盖内全部空间填满。

以上是添加润滑脂的一般要求，如果发现轴承温度升高，应适当减少装脂数量。

7 油浸减速器的齿轮浸浴度有什么要求？

答：油浸减速器的齿轮浸浴度的要求为：

（1）单级减速器的大齿轮浸油深度为 1～2 齿高。

（2）多级减速器中，轮齿有时不可同时浸入油中，这就需要采用打油惰轮、甩油盘和油杯等措施。

（3）蜗杆传动浸油深度，油面可以在一个齿高到蜗轮的中心线范围间变化。速度越高，搅拌损失越大。因此，浸油深度要浅；速度低时浸油深度可深些，并有散热作用。蜗轮在蜗杆上面时，油面可保持在蜗杆中心线以下，此时飞溅的油可以通过刮板供给蜗轮的轴承。

8 减速机的润滑要求有哪些？

答：减速机的润滑要求有：

（1）一般用油池飞溅润滑，自然冷却。润滑油的注入量达到油标油位，即将齿轮或其他辅助零件浸于减速器油池内，当其转动时将润滑油带到啮合处，同时也将油甩到箱壁上借以散热。

当齿轮线速度 $v>2.5\text{m/s}$，环境温度为 0～35℃或采用循环润滑时，推荐选用中极压工业齿轮油 N220；环境温度为 35～50℃时，推荐选用中极压工业齿轮油 N320。

（2）当齿轮速度超过 12～15m/s，工作平衡温度超过 100℃时，或承载功率超过热功率时，应采用风冷、水冷或循环润滑方式，循环润滑时的贮油量应满足齿轮各啮合点润滑、轴承润滑及散热冷却的需要。由于温度升高，需要油泵向齿面喷油，在高速时，油嘴最好用两组，分别向着两个轮子的中心。

（3）冷却用水要用氧化钙含量低的清水，水压不超过 0.8MPa。在低温情况下，减速机长时间停运时，必须把冷却水排净，以防冻坏冷却系统。

（4）采用循环润滑的减速机，其润滑系统的油泵、仪表、油路等要正确安装，正常系统油压为 49～245kPa。

（5）当减速机的环境温度低于润滑油凝固点时，或为了使减速机启动时油的黏度不过高，可采用浸没式电加热器或蒸汽加热圈对润滑油进行加热。电加热器单位面积上的电功率不应超过 0.7W/cm^2。建议加热后的油温为 5～15℃。

（6）减速机在投入使用前必须在输入轴轴承注油点及视孔处注入润滑油，油面应达到油尺上限，注油后视孔盖应重新用密封胶封好，并拧紧螺栓。

（7）减速机使用后要经常检查油位，检查应在减速机停止运转并且充分冷却后进行。注意：在任何情况下，油位不能低于油尺下限。

（8）当减速机连续停机超过 24h，再启动时，应空负荷运转，待齿轮和轴承充分润滑后，方可带负荷运转。

9 减速机润滑油的更换周期有何要求？

答：润滑油的更换周期可参照下列要求进行：

（1）减速机初始运行 200～400h 后必须首次换油。润滑油应在停机后油温还未降低时排放。

（2）一般换油应按下列间隔进行：

工作温度（℃）	运行间隔（h）	工作温度（℃）	运行间隔（h）
100	2500	80	6000
90	4000	<70	8000

但是当采用一班或两班工作制时，最长两年换油一次；若三班工作制，最长一年换油一次。当换油量较大时，可通过对润滑油进行化验的办法来确定最经济的换油时间间隔。

（3）减速机应换用与以前同样等级的润滑油，不同等级或不同厂家的润滑油不能混合使用。

（4）换油时，减速机壳体应采用与减速机传动润滑油相同等级的油进行冲洗，高黏度油可先行预热，再用于清洗。

（5）采用强制润滑的减速机，润滑系统也应清洗，并用高压空气吹干。

（6）换油时，排油口油塞上的磁铁也要彻底清洗干净。

（7）清洗必须绝对清洁，决不允许外部杂质进入减速机。

（8）换油后，拆过的轴承端盖及视孔盖必须用密封胶重新封好。

10　润滑油液的净化方法有哪些?

答:为消除外界杂质渗入润滑油内,要利用过滤、沉淀等方法在系统内外将油液净化,其方法有四种:

(1) 沉淀和离心。主要利用油液和杂质密度的不同,通过重力和离心力将其分离。

(2) 过滤。一般在润滑油液流动通道上设置粗细不同的筛孔,限制大小杂质的通过。

(3) 黏附。利用有吸附性能的材料阻截,收集润滑油液中的杂质。

(4) 磁选。利用磁性元件选出带磁性的钢铁屑末等。

11　润滑油箱的功能与储油要求有哪些?

答:润滑油箱不但是润滑油液的容器,而且常用以沉淀杂质、分离泡沫、散发空气,因此也是净化油液的装置。润滑油箱实际如同润滑系统的后方基地,具有排油、吸油、回油、排气、通风等功能。

循环油一般在润滑油箱有 3~7min 的停留时间,润滑油箱除须能盛装全部循环油以外,其空腔上留有适应系统油流量偶尔的变化以及油热膨胀、波动和撑泡沫需要的空间。一般润滑油箱油位应高于静止油位,容积可超过其实际储量的 10%~30%,如不保留空腔,则回油管道将受到背压的阻碍而造成回油不畅,油和泡沫甚至会从放气孔溢流而出。

12　设备的润滑方法有哪些?

答:设备润滑的方法主要是根据设备结构、运动的特点和对润滑的要求来选用。

(1) 手工润滑。手工润滑一般由运行维护人员用油壶或油枪向油孔油嘴加油,油在注入孔中后,沿着摩擦表面扩散以进行润滑。一般滴油润滑装置有泵式油枪、热膨胀油杯、跳针式油杯等。油杯只供一次润滑的小量润滑油,其给油量受杯中油位和油温的影响,阀的加工质量也往往影响到供油的稳定性,因此在装置和调节以前运行人员必须认真加以检查。油杯储油的高度应不低于全高的1/3,油杯的针阀和滤网必须定期清洗,以免堵塞。

(2) 油池或溅油润滑。油池或溅油润滑的作用是利用转动的机械将油带到相互咬合和紧紧靠近的各个摩擦副上。油池里的油应有适当黏度,一般为 30~50 号机械油可适应摩擦副的需要。加入油池的油应先经过滤清,油池温度一般不宜超过 70℃。

(3) 脂杯、脂枪润滑。

1) 脂杯润滑为带螺纹盖的润滑脂杯,是小压力下分散间歇供脂最常用的装置,这种脂杯在旋转油杯盖时才间歇地送入油脂。当机械正常运转时,每隔4h(半个班)将杯盖回转1/4转已够应用,一般用在速度不超过 4m/s 的设备上。

2) 脂枪润滑。手操纵的压力杠杆型脂枪是推煤机、斗轮机、翻车机等行走移动设备常用的润滑工具,每一个润滑点装有配套的加油口,按需要有规律地加脂润滑。

13　润滑油脂的使用情况有哪几种方式?

答:按油脂的使用情况,可分为一次使用和循环使用两种方法。一次使用是润滑油脂只使用一次就不再回收。循环使用是在高速、重荷、机件集中、需油量大的设备上润滑时都应将油循环使用,如斗轮行走立式减速箱、重牛绞车减速箱等。

14 润滑装置有哪几种配置方式？

答：润滑装置的配置方式可分为分散润滑和集中润滑两种方法。

（1）分散润滑。一般在结构上分散的部件，如电动机、碎煤机两端的轴承，桥吊、翻车机等几十处润滑点均按其润滑部位，就地安排润滑油杯、油孔、油嘴，分散进行润滑。

（2）集中润滑。在机件集中，同时有很多配件需要润滑，如斗轮堆取料机的回转部分、车床的减速机、走刀箱等，既有变速的齿轮或蜗轮，又有其轴和轴承，还可能有各种联轴器和离合器，就有必要进行集中润滑。

15 按润滑装置的作用时间可分为哪几种润滑方法？

答：按润滑装置的作用时间可分为：间歇润滑和连续润滑。按油脂进入润滑面的情况，又可分为无压润滑和压力润滑。油压很高属于压力润滑，油绳、毡块、油杯、油链、吸油、带油、油池、飞溅等无强制送油措施的润滑方法均属无压润滑。在除了要求充分润滑外，还有散热的需要时，就应进行连续润滑。如高速运行的齿轮箱和滑动、滚动轴承等。对润滑要求不高的部件，可以采用间歇润滑。

16 润滑管理的"五定"有哪些内容？

答：润滑管理的"五定"内容为：

（1）定质。按照设备润滑规定的油品使用，加油、加脂、换油、清洗时要保持清洗质量。设备上各种润滑装置要完善，器具要保持清洁。

（2）定量。按规定的数量加油、加脂。

（3）定点。确定设备需要润滑的部位。

（4）定期。按规定的时间加油、换油。

（5）定人。按规定的润滑部位指定专人负责。

17 国产机械油的特性与分类牌号有哪些？

答：国产机械油黏度和温度性能较好，闪点凝点较高，是由矿物润滑油馏分加工精制而成的。

按50℃运动黏度分为10、20、30、40、50、70、90号等七个牌号，输煤机械减速机采用50号的较多。

18 国产工业齿轮油的种类牌号有哪些？

答：国产工业齿轮油按50℃运动黏度分为50、90、150、200、250、300、350号和硫铝型400、500号等。

第九节　液压基础知识

1 液压系统由哪几部分部件组成？

答：液压系统的组成为：动力部分-油泵；执行部分-油缸、油马达；控制部分-各种控制阀；工作介质-油液；辅助部分-油箱、滤油器、管路、接口等。

2 液压等级的范围分别是多少?

答：液压等级的范围分别是：低压：0～2.5MPa；中压：2.5～8.0MPa；中高压：8.0～16.0MPa；高压：16.0～32.0MPa；超高压：大于32.0MPa。

3 输煤设备常用油泵的主要参数是什么?

答：输煤设备常用的油泵有：齿轮泵、叶片泵和柱塞泵等。泵的主要参数是额定流量和额定压力。油泵在压力为零时的流量为理论流量，在工作压力下的流量称为实际流量。

4 齿轮泵的结构和工作原理是什么?

答：齿轮泵由泵体、一对齿轮、端盖、传动轴等组成。

当电动机驱动两个齿轮旋转时，吸油啮合的齿顺序退出，在吸油腔形成一个自由空间，使吸油腔容积增大，形成了局部真空。此时油腔内部的压力小于外界大气压，油液在外界大气压的作用下进入了吸油腔。随着两齿轮的旋转，各个齿间把油液送进压油腔内，齿轮在进入压油腔后各齿顺序啮合，把齿间的油液挤出来，获得压力能，形成油压并从压油腔压出。这样由两齿轮的连续旋转形成了齿轮油泵连续压油的全过程。

5 如何安装齿轮泵?

答：齿轮泵的安装质量十分重要，如若安装不当时，对使用寿命有直接影响，甚至会很快损坏。安装的具体要求为：

(1) 齿轮泵的轴伸不能承受径向力与轴向力，这是各类液压泵的共同特性。

(2) 液压泵安装体结构。安装体一般用铸铁制造，其结构如图1-5所示，1、2两端法兰分别与液压泵法兰和Y系列B5或B35电动机的法兰连接。这种安装形式对液压泵与电动机（发动机）两轴的同轴度的误差，基本可以消除，泵运转时也无噪声，是延长液压泵使用寿命的有效途径。因此，工程上越来越多地采用安装体安装方式。

(3) 用脚架（弯板）安装液压泵。液压泵轴端不允许用带轮和链轮直接传动，因各类液压泵的轴伸绝对不允许径向受力。用联轴器与发动机（电动机）输出轴连接时，联轴器的内孔不能有过盈量，装配时不许拿铁锤用力敲打联轴器。一般不推荐用脚架安装液压泵。

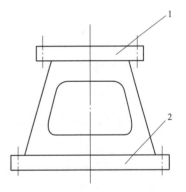

图1-5 液压泵安装体结构示意图

液压泵基本型为法兰连接式，用支承座安装要有足够刚度，将泵的圆形配合台肩（俗称直口）与支承座孔配合，而配合不能过松，将泵用内六角螺钉牢固地拧紧在支承座上（脚架）。

(4) 泵轴伸与驱动轴的连接误差。

1) 采用轴套连接时（刚性连接），两轴的同轴度误差不得大于0.05m。

2) 若用弹性或柔性联轴器时，两轴的同轴度误差不得大于0.1mm。

3) 两轴的角度误差，应控制在0.5°以内。

4) 驱动轴端与泵的轴端应保持2～3mm距离，采用弹性联轴器时，两轮端面应留有

3mm 间隙。

（5）齿轮泵的运转方向。齿轮泵出厂时的旋转方向，均按顺时针方向（从轴端看）设计，工作时不允许逆时针转动。

齿轮泵安装前，应先检查发动机输出轴的旋转方向与齿轮泵的允许转动方向是否一致。若齿轮泵的旋转方向为顺时针（正转），改为逆时针旋转（反转）时，因为各种的结构差异，可采取以下办法解决：

1）浮动侧板结构齿轮泵，正转改为反转时，将泵的表面用煤油刷洗洁净，再将后泵盖和泵体一侧打上字头，把侧板（有方向性）与后泵盖同时旋转 180°，注意泵的吸油口大于排油口。

2）动轴套式齿轮泵，这种齿轮泵的结构，四个轴套全装于泵体内，正转改为反转时，将两齿轮调换位置，前泵盖旋转 180°即可。

3）固定侧板式齿轮泵，正转改为反转时，只将后泵盖旋转 180°即可。

（6）齿轮泵安装输油管路。齿轮泵安装固定之后，要将泵的吸油管路和压力油管路，按具体位置情况配管。

泵的吸油管应尽量短，其位置应靠近油箱，安装水平高度应在油面以下，对于在高温高速条件下运转的液压泵更应如此，如果限于条件，泵的安装位置要高于油面时，则泵的吸油高度不得大于最低油位 500mm，以防止吸入少许空气或吸油不足，而使泵产生噪声，影响泵的技术性能和缩短其使用寿命。

吸油管路应用冷拔无缝钢管，其钢管内径要大于压力油管内径，使泵的吸油压力（负压）在表压 -0.03MPa 以内，吸油管内的流速应低于 1.5m/s，一般为 1m/s 以内。

齿轮泵的进、出油口连接形式有螺纹连接和法兰连接两种。前者有公制螺纹和英制螺纹，英制螺纹的标准代号分为"G"圆柱管螺纹、"ZG"螺纹密封圆锥管螺纹以及"Z"圆锥管螺纹三种。

压力油管路要采用冷拔无缝钢管，其钢管外径与壁厚，应根据系统的公称压力和流量选择适当的钢管外径。压力油管道的流速一般为 2～5m/s，高压力时取大值，低压力时取小值；管道短时取大值，管道长时取小值；管道在变径处或局部收缩处可取 6～10m/s。

6 齿轮油泵的检修项目与工艺要求有哪些？

答：齿轮油泵的检修项目有：检查各接合面、密封件及壳体是否渗漏。检查轴承、侧板及齿轮等磨损情况和螺栓紧固情况，根据实际情况进行检修调整。

检修工艺要求有：

（1）若只有一个齿轮被磨损，进行修复时，应使两齿轮厚度差在 0.05mm 范围之内，且垂直度与平行度误差不得大于 0.05mm。

（2）齿轮的装配间隙。轴向间隙，应为 0.05～0.08mm；径向间隙，应为 0.03～0.05mm。

（3）要求齿顶与箱体内孔之间的间隙为 0.15～0.20mm。

（4）键与键槽的配合。

1）键与轴上键槽的配合为 H9/h9 或 N9/h9，装配时可用铜棒轻轻打入，以保证一定的紧力。

2) 键与轮毂键槽的配合应为 D10/h9，装配时应轻轻推入轮毂键槽。

3) 键装完后，键的顶部与轮毂的底部不能接触，应有 0.2mm 左右的间隙。

（5）外壳无损伤，无漏油。

（6）装配后平盘转动灵活，振动不超过 0.03～0.06mm。

7 齿轮泵检修拆装时应注意什么？

答：齿轮泵检修拆装时应注意的事项为：

（1）注意泵的方向，找出进油口和出油口。

（2）尽量保护原侧盖平面，若有损坏，应恢复到原来精度及光洁度要求，否则产生泄漏。

（3）油口要一一对应，O 型密封圈要合适，不然要产生外泄漏。

8 齿轮油泵的检修质量标准是什么？

答：齿轮油泵的检修质量标准是：

（1）外壳无裂纹及其他明显损伤，不漏油。

（2）密封件不渗漏。

（3）轴承不得有压伤、疤痕等缺陷。

（4）侧板的表面不能有损伤。

（5）检修后，表面应光洁，无油垢、煤粉。

（6）检修后，齿轮油泵能用手灵活转动。

（7）试转时，应确认转向正确、无噪声。

（8）振动值应不超过 0.06mm。

9 叶片泵的结构和工作原理是什么？

答：叶片泵由转子、定子、叶片、配油盘、端盖等组成。

两相邻叶片、配油盘、定子和转子间形成一个个密封的工作腔，密封工作腔容积增大，产生真空，将油吸入。反之，则将油压出。

10 叶片泵运行中噪声严重的原因有哪些？

答：叶片泵运行中噪声严重的原因有：

（1）定子曲线表面拉毛。

（2）配油盘端面与内孔不垂直，造成叶片本身垂直不好。

（3）配油盘压油节流槽太短。

（4）主轴密封圈过紧。

（5）叶片导角太小。

（6）叶片高度尺寸不一致。

（7）吸油口密封不严空气侵入，吸油不畅通。

（8）联轴器安装不同心。

11 轴向柱塞泵的结构和工作原理是什么？

答：轴向柱塞泵由斜盘、柱塞、缸体、配油盘等主要零件组成。

泵依靠柱塞在缸体内往复运动时密封工作腔的容积变化实现吸压油。

以 ZB1740 轴向柱塞泵为例，其工作原理是：主轴由两个径向轴承及一个推力轴承支承，在主轴平面圆周上有七个均布的内球面和一个中心内球面，八个内球面分别同七个连杆及一个芯轴的大球头相研配，并用压圈连接片固定于轴上。连杆副是由连杆的小球头与柱塞的内球面相研，配用卡瓦、销钉卡住，中芯轴的右端支承在球面配流盘的轴套上，油缸体由球承支承在中芯轴上，依靠弹簧把油缸体紧贴于球面配流盘上。配流盘用螺母紧固于后泵体，配流盘球面上有两个对称的腰形孔，此腰形孔与后泵体两个进出油通道相通，实现油泵的配油。

当后泵体的倾斜角度被固定，即 $\gamma = 25°$ 时，称为定量泵。而后泵体的二耳轴承支承于壳体上，此时后泵体可绕二耳轴的中心线偏摆，其偏摆角为 $\pm 25°$，此时油泵的排量随摆角大小而变化，称为变量泵。

油泵的主轴由原动机驱动而旋转时，由于缸体之间轴线在后泵体偏摆后，与主轴的轴线斜交成等一角度。因此，缸体在连杆副的带动下也做旋转运动，此时柱塞除做旋转运动外，还要相对于缸体柱塞孔做轴向往复运动，其中往复运动的相对距离决定于斜交角的大小。柱塞相对柱塞孔的往复运动，就造成柱塞孔中封闭容积变化，每周期的容积变化就形成油泵的吸油和排油过程。

由上述原理知，当主轴通过连杆强制带动柱塞相对柱塞孔做往复运动时，全部的机械力矩靠连杆来传递。其中有效力矩由连杆受压来完成，而摩擦力矩依靠连杆表面和柱塞内壁轮流交替接触来完成。

12 如何安装柱塞泵？

答：柱塞泵的安装柱塞泵的安装同齿轮泵。

轴向柱塞泵的基本形式均为法兰安装式，若采用电动机驱动时，则需要制造一个"安装体"，如图 1-6 所示。采用这种连接方法可消除驱动机轴与柱塞泵轴的两个轴的同轴度误差，小端法兰与柱塞泵法兰连接，大法兰则与 Y 系列 B5 或 B35 电动机前法兰连接，两轴之间应留有 3mm 间隙，可用弹性联轴器、梅花联轴器、齿轮联轴器连接，轴向柱塞泵可以两个方

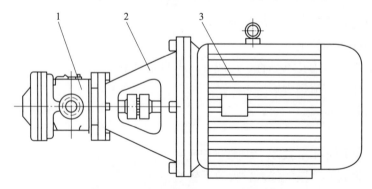

图 1-6 柱塞泵用安装体和电动机连接图

向运转。轴向柱塞泵的输入轴和输出轴不能承受来自各方向的外力。因此，在装配联轴器时的配合不可过紧，不许用铁锤敲打联轴器。轴向柱塞泵与联轴器的配合关系，应为二级间隙配合。在联轴器键槽对面，按轴孔不同的直径，钻、攻一个 M6～M10m 的螺纹孔，用螺钉顶死防止联轴器窜动。

（1）如采用轴套刚性连接时，原动机轴与泵轴伸、两轴中心线的同轴度误差应控制在 0.05mm 之内。若以弹性联轴器连接时，同轴度误差为 0.1mm 左右。两个轴的角度误差控制在 0.5°以内。

（2）轴向柱塞泵不许用 V 带或链轮直接传动，必要时，要采取间接形式，柱塞泵的轴伸仍用联轴器与输入轴的联轴器连接。

（3）轴向柱塞泵的旋转方向，无特殊要求时，制造厂出厂的泵都按顺时针方向运转。

（4）轴向柱塞泵的安装位置应注意，在泵的后面应留出一定的空间，便于拆卸检修。

（5）轴向柱塞泵的自吸能力较差，安装泵时尽力靠近油箱，应在油面以下，使液压油以自行灌进泵内，对泵的运转十分有益。如果限于条件，液压泵必须安装于油箱上边时，吸油高度不得大于最低油位 500mm。

柱塞泵的吸油口，要安设线隙式滤油器，过滤精度应为 30～50μm；在系统的回油管路上要安装过滤精度为 10～20μm 的回油滤油器。

径向柱塞泵的结构一般为偏心轴式或凸轮式两种，分为 3 个柱塞或 6 个柱塞，这种泵为阀式配流，抗污染能力较强，并有一定的自吸能力。这类泵的工作压力稍高于轴向柱塞泵，而流量比较小，是由其结构所决定的。径向柱塞泵的整体结构好，在安装方面比轴向柱塞泵的安装规范要简单许多。

13 轴向柱塞泵运行中的检查项目有哪些？

答：轴向柱塞泵运行中的检查项目有：

（1）在开始运转前应检查以下内容：

1）油泵、油马达的安装是否准确可靠，螺钉是否拧紧，联轴器的安装是否符合要求。

2）壳体内是否已灌满了工作油液。

3）油泵的转向是否与进出口方向符合。

4）液压元件的安装和连接是否正确可靠。

5）液压系统中的安全阀是否调整到规定值，各类阀件的启闭是否准确可靠。

（2）在运转使用过程中应注意以下几方面的内容：

1）初始运转及长期停放后使用，应在无负荷工况下跑合 1h 左右，观察液压元件工作是否正常。

2）工作压力和使用转速应符合产品规定的额定值。

3）在运转过程中如发生异常的温升、泄漏、振动及噪声时，应立即停车，进行检查，寻找原因。

4）一般的油液工作油温以 25～55℃为佳，最高不超过 60℃。若使用上稠 40 号稠化液压油，则可使用到 75℃左右，最低启动油温为 15℃。若低于 15℃时，应设法将油温提高。

5）对于工作在 0℃以下的地区，为了保证油泵油马达的正常工作，在油泵油马达未启动前，应在油泵和油马达的壳体内通入 15℃以上的循环油流，待油泵油马达各部分温度上升到 15℃ 左右，再启动油泵油马达。

6）要经常检查油泵油马达壳体温度，壳体外的最高温度一般不得超过 70℃。

14 轴向柱塞泵压力低或流量不足的原因有哪些？

答：轴向柱塞泵压力低或流量不足的原因有：

（1）油泵的电动机转向错误。

（2）补油泵未启动或供油不足，油生泡沫，油泵吸空。

（3）油箱内油面过低。

（4）吸油管滤油器堵塞。

（5）油的黏度过高，冬季油太冷。

（6）传动轴联轴器销子切断。

（7）变量柱塞泵斜盘偏转角太小。

（8）变量机构单向阀密封面接合不好。

（9）转速过低。

（10）油泵内磨损严重。

（11）溢流阀不起作用。

（12）从高压侧到低压侧漏损大。

15 轴向柱塞泵维护的注意事项有哪些？

答：轴向柱塞泵维护的注意事项有：

（1）要定期检查工作油液的水分、机械杂质、黏度和酸值等，若超过规定值时应更换新油。

（2）定期检查和清洗管路及滤油器，以免堵塞和损坏。

（3）主机进行定期检修时，油泵和油马达等主要液压件一般不要轻易拆开，当确定油泵油马达发生故障时，务必注意拆装工具等的清洁，拆下的主要运动部件要严防划伤、碰毛。装配时用汽油冲洗，再加油润滑，并要注意零件的安装部位，不要搞错。

（4）如油泵油马达长期不用，应将原腔体内存油倒出后，再灌满含酸值较低的油液，外露加工面涂上防锈油，各油口须用堵头等封好。

16 轴向柱塞泵的安装与使用注意事项有哪些？

答：轴向柱塞泵的安装与使用注意事项有：

（1）油路。斜轴式轴向柱塞泵在额定或超过额定转速使用时，泵的进油口均须压力注油，保证油泵进油口的压力为 0.2～0.5MPa，此时注油的流量为主泵流量的 120% 以上。在降速使用的场合，允许自吸进油，此时油箱的液面应高于油泵入口 0.5m 以上。以防出现吸油不足现象。

油泵的外壳上均有两个泄油孔，其作用有泄油作用和冷却作用。使用前将高处的一个漏油孔接上油管，使壳体内的内漏油能畅通泄回油箱。手动伺服变量结构的油泵，其壳体内油压不应超过 0.15MPa，否则将对伺服机构的灵敏度有影响。把两个泄漏口均接上油管，低处输入冷却油高处回油箱，可以起到冷却作用。

在闭式油路中，管路最高处应装有排气孔，用以排出管路中的空气，避免产生噪声及振动。

液压管路安装前必须进行酸洗，高压管路应经过耐压试验，试验压力推荐用 2 倍工作压力。安装液压管路和液压元件时，须严格保持清洁，管路内不得有任意游离状的杂物，特别防止有一定硬度的颗粒状杂物。若系统中管道过长，应装支架加固，以防振动。

油马达允许在满负荷工况下启动，但在液压系统中应设有安全阀，其调定压力不应超过油马达的最高压力。

(2) 油箱。在开式液压系统中，油箱的容积量应不小于油泵 3~5min 的流量。在闭式液压系统中应不小于补油泵 3~6min 流量，同时须考虑足够散热面积，使油温在规定范围之内，必要时应采取冷却油温措施。

吸油管和回油管在油箱内不要相离过近，回油及泄漏等油管均须插入油面以下，同时在油箱内设置隔板和消除气泡的装置。

(3) 安装工艺。油泵、油马达的支架，机组均须有足够的刚度，与驱动机连接的油泵及与被驱动机连接的油马达均以弹性联轴节为宜，其不同心度不得大于 0.1mm。联轴器与输出轴的配合尺寸应选择合理，安装时不得使用铁锤敲击。如必须用皮带轮等传动时，应设托架支承，以免油泵或油马达承受过大的径向力。

17 耳环、耳轴类液压缸有何安装要领？

答：耳环、耳轴类液压缸安装时应注意以下要领：

(1) 环轴线的平行性。采用耳环类安装的液压缸，是以耳环的销轴作为支点和回转中心，液压缸可以在与耳环销轴相垂直的平面内摆动的同时作往复直线运动。所以，活塞杆与负载连接的耳环的销轴轴线，必须与缸体耳环销轴的轴线保持平行，如图 1-7 (a) 所示。这样，可以保证液压缸在一个垂直平面内摆动和舒展，不会产生附加弯矩。如果两者轴线不平行，则两者运动方向不一致，如图 1-7 (b) 所示，则液压缸就会受到以耳环销轴为支点的弯曲载荷，在弯曲载荷作用下，细长的活塞杆极易弯曲，并导致杆端连接螺纹折断。而且，因为活塞杆弯曲状态下往复运动，将会带来单边拉伤缸筒内壁、导向套局部磨损、密封件的

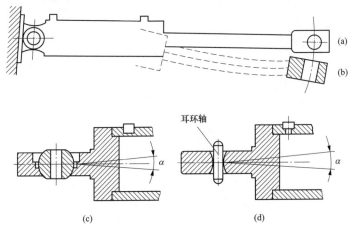

图 1-7 耳环类液压缸安装图

(a) 正确；(b) 错误；(c) 带关节轴承的耳环；(d) 大圆弧结构

53

翘曲和油液的内泄漏及外泄漏等一系列问题。

这种错误的安装方法，不仅降低缸的出力、效率、寿命，也是被迫造成停机事故的重要原因，安装中必须予以杜绝。

由于工作机构的需要，当要求液压缸耳环销轴中心线能够作一定角度的自由摆动时，可使用带关节轴承的耳环，如图 1-7（c）所示。当负载不大时，为了简化结构，将耳环内加工成大圆弧，如图 1-7（d）所示。这样也能取得一定的效果，但该结构易松动。

耳轴形液压缸的安装方法，应与耳环形液压缸作相同的考虑，因为液压缸是以缸体耳轴支点的，在与耳轴相垂直的平面内摆动的同时，作直线往复运动。所以，活塞杆顶端的连接销应与销轴位于同方向，如图 1-8（a）所示。若连接销与耳轴相垂直，夹有相当的角度，则液压缸就会受到弯曲，如图 1-8（b）所示，造成活塞杆顶端的螺纹部分折断，并且由于横向力的作用，活塞杆导向套和活塞面易发生不均匀损伤和拉伤现象，这是造成破损和漏油的原因。

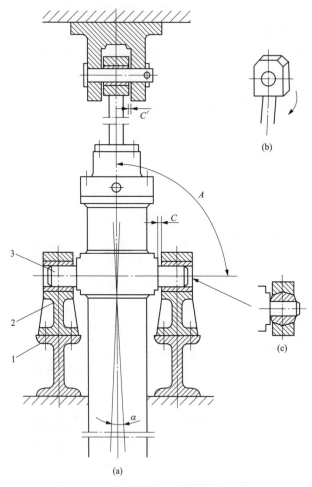

图 1-8　耳轴类液压缸安装图

1—机架；2—托架；3—耳轴

（2）避免耳轴与耳环的弯曲。在安装耳轴形液压缸，除连接销的方向问题以外，还须注意不能使耳轴和耳环轴因弯曲应力而破坏。如图 1-8（a）所示的间隙 c' 和 c，与耳环、耳轴的曲强度关系很大。在保证灵活摆动条件下，c' 的间隙应尽量小；对间隙 c，应控制在能吸收液压缸微量倾斜 a 角度所必要的最小限度（0.5~1mm）内，安装时将支承耳轴的托架的安装位置尽量接近耳轴的根部，使耳轴仅仅承受剪切力和均等的面压力。此外，为了使两边的轴分别承受相等的载荷和摆动灵活，避免左右托架两孔轴线与耳轴轴线不重合，需要有垫片等调整托架的位置。假如支承耳轴的托架采用图 1-8（c）所示的关节轴承，即使歪斜安装后仍能使缸体灵活摆动，但其结果会增大耳轴的弯曲应力，容易使耳轴折断，所以应避免这种用法。

（3）校核考虑缸体中心高度对支撑架的影响。校核验算连接螺栓强度及对螺栓材料的选用时，应考虑缸体中心高度的安装影响，如图 1-9 所示。支撑耳轴处对机架会形成一个液压缸出力以中心的力矩。当缸体中心高度比较大时，耳轴及安装螺栓宜加粗一些，对机架的刚性应予保证，安装螺栓的中心距也要适当加大。

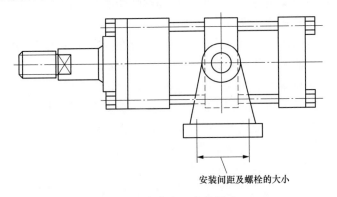

安装间距及螺栓的大小

图 1-9　注意中心高的影响

18　油缸的检修工艺及质量标准是什么?

答：液压缸的检修工艺及质量标准是：

（1）活塞杆的弯曲度应小于 0.03/500，活塞与缸体表面应光滑，不得有拉毛、裂纹现象，主要工作面的粗糙度在 0.8 以下。镀层无脱落现象，无锈斑、沟痕。若脱落、锈斑、沟痕严重，应重新镀铬后进行加工磨光。

（2）活塞皮碗不得有裂纹及纵向沟槽，磨损量不大于 1mm。皮碗和缸体的紧力不可过大，以皮碗套在压盖上能用力推入缸筒为宜。用螺母将活塞组件固定，再用锁母锁紧，最后将封垫封好。一定要注意，活塞组件的松动不仅会造成内泄漏，而且一旦脱出，会将活塞和活塞杆损坏。

（3）缸体的筒壁应无锈斑、沟槽、裂纹，缸体不得有明显的毛刺，粗糙度保证在 0.8 以下。

（4）起导向作用的轴套，粗糙度要求在 0.8 以下，活塞杆与轴套之间的间隙在 0.04~0.11mm 之间，装配后应保证各部件运动灵活，无卡涩现象。

（5）各活塞的泄油孔必须畅通，外径对内孔的振摆应小于外径公差的 1/2。

（6）各连接件应牢固，不得有损坏现象。焊缝不得有裂纹，缸盖的紧固螺栓应完整无损，紧力要均匀。

（7）油缸的油封必须保持完好，充压力油后不得有内部和外部的泄漏。

（8）活塞的外露部分必须安装有防尘套，且完整无损。在缸盖最高部分应有排汽装置。

（9）油缸、门柱、转盘连接部分及下部轴承牢固、良好。

19 油缸装配好后应如何检查其性能？

答：油缸装配好后性能的检查方法是：达到规定压力后，观察活塞杆与油缸端盖、端盖与油缸的结合处是否有渗漏；油封装置是否过紧，而使活塞移动时呆滞或过松而造成漏油；测量活塞移动速度是否均匀。

20 油马达的检修工艺及质量标准是什么？

答：油马达的检修工艺及质量标准是：

（1）涨圈不得有损伤及棱角。装配时，相邻两涨圈的开口位置应相错 $180°$。

（2）活塞与活塞孔的间隙应在 $0.01 \sim 0.02 \text{mm}$。

（3）检查活塞与活塞孔时，对拆出的液压马达要在柱塞及其孔口旁边做好对位标记。

（4）曲轴两边推力轴承的轴向间隙为 $0.05 \sim 0.10 \text{mm}$。

（5）转阀与阀套的间隙要求在 $0.015 \sim 0.035 \text{mm}$，转阀不得破损。

（6）十字接头两边的转阀与曲轴不能任意变换，否则将会使液压油马达出现反转现象。

（7）缸体的内表面磨损不得超过 0.05mm，且不能有沟槽。

（8）活塞与活塞杆的连接应转动平稳灵活，且无晃动。

（9）活塞杆与其下部曲轴结合处的乌金瓦应无损伤及其他明显缺陷。

（10）油封磨损后需调整缩紧弹簧时，不能紧力过大，以免磨轴。当胶圈失去弹性时应更换。

（11）各结合面应保持平整，必要时可以涂漆片。

（12）检修中必须保持清洁，不允许有任何污物落入油马达内。

（13）检修后，油马达用手能灵活盘转，将润滑油加满。

（14）检修好的备用液压油马达，也要将油注满，以防锈蚀。

21 油马达转速低、扭矩小的原因有哪些？

答：油马达转速低、扭矩小的原因有：

（1）油泵供油量不足。

（2）油马达各处接合面严重泄漏。

（3）油马达内部零件磨损。

22 溢流阀的作用有哪些？

答：溢流阀的作用有：

（1）防止液压系统过载。

（2）使液压系统中的压力保持恒定。

（3）远程调压。

（4）用作卸荷阀。

（5）高低压多级控制。

23 溢流阀的使用与维修注意事项有哪些？

答：溢流阀的使用与维修注意事项有：

（1）溢流阀动作时要产生一定的噪声，安装要牢固可靠，以减小噪声，避免接头松动漏油。

（2）溢流阀的回油管背压应尽量减小，一般应小于 0.2MPa。

（3）油系统检修后初次启动时，溢流阀应先处于卸荷位置，空载运转正常后再逐渐调至规定压力，调好后将手轮固定。

（4）溢流阀调定值的确定。溢流阀作纯溢流时（如补油系统），系统工作压力即为调定压力。溢流阀作安全阀用时，其调定值一般按说明书的规定调整。

（5）溢流阀拆开后，应检查导阀和主阀的锥形阀口是否漏油，并做压力试验。如有泄漏，必须进行研磨处理。

（6）溢流阀的质量标准为：动作灵敏可靠，外表无泄漏，无异常噪声和振动。

24 节流阀的使用和维修注意事项有哪些？

答：节流阀的使用和维修注意事项有：

（1）安装单向节流阀时，油口不能装反。否则，将造成设备损坏事故。

（2）用节流阀调节流量时，应按流量由小到大的顺序进行（如斗轮机大臂下降速度应按由低到高的顺序进行，当检修或拆换节流阀时，必须采取防止大臂突然下降的措施，一般可将大臂斗轮放在煤堆上或降到地面上，以防设备损坏和人身伤亡。

（3）节流阀的检修应严格注意清洁，精心装配，阀口如有泄漏，应研磨处理。

（4）节流阀检修后，应动作灵活，外观无渗漏现象。

25 单向阀的使用与维修注意事项有哪些？

答：单向阀的构造简单，维护量小，每次拆开后应检查阀口的严密性，阀芯与阀体孔应无卡涩，清理小孔等处的污垢，检查弹簧是否断裂或变形。安装单向阀时，切勿将进出口方向装反，否则将造成事故。单向阀检修后应动作灵活、可靠，外观无泄漏。

26 换向阀的使用维护与检修注意事项有哪些？

答：换向阀的使用维护与检修注意事项有：

（1）运行中应保证电磁线圈的电压稳定。

（2）检修中检查阀芯与阀孔的磨损情况，间隙为 0.008～0.015mm。

（3）检查复位弹簧是否断裂或有无塑性变形。

（4）清洗阀体通道及阀芯平衡沟槽的油垢及杂物，清洗时要用干净的细白布擦拭，以免划伤高光洁度的配合面，单件清洗完后用压缩空气吹净。

（5）检查 O 型密封圈是否老化、破损变形，不合格的要更换。

（6）回装时在阀芯柱塞表面涂以清洁的机油，注意油口不要对错，密封圈要装好，紧固螺栓的紧力要均匀一致。

（7）组装完后的换向阀如果暂时不装回设备上时，应将各油口封严，或用整块干净的白布将阀体包好，并妥善保管，以防杂物或尘埃进入阀内。

（8）换向阀检修后应动作灵活、可靠，无漏油（包括不向电磁铁漏油）。

27 液压油的使用和维护有哪些注意事项？

答：液压传动系统中是以油液作为传递能量的工作介质，在正确选用油液以后还必须使油液保持清洁，防止油液中混入杂质和污物。经验证明：液压系统 80％以上的故障是由于液压油污染造成的，因此对液压油的污染控制十分重要。液压油中的污染物，金属颗粒约占 75％，尘埃约占 15％，其他杂质如氧化物、纤维、树脂等约占 10％。这些污染物中危害最大的是固体颗粒，它使元件中相对运动的表面加速磨损，堵塞元件中的小孔和缝隙；有时甚至使阀芯卡住，造成元件的动作失灵；它还会堵塞液压泵吸油口的滤油器，造成吸油阻力过大，使液压泵不能正常工作，产生振动和噪声。总之，油液中的污染物越多，系统中元件的工作性能下降得越快。因此，经常保持油液的清洁是维护液压传动系统正常的一个重要方面。这些工作做起来并不费事，但却可以收到很好的效果。具体方法为：

（1）液压用油的油库要设在干净的地方，所用的器具如油桶、漏斗、抹布等应保持干净，最好用绸布或的确良布擦洗，以免纤维黏在元件上堵塞孔道，造成故障。

（2）液压用油必须经过严格的过滤，以防止固体杂质损害系统。系统中应根据需要配置粗、精滤油器，滤油器应当经常检查清洗，发现损坏应及时更换。

（3）系统中的油液应经常检查并根据工作情况定期更换，一般在累计工作 1000h 后，应当换油。如继续使用，油液将失去润滑性能，并可能具有酸性。在间断使用时，可根据具体情况隔半年或一年换油一次。在换油时应将底部积存的污物去掉，将油箱清洗干净；向油箱内注油时应通过 120 目以上的滤油器。

（4）油箱应加盖密封，防止灰尘落入，在油箱上面应设有空气过滤器。

（5）如果采用钢管输油应把管子在油中浸泡 24h，生成不活泼的薄膜后再使用。

（6）装拆元件一定要清洗干净，防止污物落入。

（7）发现油液污染严重时，应查明原因及时消除。

28 如何清洗油箱？

答：排尽废油后，对油箱进行清洗（擦洗可采用煤油、柴油或浓度为 2％～5％的金属清洗液）。清洗后，用绸布或乙烯树脂海绵等将油箱内表面擦干净，才能加入液压油，不允许用棉布或棉纱擦油箱。有些企业用面团清理油箱，也得到较为理想的清理效果。

29 液压管道如何安装？

答：液压管道安装一般分两次：第一次称预安装，第二次为正式安装。预安装是为正式安装作准备，是确保安装质量的必要步骤。

30 高压橡胶软管的安装有何规定？

答：高压橡胶软管用于两个有相对运动部件之间的连接，安装软管时应符合下列要求：

（1）要避免急转弯，其弯曲半径 R 应大于 9～10 倍外径，至少应在离接头 6 倍直径处弯曲，如图 1-10 所示。若弯曲半径只有规定的 1/2 时就不能使用，否则寿命将大大缩短。

（2）软管的弯曲同软管接头的安装应在同一运动平面上，以防扭转。若软管两端的接头

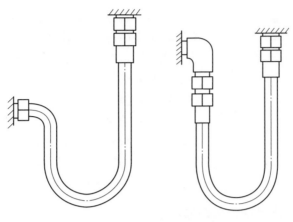

图 1-10 软管弯曲半径要求

需在两个不同的平面上运动时，应在适当的位置安装夹子，把软管分成两部分，使每一部分在同一平面上运动。

（3）软管应有一定余量。由于软管受压时，要产生长度（长度变化约为 14%）和直径的变化。因此，在弯曲情况下使用，不能马上从端部接头处开始弯曲；使用时，不要使端部接头和软管间受拉伸。所以，要考虑长度上留有适当余量，使其保持松弛状态，如图 1-11 所示。

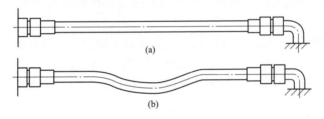

图 1-11 软管保持松弛状态示意图
（a）不正确；（b）正确

（4）软管在安装和工作时，不应有扭转现象，如图 1-12 所示。不应与其他管路接触，以免磨损破裂；在连接处应自由悬挂，避免受其自重而产生弯曲。

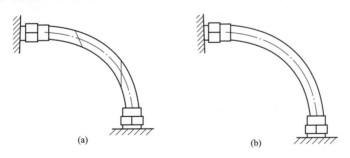

图 1-12 软管不应有扭转现象
（a）不正确；（b）正确

（5）因为软管在高温下工作时寿命短，所以尽可能使软管安装在远离热源的地方，不得已时要装隔热板或隔热套，如图 1-13 所示。

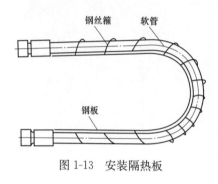

钢丝箍　软管

钢板

图 1-13　安装隔热板

（6）软管过长或承受急剧振动的情况下宜用夹子夹牢，但在高压下使用的软管应尽量少用夹子，因软管受压变形，在夹子处会产生摩擦能量损失。

（7）软管要以最短距离或沿设备的轮廓安装，并尽可能平行排列。

（8）必须保证软管、接头与所处的环境条件相容，环境包括：紫外线辐射、阳光、热、臭氧、潮湿、水、盐水、化学物质、空气污染物等可能导致软管性能降低或引起早期失效的因素。

31　滤油器一般安装在什么部位？

答：滤油器一般安装在液压泵的吸油口、输出口或回油路。

32　安装蓄能器的注意事项是什么？

答：安装蓄能器时应注意的事项为：

（1）蓄能器一般应垂直安装，气阀向上，并在气阀周围留有一定的空间，以便检查和维护。

（2）蓄能器安装位置应远离热源，应牢固地固定在托架或基础上，但不得用焊接方法固定。

（3）蓄能器和液压泵之间应设单向阀，以防止蓄能器的压力油向液压泵倒流。蓄能器和管路之间应装设截止阀，供充气、检查、调整或长期停机时使用。

（4）蓄能器充气后，各部分绝对不允许拆开、松动，以免发生危险。若必须拆开蓄能器封盖或搬动时，应先放尽气体后进行。

（5）蓄能器装好后，充以惰性气体（例如氮气）。严禁充氧气、压缩空气或其他易燃气体。一般充气压力为系统最低使用压力的 $80\%\sim85\%$。

33　油产生泡沫的原因有哪些？

答：油产生泡沫的原因有：

（1）油箱内油位太低。

（2）油箱安装位置错误。

（3）回油到油箱油面以上。

（4）用油错误。

34　油泵出力低的原因有哪些？

答：油泵出力低的原因有：

（1）油箱不透气。

（2）油黏度太大。

（3）油温度低。

（4）辅助泵压力低。

35 液压系统有噪声和振动的原因有哪些？

答：液压系统有噪声和振动的原因有：

（1）当吸油管中有气体存在时将产生严重噪声，一方面这可能是吸油高度太大，油泵的转速太高，吸油管太细或滤油网堵塞等原因使油泵抽空、油生泡沫等产生空白现象；另一方面可能是因为吸油管密封不好，外油管外露，油面太低，使得在吸油的同时吸入大量空气。

（2）油泵和液压马达质量不好，油泵和液压马达的运动不均匀，叶片或活塞卡死。

（3）管子细长，弯头多又未固定，管中流速较高也会引起振动和噪声。如某一段管子有显著振动，则故障根源可能就是管道选择或安装不正确。

（4）在换向时产生振动和冲击，主要是换向速度太快，惯性能量使系统压力瞬时显著升高所致。改善换向阀的结构或调整换向阀的节流螺钉以适当延长换向时间。

（5）油泵电动机联轴器不正，联轴器松动或联轴器弹性销损坏，地脚螺栓松动，将会产生很大噪声。

36 液压机械带载速度明显下降的原因有哪些？

答：有载时工作速度明显降低的原因有：

（1）系统中有关回路的泄漏显著增大，应检查管道、泵、阀等的泄漏情况。

（2）吸油路阻力过大或漏气，致使油泵打不出油来。如是新泵，也可能泵体有铸孔或砂眼，使吸油腔与压油腔相通，失去压油能力。

（3）如果拧紧溢流阀（安全阀）弹簧，压力仍无变化，可能是因脏物存在而卡死，或弹簧折断失去作用。油液的选择及保持清洁是保证液压系统工作性能的关键。

（4）检查溢流阀后系统仍无压力，可能在压力油路中其他阀卡住，处于回油位置；也可能是油动机中密封损坏，产生内泄漏所致。

（5）如整个系统能建立正常压力，但某些管道或油动机中没有压力，则可能是管道（特别是橡皮软管接头）小孔或节流阀堵死。

37 液压系统常用的密封圈及其作用有哪些？

答：液压系统常用的密封圈及其作用是：

（1）骨架油封用于回转轴的密封。

（2）"O"型密封圈多用于静密封，也可用于相对运动速度较低的连接密封。

（3）"Y"型密封圈和"V"型密封圈多用于液压缸的密封。

（4）组合垫或铜垫用于管接头密封等。

第二章

电 气 基 础

第一节 通用电气基础知识

1 什么是电路? 什么是电路图?

答: 电路是由电源、中间环节和负载组成的。电源的作用是提供电能; 开关、导线的作用是控制和传递电能, 称为中间环节; 灯泡等是消耗电能的用电器, 称为负载。

采用简单的图形符号代替实物的方法来画电路, 这样画出的图形就称为电路图。不难看出, 用电路图来表示实际的电路非常方便。

2 电路有哪几种状态? 其特点是什么?

答: 电路有三种状态: 通路、开路和短路。

(1) 电路处于通路状态的特点是: 电路畅通, 有正常的电流流过负载, 负载正常工作。

(2) 电路处于开路状态的特点是: 电路断开, 无电流流过负载, 负载不工作。

(3) 电路处于短路状态的特点是: 电路中有很大电流流过, 但电流不流过负载, 负载不工作。由于电流很大, 很容易烧坏电源和导线。

3 什么是常说的屏蔽? 如何实现屏蔽?

答: 在电气设备中, 为了防止某些元器件和电路工作时受到干扰, 或者为了防止某些元器件和电路在工作时产生干扰信号影响其他电路正常工作, 通常对这些元器件和电路采取隔离措施, 这种隔离称为屏蔽。

屏蔽的具体做法是: 用金属材料 (称为屏蔽罩) 将元器件或电路封闭起来, 再将屏蔽罩接地 (通常为电源的负极)。带有屏蔽罩的元器件和导线, 外界干扰信号较难穿过金属屏蔽罩干扰内部元器件和电路。

4 什么是相电压? 什么是线电压? 它们关系如何?

答: 任意一根相线与中性线之间的电压都称为相电压。

任意两根相线之间的电压称为线电压。

线电压实际上是发电机两组线圈上的相电压叠加得到的, 但线电压的值并不是相电压的2倍, 因为任意两组线圈上的相电压的相位都不相同, 不能进行简单地乘2来求得。根据理论推导可知，在星形连接时，线电压是相电压的$\sqrt{3}$倍。

5 电气线路接线图在画法上有何特点？

答：电气接线图在画法上有以下特点：

（1）接线图中电器的图形符号及接线端子的编号与原理图是一致的，各电器之间的连线也和原理图一致。

（2）为了看图方便，接线图中凡是导线走向相同的可以合并画成单线，各导线的两端都接在标号相同的端子上，这样不但使图纸清晰，而且便于查线。

（3）为了安装方便，在电器箱中控制板内各电器与控制板外的电动机、照明灯、电源进线以及其他用电设备之间的联系，都应当通过接线端子板连接，接线端子板的容量，是根据连接导线所通过的电流的大小来选择的。

（4）接线图上应标明导线及穿线管子的型号、规格、尺寸。管子内穿线满七根常加备线一根，以便维修。

6 钳形电流表的使用要点有哪些？

答：某些不便断开电路的场合，可使用钳形电流表带电直接测量交流电流。使用时应注意以下事项：

（1）测量时应使被测导线置于钳口中央，否则误差将很大（大于5%）。当导线夹入钳口时，若发现有振动或撞碰声，应将仪表手柄转动几下，或重新开合一次，直到没有噪声才能读取电流值。测量大电流后，如果立即去测量小电流，应开合铁芯数次，以消除铁芯中的剩磁。

（2）应注意钳形电流表的电压等级，不得将低压表用于测量高压电路和电流。

（3）量限要适当，宜先置于最高挡位，逐渐下调切换，至指针在刻度的中间段为止。

（4）不得在测量过程中切换量限，以免在切换时造成二次瞬间开路，感应出高电压而击穿绝缘；必须变换量限时，应先将钳口打开。

（5）每次测量后，应把调节电流量限的切换开关置于最高挡位，以免下次使用时因未选择量限就进行测量而损坏仪表。

（6）测量母线时，最好在相间用绝缘板隔开，以防止钳口张开时引起相间短路。

（7）有电压测量挡的钳形表，电流和电压要分开进行测量，不得同时测量。

（8）测量时应戴绝缘手套，站在绝缘垫上；不宜测量裸导线；读数时要注意安全，切勿触及其他带电部分而引起触电或短路事故。

（9）钳形电流表应保持在干燥室内；钳口相接处应保持清洁，使用前应擦拭干净，使之平整、接触紧密，并将表头指针调在"零位"位置；携带、使用时仪表不得受到震动。

（10）用钳形电流表测量小电流时，被测导线应在电流表钳形口的中央，如果读数太小（5A以下），可在钳形口上缠绕几匝，表上读出的数值除以匝数，即为所需测量的值。

7 绝缘电阻表的使用要点有哪些？

答：使用绝缘电阻表测量电气设备的绝缘电阻，应注意以下几点：

（1）测量以前，应切断被测设备的电源。验明无电并确已无人工作时，方可进行。对于电容量较大的设备（如大型变压器、电容器、电动机、电缆等），必须将其对地充分放电（约放电 3min），以消除设备残存电荷。

（2）未接线前，应先判断绝缘电阻表的好坏。绝缘电阻表一般有三个接线柱，分别为"L"（线）、"E"（地）和"G"（屏）。检查时首先将绝缘电阻表平放，使 L、E 两个端钮开路，摇动手摇发电机的手柄，使发电机的转速达到额定转速（若为电动式绝缘电阻表，可施加额定电压），此时指针应指在"∞"刻度处；停止摇动后用导线短接 L 和 E 接线柱，再缓慢摇动手摇发电机的手柄（必须缓慢摇动，以免电流过大而烧毁绕组），此时指针应迅速归"0"，如果是半导体型绝缘电阻表，不宜用短路法进行校验。"L"接被测端，"E"接外皮并接地。

（3）测量前应了解周围环境的温度和湿度。当湿度过高时，应考虑接用屏蔽线；测量时应记录温度，以便对测得的绝缘电阻进行分析换算。

（4）从绝缘电阻表到被测设备的引线，应使用绝缘良好的单芯导线或多股软线，不得使用双股线，端部应有绝缘套，两根连接线不得绞缠在一起。绝缘电阻表必须平稳放置。

（5）同杆架设的双回路架空线和双母线，当一路带电时，不得测试另一路的绝缘电阻，以防感应高电压危害人身安全和损坏仪表；对平行线路也应注意感应高电压，应将平行带电回路停电后测量，有雷电时严禁摇线路绝缘。

（6）测量电容器、电缆、大容量变压器和电动机等的绝缘电阻时，要有一定的充电时间，电容量越大，充电时间应越长，一般以绝缘电阻表转动 1min 后的读数为准。

（7）摇测绝缘电阻时，应由慢逐渐到快摇动手柄。若发现指针指零，表明被测绝缘物存在短路故障，此时不得继续摇动手柄，以防表内线圈因发热而损坏。摇动手柄时，不得忽快忽慢，以免指针摆动过大而引起误差；手柄摇到指针稳定为止，时间约 1min。摇动速度一般为 120r/min，但可在 ±20% 的范围内变动。测量时，先绝缘电阻表再测试；离线时，先断离再停止绝缘电阻表，以防损坏表计。

（8）测量电容性电气设备的绝缘电阻时，应在取得稳定读数后，先取下测量线，再停止摇动手柄，测完后立即将被测设备进行放电。

（9）被测电气设备表面应擦拭干净，不得有污物，以免漏电影响测量的准确度。

（10）测量工作一般由两人来完成。在绝缘电阻表未停止转动和被测设备未放电之前，不得用手触摸测量部分和绝缘电阻表的接线柱或进行拆除导线等工作，应保持安全距离，以免发生触电事故。

（11）在带电设备附近用绝缘电阻表测量绝缘时，测量人员和绝缘电阻表安放位置必须选择适当，保持安全距离，以免绝缘电阻表引线或支持物触碰带电部分。移动引线时，必须注意监护，防止工作人员触电。

8 绝缘测量的吸收比是什么？

答：从开始测量绝缘电阻算起，第 60s 的绝缘电阻与第 15s 的绝缘电阻之比，称为吸收比。吸收比越大，设备的绝缘性能越好。

9 中性点移位是指什么？

答：三相电路中，在电源电压对称的情况下，如果三相负载对称，根据基尔霍夫定律，不管有无中线，中性点电压都等于零。若三相负载不对称，没有中线或中线阻抗较大，则负载中性点就会出现电压，即电源中性点和负载中性点间电压不再为零，我们把这种现象称为中性点移位。

10　电弧的特征是什么？

答：电弧是一种气体放电现象，它主要有以下特征：

（1）电弧是一种能量集中，温度很高，亮度很大的气体放电现象。

（2）电弧由三个部分组成：阴极区、阳极区、弧柱区。在电弧的阴极和阳极上，温度常超过金属气化点。在电弧的孪生点，通常有明亮的极斑，弧柱就是阳极、阴极之间明亮的光柱，其温度达 6000～10 000℃，甚至更高，弧柱直径很小，一般几毫米到几厘米，弧柱周围温度较低，亮度明显减弱的部分称为弧焰。电流几乎都在弧柱内流通。

（3）电弧是一种自持放电现象，只要有很低的电压就能维持电弧稳定燃烧而不熄灭。

（4）电弧是一束游离的气体，质量极轻，容易变形。

11　电气故障的快速判断方法有哪些？

答：电力生产中处理设备故障应越快越好，不能耽误，否则将影响设备正常运行。对于电气故障的处理，首先应有过硬的技术本领，对故障现象应通过问、看、听、摸来迅速判断故障可能发生的部位、规模和性质，从而及时采取准确的措施。

（1）问。向运行操作人员或设备专责维护人员了解设备故障前的工作情况和故障后的"症状"。询问的项目一般包括：故障是经常发生还是偶尔发生，有哪些征兆（如声响、冒火、冒烟等），故障发生前有无误操作，是否定期保养、检修，是否改动过线路设备等。

（2）看。有些电气设备的故障有明显的外观征兆，如各种信号，熔断器指示装置的各种显示，热继电器脱扣，接线脱离，触点熔焊，线圈烧毁等。

（3）听。电动机、变压器和某些电器正常运行的声音和发生故障后的声音有明显的差异，听听它们的声音是否正常，就可判断故障性质，找到故障部位。

（4）摸。电动机、变压器和电磁线圈等发生故障后，温度显著上升，可立即切断电源，用手去触摸。

12　电气设备检修前的准备工作有哪些？

答：电气设备检修前的准备工作有：

（1）准备好必需的图纸和技术资料。

（2）判断待拆修设备的现状和达到正常工作状态的差距，以便制订检修方案。

（3）从规格、品种和数量方面备足检修所需的零部件和材料。如果无法备齐，则不得拆修。

（4）配备拆修所需的工具、量具和仪表。

（5）备齐零星辅料（如汽油、润滑油、砂纸、棉纱头、导线、紧固件等）。

（6）安排参加拆修工作的人员。

（7）落实保证安全的组织措施和技术措施。

13　电气设备检修的注意事项有哪些？

答：电气设备检修的注意事项有：

（1）边拆边核对图纸，凡与图纸不符者要做好详细记录。

（2）记住组装顺序（作出标记），了解零部件之间的关系。

（3）较复杂的设备，应按拆卸顺序排列拆下的零部件。

（4）清洗和擦拭时要防止损坏零部件。工具、量具、仪表和辅料要逐项清理。

（5）损坏的零部件应予以更换。如果发现已损件，但无备件，则应采取补救措施，并作出详细记录。对有缺陷但可继续使用的零部件，也要作出记录。这两类不合格的零部件，在下次检修时应首先更换。

（6）检修、安装完毕，应进行例行试验，只有试验合格才可投入运行。

（7）检修人员与运行人员办理移交手续。

14 事故抢修和事故检修有何区别？

答：事故抢修是指设备在运行中发生故障，需要紧急抢修恢复的工作，其工作量不大，时间不超过 4h。

事故检修是指设备故障比较严重，短时间不能恢复的检修工作，需转入事故检修的应填写工作票并履行正常的工作许可手续。

15 电缆发生故障的原因一般有哪些？

答：电缆发生故障的一般原因有：机械损伤；绝缘老化；绝缘受潮；运行中过电压、过负荷；电缆选型不当，或电缆头及终端头设计有缺陷；安装方式不当，或施工质量不好；电缆制造工艺质量差，绝缘材料不合格；维护不良；地下有杂散电流，流经电缆外皮等。

16 锡焊在日常电气维护中的特点和注意事项有哪些？

答：锡焊是利用受热熔化的焊锡对铜、铜合金、钢、镀锌薄钢板等进行焊接的一种方法。锡焊的优点是：接头具有良好的导电性和一定的机械强度，焊锡加热熔化后，可以很方便地进行拆卸。因此，锡焊在电气焊接工艺中得到广泛应用。

进行锡焊时应注意以下事项：

（1）焊接前应将母材焊接处进行清洁处理，这是保证焊接质量的关键。常用砂布，锉刀或刀片清除焊接处的油漆或氧化层，焊接处处理后应立即涂上焊剂。

（2）使用电烙铁加焊（适于焊接薄板和铜导线）时，要控制焊锡的熔化温度：温度过高易使焊锡氧化而失去焊接能力；温度过低会造成虚焊，降低焊接质量。

（3）沾焊时，首先用加热设备（如电炉、煤炉等）将容器中的焊锡熔化，再将涂有焊剂的焊接头浸入熔化的焊锡中进行焊接。这种方法焊接质量较好，生产率也较高。

（4）使用喷灯（喷灯是一种喷射火焰的加热工具）加焊时，先用喷灯将母材加热，并不时涂擦焊剂。当母材加热到合适温度时，使焊锡接触母材，于是焊锡熔化并铺满焊接处。这种方法适于焊接较大尺寸的母材。

17 铜接头和铝接头为什么不直接连接？

答：如果把铜和铝用简单的机械方法连接在一起，特别是在潮湿并含盐分的环境中（空气中总含有一定的水分和少量的可溶性无机盐类），这时铜、铝接头就相当于浸泡在电解液内的一对电极，便会形成电位差（相当于 1.68V 的原电池）。在原电池的作用下，铝会失去电子而被氧化腐蚀掉，从而使接触电阻增大。当流过电流时，接头发热，温度升高还会引起铝本身的塑性变形，更使接头部分的接触电阻增大。如此恶性循环，直到接头烧毁为止。因此，电气设备中铜铝接头不直接连接。当铜和铝接头连接时一般采取铜铝过渡接头，或铜头镀锡后连接的措施。

18　影响介质绝缘程度的因素有哪些？

答：影响介质绝缘程度的因素有：电压作用；水分作用；温度作用；机械力作用；化学作用以及大自然作用。

第二节　输煤配电基础知识

1　输煤强电系统包括哪些？

答：输煤强电系统包括有：

（1）交流系统。这部分系统包括 10kV（或 6kV）高压电动机及变压器；380V 低压电动机及其他用电设备，如电磁除铁器、电磁制动器、220V 照明系统及其他用电设备等。

（2）直流 110V 系统。这些系统专用于大容量自动空气断路器和 10kV（或 6kV）小车开关的控制及保护回路。

2　输煤供电系统的电压等级和用途有哪些？

答：输煤供电系统的电压等级和用途有：

（1）交流 10kV 或 6kV 供电。用于高压电动机和输煤供电变压器。

（2）交流 380V 供电。用于低压电动机和其他用电设备（除铁器、制动器、控制回路、检修盘）。

（3）交流 220V 供电。用于照明系统及其他控制电路。

（4）直流 220V 系统。用于大容量自动空气开关断路器，真空开关，10kV 或 6kV 小车开关跳合闸控制等。

3　输煤车间的供电系统有何要求？

答：输煤车间的供电系统一般引自厂用电的公用段，由于输煤系统的设备分甲乙（或 A、B）两路，所以供电系统也应两路供电，有时还需增设一路备用电源，以进一步提高其可靠性。

4　电气设备操作中的"五防"是指什么？

答：电气操作中的"五防"是指：防止误拉、合开关；防止带负荷拉、合"隔离开关"或"刀开关"；防止带电挂接地线或合接地开关；防止带接地线或接地开关合闸；防止误入带电间隔。

5　设备停电和送电的操作顺序分别是什么？

答：设备停电拉闸操作的顺序是：断路器（开关）→负荷侧隔离开关（刀闸）→母线侧

隔离开关（刀闸）。

设备送电操作的顺序是：母线侧隔离开关（刀闸）→负荷侧隔离开关（刀闸）→断路器（开关）。

6 变压器运行中应作哪些巡视检查？

答：变压器运行中的巡视检查内容有：

(1) 声音应正常。

(2) 油位应正常，外壳清洁，无渗漏现象。

(3) 油温应正常。

(4) 气体继电器应充满油。

(5) 防爆管玻璃应完整无裂缝，无存油。

(6) 瓷套管清洁无裂缝、无打火放电现象。

(7) 引线接触良好无过热烧损现象。

(8) 呼吸器畅通，硅胶不应吸潮饱和。

7 手动操作的低压断路器合闸失灵有哪些原因？

答：手动操作的低压断路器，如果合闸后触头不能闭合，一般应进行以下检查，并视具体情况加以处理。

(1) 失压脱扣器线圈是否完好，脱扣器上有无电压。

(2) 贮能弹簧是否变形。如果变形，可能导致闭合力减小，从而使触头不能完全闭合。

(3) 反作用弹簧力是否过大。如果过大，应进行调整。

(4) 如果是脱扣机构不能复位再扣，则应调整脱扣器。

(5) 如果手柄可以推到合闸位置，但放手后立即弹回，则应检查各连杆轴销的润滑状况。若润滑油已干枯，则应加新油，以减小摩擦阻力。

此外，如果触头与灭弧罩相碰，或动、静触头之间以及操动机构的其他部位有异物卡住，也会导致合闸失灵。

8 电动操作的低压断路器合闸失灵的原因有哪些？

答：电动操作的低压断路器合闸后触头不能闭合的原因有：

(1) 控制电路的接线是否正确，电路中的元件是否损坏，熔断器的熔体是否熔断。

(2) 电源电压是否过低。如果过低，则应调整电压，使之与操作电压相适应。

(3) 检查电磁铁拉杆行程。如果行程不够，则应重新调整或更换拉杆。

(4) 电动机的操作定位开关是否变位。如果变位，则应重新调整。

(5) 检查操作电源的容量是否过小。如果过小，则应更换电源。

(6) 如果是一相触头不能闭合，其原因可能是该相的连杆断裂，应更换连杆。

9 电气开关处于不同状态时的注意事项有哪些？

答：电气开关处于不同状态时的注意事项有：

(1) 要求开关处于分断不许合闸的状态时：可以挂锁，以防误操作。开关挂锁后，不能进行合闸、开抽屉工作，否则会损坏机构。解除挂锁时需使手柄先向下复位，才能进行下一步操作。

（2）开关处于工作状态时：抽屉不能打开，否则会损坏机构。

（3）开关处于跳闸状态时：抽屉不能打开，否则会损坏机构。如果想复位后进行重合闸，必须将开关向分断位置进行一次复位后才能合闸。

10 母联开关是什么开关？其作用是什么？

答：母联开关就是两条母线之间的联络开关。

母联开关的作用是一条母线给另一条母线送电（即母线串带）。在两条单电源母线中，通过母联开关可以实现电源停电而母线不停电。

11 母线涂色漆的作用有哪些？哪些地方不准涂漆？

答：母线涂色漆一方面增加热辐射能力，另一方面可以区分交流电的相别或直流母线的极性。另外，母线涂漆还能防止母线腐蚀。

母线不准涂漆的地方有：

（1）母线各连接处及距连接处 10cm 以内的地方。

（2）间隔内的硬母线要留出 50～70mm，便于停电时挂接临时接地线用。

（3）涂有温度漆的地方。

12 母线的支承夹板为什么不能构成闭合磁路？

答：硬母线的支承夹板通常是用钢材制成的，如果支承夹板构成闭合回路，母线电流产生的磁通将使钢夹板产生很大磁损耗，使母线温度升高。为防止上述情况的发生，常用黄铜或铝等不易磁化的材料作支承压件，以破坏磁路的闭合。

13 母线排在绝缘子处的连接孔眼为什么要钻成椭圆形？

答：因为负荷电流通过母线时，随电流大小变化，母线温度也在变化，这样母线会经常地伸缩。孔眼钻成椭圆形，就给母线留出伸缩余量，防止因母线伸缩而使母线及绝缘损坏。

14 母线接头的允许温度为多少？一般用哪些方法判断发热？

答：当环境温度为 25℃时，母线接头运行的允许温度为 70℃。如接触面有锡覆盖层时可提高到 85℃。对闪光焊接头允许提高到 100℃。

一般采用变色漆、试温蜡片、半导体点温计、红外线测温来判断发热。

15 母线常见的故障有哪些？

答：母线常见故障有：

（1）接头接触不良，电阻增大，造成发热严重使接头烧红。

（2）支持绝缘子绝缘不良，使母线对地的绝缘降低。

（3）当大的故障电流通过母线时，在电动力和弧光作用下，使母线发生弯曲、折断或烧伤。

16 负荷隔离型开关的操作注意事项有哪些？

答：负荷隔离开关没有过载和短路保护功能，操作时的注意事项如下：

（1）所有配电柜内的 1 号、2 号电源的投入用的是空气开关，二者之间有机械闭锁装置，严禁同时投入，以防造成机构损坏，并形成输煤 1 号变压器、2 号变压器合环电流，烧坏电缆及引发电流越级跳闸。

（2）运行正常方式为 1 号电源投入，2 号电源备用。

（3）各电源柜门均不可在电源合入位置进行维护检查，必须在断开位置检查，以防损坏开关。

17 变压器并列运行需要哪些条件？

答：几台变压器并列运行必须符合下列三个条件：

（1）一次电压相等，二次电压也相等（即变比相同）。

（2）接线组别相同。

（3）阻抗电压的百分值相等。

前两个条件不满足会有循环电流，第三个条件不满足，则造成变压器间负荷分配不合理，可能有的过载，有的欠载。

18 变压器的油温有什么规定？

答：油浸变压器的绝缘属于 A 级绝缘，当环境温度为 40℃时，变压器线圈的温升为 65℃；上层油温不得超过 95℃，这是从保证变压器在运行绕组温度不超过 105℃提出来的。上层油温不得经常超过 85℃，这是从防止变压器油劣化过速提出来的。有的厂家规定上层油温不得超过 70℃，这是从延长变压器使用寿命提出来的。影响变压器油温的因素有：负荷的大小、气温的高低、冷却方式的效果、油路通畅情况、油量的多少、箱壁散热面积的大小。

19 变压器铁芯为什么必须接地，且只允许一点接地？

答：变压器在运行或试验时，铁芯及零件等金属部件均处于强电场中，由于静电感应作用在铁芯或其他金属结构上产生悬浮电位，造成对地放电而损坏零件，这是不允许的。除穿芯螺杆外，铁芯及其他金属构件都必须可靠接地。如果两点或两点以上接地，在接地点之间便形成了闭合回路，当变压器运行时其主磁通穿过此闭合回路时就会产生环流，将会造成铁芯局部过热，烧损部件及绝缘，造成故障。所以，只允许一点接地。

20 变压器储油柜有何作用？

答：变压器储油柜的容积应是变压器在周围气温从－30℃停止状态到＋40℃满载状态下，储油柜中经常有油存在。其作用如下：

（1）调节油量，保证变压器油箱内经常充满油。若没有储油柜，变压器油箱内的油面会发生波动，当油面低时，露出铁芯和线圈部分会影响散热和绝缘。另外，随着油面的波动，空气从箱盖缝里排出和吸进，上层油温很高，很容易吸收外面新进来的空气，使油很快氧化或受潮。

（2）减少油和空气的接触面，防止油被加速氧化和受潮。储油柜的油面比变压器油箱的油面要小。另外，储油柜里的油几乎不参加油箱内油的循环，它的温度要比油箱内上层油温低得多。油在低温下氧化过程较慢，因此储油柜对防止油的过速氧化是很有用的。

21　变压器储油柜上的集泥器及呼吸器有什么作用?

答：集泥器又叫集污器或沉积器。它是用以收集油中沉积下来的脏东西（机械杂质或水分）的。

呼吸器又叫吸潮器。呼吸器内装有变色硅胶用以吸潮，用油封挡住被吸入空气中的机械杂质。

22　变压器的安全气道有什么作用?

答：变压器的安全气道又叫防爆管。当变压器内部发生故障，压力增加到 0.5~1 个大气压时，安全膜（玻璃板）便爆破，气体喷出，内部压力降低，不致使油箱破裂，保证设备安全，缩小事故范围。

23　变压器的分接开关的作用与种类是什么?

答：电力网的电压是随运行方式和负载大小的变化而变化的。电压过高或过低都会直接影响变压器的正常运行和用电设备的出力及使用寿命。为了提高电压质量，使变压器能够有一个额定的输出电压，通常是通过改变一次绕组分接抽头的位置实现调压的。连接及切换分接抽头位置的装置叫做分接开关。

分接开关分两类：无载分接开关和有载分接开关。无载分接开关的主要特点是改变分头必须将变压器停电，且调压级次较少，往往满足不了用户的要求。有载分接开关的主要特点是改变分头不必将变压器停电，且调压级次较多，能较好地满足多种场合的要求。

24　电压互感器二次短路有什么现象及危害?

答：电压互感器二次短路会使二次绕组产生很大的短路电流，烧损电压互感器线圈，以致会引起一二次击穿，使有关保护误动作，仪表无指示。

因为电压互感器本身阻抗很小，一次侧是恒压电源，如果二次侧短路后，在恒压电源的作用下，二次绕组中会产生很大的短路电流，烧损互感器，使绝缘损害，一二次击穿。失掉电压互感器会使有关距离保护和与电压有关的保护误动作，仪表无指示，影响系统安全。

第三节　低压电器基础知识

1　低压电器分为哪几类? 作用是什么?

答：按低压电器在电气线路中所处的地位和作用，可将其分为以下两类：

（1）配电电器。主要用于低压配电系统。属于这一类的有低压断路器、熔断器、刀开关和转换开关等。这类电器的主要特点是：分断能力强、限流效果好、操作过电压低、动稳定和热稳定度高。

（2）控制电器。主要用于控制电动机和用于自动控制系统。属于这一类的有接触器、启动器、主令电器和控制继电器等。这类电器的特点是：具有一定的转换能力、操作频率高、电寿命和机械寿命长等。

2 低压配电电器的分类和用途是什么？

答：低压配电电器的分类和用途，见表 2-1。

表 2-1 低压配电电器的分类和用途

名 称	主 要 类 型	用 途
断路器	塑料外壳式断路器（空气开关）、框架式断路器、限流式断路器、漏电保护断路器、灭磁断路器、直流快速断路器	用作线路过载、短路、漏电或欠压保护，也可用作不频繁接通和分断电器
熔断器	有填料熔断器、无填料熔断器、半封闭插入式熔断器、快速熔断器、自复熔断器	用作线路和设备的短路和过载保护
刀形开关	大电流隔离熔断器式刀开关、开关板用刀开关、负荷开关	主要用作电路隔离，也能接通分断额定电流
转换开关	组合开关、换向开关	主要作为两种及以上电源或负载的转换和通断电路之用

3 低压电器主要技术参数有哪些？

答：低压电器的主要技术参数有：

（1）额定电压。分为额定工作电压、额定绝缘电压和额定脉冲耐受电压三种。

（2）额定电流。分为额定工作电流、额定发热电流、额定封闭发热电流和额定不间断电流四种。

（3）操作频率和通电持续率。操作频率是指每小时内可能实现的最多操作循环次数；通电持续率是指电器工作于断续周期工作制时，有载时间与工作周期之比，通常以百分数表示。

（4）通断能力和短路通断能力。通断能力是指开关电器于规定条件下，能在给定电压下接通和分断的预期电流值；短路通断能力是指短路时的分断能力。

（5）机械寿命和电寿命。机械寿命是指开关电器需要修理或更换机械零部件以前所能承受的无载操作循环次数；电寿命是指开关电器在正常工作条件下，无需修理或更换零部件以前的负载操作循环次数。

4 输煤低压电气设备的绝缘标准是多少？

答：输煤低压电气设备的绝缘标准是：

（1）新装或大修后的低压线路电缆和电动机等设备，其绝缘电阻不低于 $0.5M\Omega$；运行中的线路和设备，平均每伏工作电压的绝缘电阻不低于 1000Ω（对于潮湿场所的线路和设备，允许降低为 $500\Omega/V$）。

（2）携带式电气设备的绝缘电阻不低于 $2M\Omega$。

（3）配电盘二次线路的绝缘电阻不低于 $1M\Omega$（在潮湿环境中，允许降低为 $0.5M\Omega$）。

5 断路器的额定电压和额定电流各是什么？

答：断路器的额定电压是指保证断路器正常长期工作的电压。

额定电流是指断路器可以长期通过的最大电流。

6 断路器触头按接触形式可分为哪几种？各有何特点？

答：断路器触头按接触形式一般可分为三种：

（1）面接触。它是两平面的相接触，从几何角度看，相接触的是两个面，有较大的平面或曲面的接触表面，平面触头的容量较大，但要求触头间加很大的压力才能得到较小的接触电阻。

（2）线接触。一个圆柱面与一个平面相接触，从几何角度看，接触部分是一条线。严格说来，线触头的接触点是分布在一个很窄小的平面上，因此触头的压力强度较大。在同一压力下，容易使线触头得到与平面触头相同的实际接触点，而且一般采用还较多。与平面触头比较接触电阻小而且稳定，自净作用较强，接触面积也稳定。

（3）点接触。一个球面与一个平面相接触，从几何角度看接触部分是一个点。点接触实际上是一个尺寸很小的平面上的接触，它的特点是压强较大，接触点较稳定，触头的自净作用较强，接触电阻也较稳定。点接触面积小不易散热，热稳定度较低。

7 电接触按工作方式可分为哪几类？

答：电接触按工作方式一般可分为三类：

（1）固定接触。用紧固件如螺钉、铆钉等压紧的电接触称为固定接触。

（2）可分接触。在工作过程中可以分开的电接触，称为可分接触，如断路器中有一个静触头，一个动触头，可以合上，还可以拉开。

（3）滑动及滚动接触。此种接触在工作过程中，触头间可以滑动或滚动，保持在接触状态不能分开，如断路器中间触头无论在开、合位置都保持接触状态，又如滑线和碳刷的接触等。

8 电接触的主要使用要求有哪些？

答：电接触的主要使用要求有：

（1）在长期工作中，要求电接触在长期通过额定电流时，温升不超过一定数值，接触电阻要稳定。

（2）在短时间通过短路电流时，要求电接触不发生熔焊或触头材料飞溅等。

（3）在关合过程中，要求触头能关合短路电流不发生熔焊或严重损坏。

（4）在开断过程中，要求触头在开断电路时磨损尽可能小。

9 接触电阻过大时有何危害？如何处理？

答：当接触电阻过大时会使设备的接触点发热，运行时间过长会缩短设备的使用寿命，严重时可引起火灾，造成经济损失。

常用减少接触电阻的方法有：磨光接触面，磨掉氧化层，扩大接触面；加大接触部分压力，保证可靠接触；涂抹导电膏，采用铜铝过渡线夹。

10 导线接头的接触电阻有何要求？

答：导线接头的接触电阻要求为：

（1）硬母线应使用塞尺检查其接头紧密程度，如有怀疑应做温升试验或使用直流电源检查接点的电阻或接点的电压降。

（2）对于软母线仅测接点的电压降，接点的电阻值不应大于相同长度母线电阻值的1.2倍。

11 影响断路器触头接触电阻的因素有哪些？

答：影响断路器触头接触电阻的因素有：

（1）触头表面加工状况。

（2）触头表面氧化程度。

（3）触头间的压力。

（4）触头间的接触面积。

（5）触头的材质。

12 低压开关动静触头的接触面积如何检验？有何标准？

答：在触头压力合适的低压电器上，接触面积可用"痕迹法"来判断：取一张白纸和一张复写纸，叠好后放在动、静触头之间，然后使电器合闸，于是在触头接触部位的白纸上便会留下复写纸的痕迹。将痕迹与触头接触面比较，即可求出接触面积。

一般线接触或宽度在5mm以内的面接触，其接触长度或接触面积不应小于全部应接触长度或应接触面积的3/4；宽度在5mm以上的面接触，接触面积不应小于全部应接触面积的2/3。

13 磁力启动器的检修项目是什么？

答：磁力启动器的检修，一般包括以下内容：

（1）检查通过的负荷电流是否在允许容量以内，各部位的电气连接点有无过热现象。

（2）检查灭弧罩是否损伤，内部附件是否完整、清洁。若有损坏，应立即修理或更换。

（3）检查主触头有无烧毛、熔接或过热损坏等现象。

（4）检查主触头的接触压力和三相接触的同期性。

（5）检查触头压力弹簧的外观，即长度是否一样，有无过热失效和氧化锈蚀现象。

（6）检查并调整触头断开后的距离，使其符合要求（10±2）mm。

（7）检修触头表面，使其光洁、平整、接触紧密，并保持原有形状。

（8）检查辅助触头有无氧化、烧毛、熔接等接触不良现象。

（9）检查磁铁有无过大噪声，铁芯和线圈是否过热，短路环是否损坏。

（10）检查磁铁闭合是否严密，接触面是否错位，磁铁固定螺栓有无松动、位移等现象。

（11）检查保护元件是否损伤、失灵。

（12）检查使用地点的环境是否符合该型号磁力启动器的工作要求；检修后，摇测吸引线圈的绝缘电阻（每伏工作电压不低于1000Ω）。

14 交流电磁铁的检修注意事项有哪些？

答：交流电磁铁多用于桥式起重机，检修时应注意以下几点：

（1）铁芯表面是否清洁、光滑，中间铁芯闭合时有无适当间隙。

（2）测量线圈的直流电阻是否符合铭牌值，最大误差不得超过±5%。

（3）通电后，定铁芯与可动衔铁接触是否紧密吻合，有无歪斜、动作不灵活现象。

（4）三相电磁铁的三个线圈至接线端的接线极性是否正确，接线方法是否符合铭牌要求。

（5）三相电流、电压是否平衡，电流相差不应大于15%，电压相差不应大于5%。

（6）双抱闸的电磁铁，两个制动电磁铁的动作是否一致。

（7）电磁铁的出线端子、软导线、绝缘物与线圈固定是否牢靠。

（8）电磁铁吸合时有无较大的嗡嗡声和其他异常杂音。

15　移动设备供电中电缆卷筒的种类与特点有哪些？

答：在需要移动供电的设备（如斗轮机、起重机、门式抓斗等设备）上，供电装置有电缆卷筒、槽型内触式滑触线、外触式滑触线、吊架拖缆和钢丝绳拖缆等。

电缆卷筒的种类与结构特点有：

（1）弹簧式电力电缆卷筒。弹簧式电力电缆卷筒是以蜗卷弹簧为动力，自动卷取电力电缆的机械装置，采用集电滑环-双碳刷架结构传递电能，设置了可逆转机构，转筒正反都可转动。

（2）电动式电力电缆卷筒。当需卷取的电缆粗而长时，必须采用力矩电动机作为动力。电动式电缆卷筒的控制回路，并联在整个控制系统中，自动收放电缆，不增加操作负担，收放电缆的速度与运行设备同步。

（3）外力传动式电力电缆卷筒。外力传动式电力电缆卷筒本身不带动力，借助于用电设备的旋转运动带动卷筒工作，与用电设备同步收放电缆，节省安装面积，可卷放任意长度的电缆。

16　低压控制电器的分类和用途是什么？

答：低压控制电器的分类和用途，见表2-2。

表2-2　　　　　　　　　　低压控制电器的分类和用途表

名　称	主要类型	用　途
接触器	交流接触器、直流接触器、真空接触器、半导体式接触器	主要用作远距离频繁地启动或控制交、直流电动机，以及接通、分断正常工作的主电路和控制电路
启动器	直接启动器、星三角减压启动器、自耦减压启动器、变阻式转子启动器、半导体式启动器、真空启动器	主要用作交流电动机的启动和正反向控制
控制继电器	电流继电器、电压继电器、时间继电器、中间继电器、温度继电器、热继电器、压力继电器等	主要用于控制系统中，控制其他电器或作主电路的保护之用
控制器	凸轮控制器、平面控制器、鼓形控制器	主要用于电气控制设备中转换主回路或励磁回路的接法，以达到电动机启动、换向和调速的目的
主令电器	按钮、限位开关、微动开关、万能转换开关、脚踏开关、接近开关、程序开关、拉线开关、料位开关、压力开关、跑偏开关	主要用作接通、分断控制电路，以发布命令或用作程序控制
电阻器	铁基合金电阻	主要用作改变电路参数或变电能为热能
变阻器	励磁变阻器、启动变阻器、频敏变阻器	主要用作电动机的平滑启动和调速
电磁铁	起重电磁铁、牵引电磁铁、制动电磁铁	主要用于起重、操纵或牵引机械装置

17 接触器的用途及分类是什么？

答：接触器是一种用来接通或断开带负载的交直流主电路或大容量控制电路的自动化切换电器。其主要控制对象是电动机、电热器、电焊机、照明设备等。接触器不仅能接通和切断电路，而且还具有低电压释放保护作用。接触器控制容量大，适用于频繁操作和远距离控制，是自动控制系统中的重要元件之一。

通用接触器可分为交流接触器和直流接触器两类：

（1）交流接触器。主要由电磁机构、触头系统、灭弧装置等组成，常用的有 CJ10、CJ12、CJ12B、CJ20 等系列交流接触器。

（2）直流接触器。一般用于控制直流电气设备，线圈中通以直流电。直流接触器的动作原理和结构基本上与交流接触器相同。

18 交流接触器铁芯噪声很大的原因和处理方法有哪些？

答：交流接触器铁芯噪声很大的原因大多是：铁芯极面有污垢或不平，短路环断裂，机械部分有卡住现象，触头压力过大，合闸线圈的电压过低等。

检查处理方法是：在线圈通电后，用绝缘体推动铁芯各点进行检查。若推紧后不响，则说明铁芯缝端面接触不良。若推紧后还响，可再推动铁芯的架子，如不响则说明触头弹簧压力过大，如声音减轻，则可能是分磁环断裂。动铁芯与静铁芯接触不良的，应清理或锉平，如果制造厂将铁芯配对出厂，可把动铁芯的上下反转就会无响声。

19 交流接触器定期检查维护内容是什么？

答：交流接触器运行一段时间后，应在主电路、线圈电路和辅助电路均已停电的条件下，对其进行检查，检查内容包括：

（1）外观检查。所有能触及的紧固件是否拧紧，接地螺栓的接地线是否完好，同时清除相间尘垢和堆积物，并用蘸有工业酒精或四氯化碳的清洁纱布，将污物的部位擦拭干净。

（2）主触头检查。如果是银或银基合金触头，在使用中会氧化或硫化发黑，这是正常现象，对接触电阻影响不大，不必刮掉。若触头烧毛，影响接触，可用细锉修整，此时禁止用砂布研磨触头接触面，因为砂粒嵌入会使触头严重发热或损伤。若触头严重开焊、脱落或磨损厚度达原触头厚度的 3/4，则应换上新触头。如果是铜或铜基合金触头，一旦发现严重氧化或烧毛，应使用细锉修平，修整后应检查和调整开距、超距、触头压力和三相的同步性。

（3）辅助触头检查。检查触头是否卡住或脱落，触头弹簧和活动部件是否断裂，并用万用表检查触头接触是否良好；若触头严重磨损，则应换上新触头。

（4）灭弧罩检查。取下灭弧罩，用毛刷扫除内部的烟尘，若内壁附有金属颗粒，应使用改锥将其铲除。对于栅片式灭弧罩，应检查栅片是否脱落；若有金属颗粒将栅片短接，则应将其剔除；若栅片已严重烧损，则应换上新灭弧罩。

（5）铁芯检查。如果运行时噪声很大，则应拆下铁芯，检查短路环有无断裂和烧损现象，如有断裂和烧损，应更换静铁芯；清理铁芯磁极面，除掉其上的污垢和锈斑，并用整张砂布平推磁极面，使之平滑光亮。检查铆钉有无切头，叠片是否松开，缓冲弹簧和橡胶件等是否完好，安装位置是否正确。

（6）线圈检查。检查温升是否过高，若发现线圈外层所包的纸焦脆或发黑，则说明温升过高或内部有短路匝，应更换线圈。检查引出线是否完好，若发现断线或接线端钮开焊或虚焊，应及时修复。

20 电磁式控制继电器分为哪些种类？

答：继电器是根据某一输入量（电的或非电的）的变化来换接执行机构的一种电器。其中用于电力传动系统，起控制、放大、联锁、保护和调节作用，以实现控制过程自动化的继电器，称为电磁式控制继电器。按动作原理可分为以下几种：

（1）电压继电器。当控制电路的端电压达到整定值时它便动作，以接通或分断被控电路。

（2）电流继电器。当控制电路中通过的电流达到整定值时它便动作，以接通或分断被控电路。

（3）中间继电器。它本质上属于电压继电器，但装在某一电器与被控电路之间，以扩大前一电器的控制触头数量和容量。

（4）时间继电器。它在得到动作信号以后，通过电磁机构、机械机构或电子线路，使触头经过一定时间（延时）才动作，以实现控制系统的时序控制。

（5）温度继电器。它在温度达到整定值时便动作，以实现过热（或过载）保护和温度控制。

此外，电磁式控制继电器按电源种类还可分为直流继电器和交流继电器；按返回系数又可分为具有额定返回系数（即高返回系数）的继电器和不具有额定返回系数的继电器。

21 真空开关的性能与使用要领是什么？

答：真空开关是替代以油、空气等作为绝缘和灭弧介质开关的理想产品。其核心元件是真空开关管，由于管内是真空，所以吸合断开时不存在电弧。真空开关运行性能的好坏，主要取决于管内真空度。这可以用测试仪定期测验来决定其使用情况，该仪器是将被测开关管的真空度转变为绝缘性能体现出来。能准确地检验出被测开关管的极限耐压值而不损坏开关管。开关管的真空度好坏及是否能继续使用，可以参考产品资料来判断。

22 继电保护装置的工作原理是什么？

答：当电气设备发生故障时，往往使电流大量增加，靠近故障处的电压大幅下降。这些故障电流或电压，通过电流互感器或电压互感器输入继电器内。当达到预定的数值时继电器就动作，将跳闸信号送往断路器，使其迅速断开，从而对设备系统起到保护作用。

23 控制器的用途与种类有哪些？

答：控制器是一种多位置的转换电器，在输煤系统中，用以按预定顺序转换主电路接线，以及改变电路参数（主要是电阻），以控制电动机的启动、换向、制动或进行调速。

控制器有两种主要类型：

（1）平面控制器。带有平面触头转换装置，能用手柄或用伺服电动机通过传动机构带动动触头，使其在平面的静触头上按预先规定的顺序作旋转或往复运动，以控制多个回路。

（2）凸轮控制器。主要用于起重设备及卸车机等其他电力驱动装置，其动触头在凸轮转轴的转动下按次序与相应的静触头作接通和分断控制。

按保护方式,控制器又可分为开启式、保护式和防水式等;按电流种类则可分为交流控制器和直流控制器,其中以交流凸轮控制器应用最广。

第四节 照明基础知识

1 怎样设计和计算生产现场的一般照明线路?

答:设计一般照明线路,应考虑以下几个问题:

(1) 分支线的最大负荷电流不宜超过 15A,灯头数不要超过 25 个。

(2) 分支线的供电半径不应超过 30m。

(3) 配电盘由三相电源供电时,各分支线的负载应尽量保持三相平衡。

(4) 分支线的路径应最短,尽量避免并减少穿墙次数,同时与生产机械,冷、热水管和暖气管道等应保持规定距离。

(5) 干线布置可分为放射式和树干式。白炽灯电流的计算式为 $I = P/U$;荧光灯的电流按上式计算后,再乘以 1.2。

2 照明线路的漏电点怎样查找?

答:通常可按以下方法查找照明线路的漏电点:

(1) 首先判断是否确实漏电。可用绝缘电阻表摇测,根据测得的线路绝缘电阻值进行判断。此外,也可在被检查建筑物的总隔离开关上接一只电流表或电能表,接通全部电灯开关,取下所有灯泡,进行仔细观察。若电流表指针摆动或电能表转动,则说明存在漏电现象。确定线路漏电后,可按以下步骤继续进行检查。

(2) 判断是相(火)线与中性线间漏电还是相线与大地间漏电,或者是二者兼而有之。以接入电流表检查为例,切断中性线,观察电流变化情况:若电流表值还有指示,则是相线与大地间漏电;若电流表示值为零,则是相线与中性线间漏电;若电流表示值变小但不为零,则是相线与中性线、相线与大地间均漏电。

(3) 确定漏电范围。取下分路熔断器或拉开隔离开关,若电流表示值不变,则说明总线漏电;若电流表示值为零,则说明分路漏电;若电流表示值变小但不为零,则说明总线和分路均漏电。

(4) 找出漏电点。依次拉开该线路灯具的开关。当拉开某一开关时,若电流表指针回零,则表明该分支线漏电;若电流表示值变小,则表明除该分支线漏电外,还有其他漏电地点。如果拉开所有灯具的开关后,电流表示值仍不变,则表明该段干线漏电。

3 照明电源线路中中性线或中性线上是否应装设开关或熔断器?

答:照明设备、家用电器、电动工具和其他小型电气设备,大多是单相设备。单相设备一般由一根相线和一根中性线(或中性线)供电。其中,有的有保护接地或保护接零的要求,有的没有保护接地或保护接零的要求。关于在中性线或中性线上是否应装设开关或熔断器的问题,可根据不同情况来判断解决。

（1）中性点不接地系统。中性点不接地系统，一般应实行保护接地，此时中性线只起工作作用。为了减轻短路或过载造成火灾危险，在相线和中性线上可以装设开关或熔断器，对于双线制供电线路，中性线上可同时安装开关和熔断器；对于三相四线制电路，为了避免一相负载过大或短路而影响其他两相的工作，中性线上只可装开关而不应装熔断器。

（2）中性点接地系统。中性点接地系统，一般可实行保护接零或保护接地。在这种系统中，如果设备有接零要求，必须保证线路连接可靠，则无论是双线制供电还是三相四线制供电，中性线上均不得装开关和熔断器，且照明设备的保护接中性线应直接接至零干线而不应接至零支线，以免由于工作中性线断线而造成设备外壳带电。

4 常用照明灯具的特点是什么？

答：常用照明灯具的特点，见表 2-3。

表 2-3   常用照明灯具特点汇总表

光源种类		优　点	缺　点
白炽灯		结构简单，价格低廉，使用和维修方便，光质较好，功率因数高	光效低，寿命短，耐震性差
荧光灯		光效较高（比白炽灯高 4 倍），寿命长，光色近于日光	光质不如白炽灯（属冷光），功率因数低，需附件多，故障比白炽灯多，装设成本较高
碘钨灯		光效较高（约比白炽灯高 1/3），光色好，构造简单，体积小，使用和维修方便	灯管必须水平装设，倾斜度应小于 4°，灯管表面温度高（可达 500～700℃），不耐震
高压水银荧光灯	外附镇流器式	光效高，寿命长，耐震性好	功率因数低，需要附件，价格高，启动时间长，初启动 4～8min，再启动 5～10min
	自镇式	光效高，寿命较长，无需镇流器附件，使用方便，光色较好，初启动无延时	价格高，不耐震，再启动需延时 3～6min
钠灯		光效很高，省电，寿命长，紫外线辐射少，透雾性好	价格高，辨色性差，初启动时间为 4～8min，再启动需 10～20min
LED 灯		高效节能，寿命超长，安全系数高，光效率高；发热小，所需电压、电流较小	LED 灯具在交流电驱动下会有频闪现象，灯泡的光线过亮，会强烈刺激眼睛，不可直视，照射角度有限制，一般只能照射 120°

第三章

卸煤设备及其检修

第一节　翻车机系统设备

1　翻车机本体有哪几种形式？

答：按翻卸形式分：转子式翻车机、侧倾式翻车机。

按驱动方式分：钢丝绳传动式、齿轮传动式。

按压车形式分：液压压车式、机械压车式。

2　转子式翻车机的结构特点和工作过程是什么？有哪几种规格形式？

答：转子式翻车机是指被翻卸的车辆中心基本与翻车机转子回转中心重合，车辆同转子一起回转175°，将煤卸到翻车机正下方的受料斗中。其优点是卸车效率高、耗电量少、回转角度大。缺点是土方施工量大。转子式翻车机主要由转子、平台、压车机构和传动装置组成。翻车机的转子是由两个转子圆盘用箱形低梁和管件结构将其联系起来的一个整体。转子是翻车机的骨骼，它支撑着平台及压车机构和满载货物的车辆，驱动装置通过固定在圆盘上的齿块转动，从而使车辆翻转0°～175°。

车辆进入翻车机时，平台上有液压缓冲器定位装置，使车辆停于规定的位置，两台同一型号的绕线式电动机同时经减速机和主传动轴驱动转子旋转。平台在四连杆的带动下逐渐产生位移，转到3°～5°时，平台与车辆在自重及弹簧装置的作用下，向托车梁移动，并靠于其上。继续转动到54°时平台与车辆摇臂机构等同转子一起脱离底梁，沿月牙槽相对于转子做平行移动。转动上移到85°，车辆的上沿与压车梁接触将车压紧，继续转动至175°时，翻车机正转工作行程到位自停；然后操作驱动电动机返回，在返回至15°时，投涡流减速或1号电动机先停止，到零位时，2号电动机停止。摇臂机构曲连杆下面先与底梁上的缓冲器接触，以减少冲击，平台两端的辊子与基础上的平台挡铁相碰，同时压缩弹簧装置以使平台上钢轨与基础上的钢轨对准。定位器自动落下，操作推车器将空车推出翻车机。

转子式翻车机的规格种类有：

（1）KFJ-2（A）型。三支座、四连杆压车机构、齿轮传动。

（2）KFJ-3型。两支座、齿轮传动、四连杆机构。

（3）M2型转子式翻车机。钢丝绳传动，锁钩式压车机构。

3 侧倾式翻车机的工作特点和形式种类有哪些？

答：卸车时车辆中心远离回转中心，将物料倾翻到车的一侧。优点是土方施工量小；缺点是提升高度大，耗电量大，回转角度小。

侧倾式翻车机的结构形式有两种：

（1）钢丝绳传动，双回转点，夹钳压车。

（2）齿轮传动，液压锁紧压车。

4 侧倾式翻车机的液压传动装置包括哪些？

答：侧倾式翻车机的液压传动装置包括：

（1）液压站。包括液压泵、高压溢流阀、油箱、低压溢流阀。

（2）管路部分。包括油管、单向阀、开闭阀。

（3）执行机构。包括油缸、储能器。

5 M6271型钢丝绳驱动的侧倾式翻车机的组成是什么？

答：侧倾式翻车机由回转盘、压车梁、活动平台、压车机构、传动装置等组成。

6 齿轮传动式翻车机驱动装置的结构特点是什么？

答：由两套电动机、减速机、制动器、小齿轮等驱动部件用低速同步轴连接起来，共同组成齿轮传动式翻车机的驱动装置。用齿形联轴器连接翻车机的十几米长的低速同步轴，来保证两台电动机同步工作。这种结构传递扭矩大，允许误差大，便于现场安装使用。采用绕线式电动机启动性能较好，具有较高的过载能力和较小的飞轮质量。

7 压车梁平衡块的作用是什么？

答：压车梁平衡块的作用是减少电动机功率的消耗。

8 机械式压车机构的特点是什么？

答：机械式压车机构是以摇臂机构为核心，其曲连杆为箱形，为避免应力集中，拐角制成大圆角，力求等强度。其连杆一端固定在联系梁的支承座上，辊子在转子圆盘上的月形槽内滚动，以达到固定车辆的目的。

9 重车铁牛的种类和各主要特性有哪些？

答：重车铁牛的种类和各主要特性为：

（1）前牵地面式。重车线前端可以设道岔，重车线允许布置弯道，但其往返次数较多，钢丝绳等配件易磨损。这种前牵式重牛有短颈和长颈。短颈的又有机械脱钩和液压脱钩两种，可制动整列车，车辆定位准确，可与摘钩台和重车推车器配合使用；长颈地面前牵式（机械脱钩）的车辆溜入翻车机的距离较短，但其不能制动整列车，增加了牛头的起落动作次数，实现自动控制较复杂，它适用于固定坡道的溜车，车辆速度不易控制。

（2）前牵地沟式。可制动整列车，车辆定位准确，液压脱钩，车辆溜入翻车机的距离较短，可与摘钩平台配合达到自动摘钩。重车线前端可设道岔，重车线可布置成弯道，往返时间较短，每节车往返启停一次，增加了牛头的起落动作。

（3）后推地面式（整列）。启动次数较少，制动列车时前端车辆位置不准，不便于用摘钩平台摘钩，需靠人工摘钩，实现自动控制较困难。重车线必须为直线，钢丝绳距离较长，维护工作量大。有断续后推式和慢速连续后推式两种。断续后推式控制比较简单，适用配置重车推车器或重车调车机；慢速连续后推式可连续后推整列车辆，推送每一节车时间较短，正常情况下不需制动列车，要设专人摘钩，不便实现自动控制。

（4）后推地沟式（单节）。需人工操作逐个溜放重车，工作条件较差，用人多，安全性差，铁路线布置较复杂，驼峰溜放土方工程较大，机械化程度低，难以实现卸车自动化。这种重牛包括长颈式和短颈式两种。长颈式设备较少，系统简单，运行时间短；短颈式采用直流电动机驱动，速度可随工作过程变化，运行平稳。

10 前牵式重车铁牛的组成特点是什么？

答：前牵式重车铁牛由卷扬驱动装置、铁牛牛体及液压系统、绳轮、托轮、钢丝绳等组成。牛体有地沟式和地面式两种方式：

（1）前牵地沟式重车铁牛的牛体在地沟内，牛臂靠油缸控制其抬起和下降，在牛臂头部装有车钩和开钩用的油缸。牛臂抬起时与车辆相连挂，牵引车辆前进，牛臂降下时使车辆在其上方通过，由液压换向阀控制牛头抬落和车钩打开。

（2）前牵地面式重车铁牛接车作业时，把牛体从牛槽拉到轨面上与车辆连挂，完成牵引作业后再回牛槽，使车辆从其上方通过。前牵式重车铁牛是在整列重车车辆前部牵引，将其牵到翻车机前一定距离时，铁牛脱钩回槽或牛头大臂落下。前牵式重车铁牛具有运行距离短（一般为 40～50m）、检修维护方便等优点，但车辆不能马上摘钩，需等到待铁牛回槽或牛头落下后，利用摘钩平台或调车机进行摘钩。

150kN 前牵式重车铁牛采用一套驱动装置，可牵引 25 辆左右的重车；300kN 前牵式重车铁牛采用两套相同的驱动装置，通过两台同步电动机驱动绞车实现牛体的前进与后退，可牵引 50 辆重车。作业时通过减速机液压系统实现离合器的开闭，使其接车时小电动机快速空载前进，牵车返回时大电动机慢速重载返回。

11 前牵式重车铁牛卷扬驱动减速机有何特点？

答：大电动机通过带制动轮的联轴器与减速机高速轴相联，小电动机通过另一带制动轮的联轴器与减速机第二级主动齿轮轴相联。在减速机高速轴上装有摩擦片式离合器，用以保证大小电动机的传动隔离和两套大电动机驱动系统同步作业时的负荷均衡。当大电动机工作时，减速机高速轴上的摩擦式离合器主从动摩擦片闭合，小电动机断电被动空转；当小电动机工作时，离合器的主从动摩擦片分离，大电动机处于制动状态。

离合器主从动摩擦片的离合是由一液压系统控制的，其控制原理，如图 3-1 所示。启动电动机 1 时，油泵 2 开始工作，油液经换向阀 5 和单向阀 6 淋到摩擦片和齿轮上后进入油箱。当重牛开始牵车时，接通换向阀 5 和减速机上的两台液压制动器的电源，油泵输出的压力油通过两位四通换向阀 5 进入油缸 7，压紧摩擦片，即离合器的主从动摩擦片闭合。同时两个制动器松闸，此时传动装置的大电动机启动工作，重车铁牛开始牵引重车车辆前进。在重牛牵引过程中，当液压系统的油压达到 0.7MPa 时，溢流阀 3 打开，油经溢流阀 3 又淋到摩擦片和减速机齿轮上后进入油箱，起到润滑和冷却的作用。为保证传送电动机的输出转矩，油缸内的压力应保持在 0.7MPa 以上，用以确保牵引重车车辆行驶。当牵引车辆到位时，换向阀 5 复位，摩擦片在弹簧的作用下迅速脱开，并切断大电动机电源，完成牵车工作。

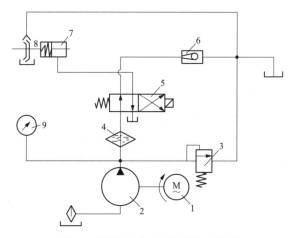

图 3-1　重车铁牛减速机供油系统图

1—电动机；2—油泵；3—溢流阀；4—滤油器；5—换向阀；

6—单向阀；7—油缸；8—摩擦片式离合器；9—压力表

12　调车机与铁牛相比，其优缺点各是什么？

答：调车机与铁牛相比，具有翻车效率高（调车机返回与翻车机作业可同时进行），调车速度平稳（避免了溜车不到位或对翻车机定位器的冲击），定位准确，而不是自由溜放车辆，省去摘钩台等优点。

缺点是：造价高、能耗大，只适合于 C 型翻车机使用。

13　重车调车机的结构特点是什么？

答：重车调车机是一种新型的重车调车设备，其特点如下：

（1）只适用于"C"型转子式翻车机或侧倾式翻车机，其他转子式翻车机不能使用。

（2）设备简单，调车方便，不需要设置重车铁牛和摘钩平台等设备。

（3）容易控制重车车辆进入翻车机的速度，重车在翻车机内定位准确。

（4）对于贯通式卸车线还可以减少空车铁牛等调车设备。

（5）传动方式主要有两种机型：一种是齿条传动，另一种是钢丝绳传动。重车调车机用直流电动机驱动，使其调速、定位控制更可靠、方便。

（6）重车调车机在平行于重车线的轨道上往复运动，既能牵引整列重车，也可将单节重车在翻车机平台上定位，同时可将空车推出。其返回时可与翻车机作业同时进行，从而缩短卸车时间，提高生产率。

14　重车定位机的用途与组成结构是什么？

答：重车定位机是翻车机卸车线的主要组成设备，其主要作用是将解列的单节重车推入翻车机，并使重车在翻车机内定位。它适用于"C"型转子式翻车机和侧倾式翻车机，包括电缆支架和齿条支座。电缆支架包括车体上的电缆支架、地面电缆支架和电缆小车。电缆固定在电缆小车上，车体上的支架用钢丝绳牵引电缆小车随车往返。电缆小车在轨道（工字钢）上行走。运行部分由导向轮、车体、推车臂、液压系统、驱动装置、主令控制器和操作台等组成。

15 确保迁车台对轨定位的装置有哪些？

答：迁车台的定位包括台体与重、空车线的对轨定位和车辆在台体上的定位，为减小撞击、确保安全，迁车台的对轨装置有：

（1）迁车台行走驱动采用变频调速，能确保精确对轨、运行平稳。

（2）迁车台端部采用液压插销装置，能保证推车器或调车机推车时不发生错轨现象。老式迁车台端部用电磁挂钩、涡流制动的对轨方式，可靠性较差，雨雪天气需提前投入涡流制动。

（3）迁车台上有液压夹轮器，配合调车机工作能使车辆在台体上可靠定位，比双向定位装置配液压缓冲器更为可靠、可控。

（4）迁车台两侧面各有两个液压缓冲器，能减缓意外对轨时台体对基础的冲击。

16 摘钩平台液压系统的工作过程是什么？

答：摘钩平台的液压系统工作原理，如图 3-2 所示。其工作过程如下：

（1）油泵启动后，三位四通换向阀尚未动作（即阀芯在中间位置）时，液压油经过溢流阀、单向阀及三位四通换向阀的中间位置直接返回到油箱。此时，油缸里未充油，平台不动作。

（2）当油泵启动后，三位四通换向阀左侧的电磁铁动作（阀芯在左侧位置）时，液压油经过溢流阀、单向阀和三位四通换向阀的左侧位置进入油缸底部，油缸充油，平台升起。当平台上升到终点时，限位开关发出信号，换向阀电磁铁动作，使阀芯回到中间位置。此时，泵打出的油通过溢流阀回到油箱，平台保持在升起状态。

（3）油泵仍然启动，但三位四通换向阀右侧电磁铁动作（阀芯在右侧位置）时，液压油经溢流阀、单向阀和三位四通换向阀直接返回到油箱，不给油缸充油。此时，油缸在平台自重的作用下，将油缸内原来充满的油，通过三位四通换向阀、截止阀压回到油箱，平台下降。当平台复位后，又发出信号，使换向阀动作，阀芯回到中间位置，等待下一次工作。在翻卸重车的整个过程中，电动机和泵始终是在工作状态。

17 摘钩平台的作用和工作过程是什么？

答：摘钩平台的作用是使停在其上面的车辆与其他车辆脱钩，并使车辆溜入翻车机内。主要由平台、单向定位器、液压装置等组成。

摘钩平台的工作过程是：当一节重车完全进入摘钩平台（即重车的四对车轮全部在平台上）时，翻车机发出进车信号后，摘钩平台开始工作。通过液压系统高压油作用于入车端一侧的两台单作用油缸下部，顶起摘钩台入车端一车钩的高度，使第一节重车与第二节重车之间的车钩脱开。第一节重车在重力的作用下，自动向翻车机间溜行，当溜至一定距离，车轮压住电气测速信号限位开关，这时电液换向阀动作换位，摘钩平台随之下降。直到平台回到

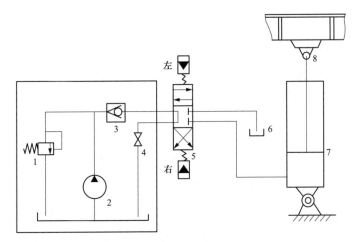

图 3-2　摘钩平台液压系统工作原理图

1—溢流阀；2—油泵；3—单向阀；4—截止阀；5—三位四通换向阀；6—油箱；7—油缸；8—摘钩平台

零位后自停，这样摘钩平台完成一个工作循环。

18 **迁车台对轨液压缓冲器的作用是什么？**

答：迁车台对轨液压缓冲器装在台架的两侧，每侧两个用以减轻迁车台移动到空车线或返回重车线停止时的惯性冲击，液压缓冲器和定位钩销共同作用，使迁车台与空车线或重车线准确对轨。

19 **液压缓冲定位式迁车台的结构和工作原理是什么？**

答：迁车台由行车部分、车架、车辆定位装置、推车装置、限位装置、液压缓冲器等组成，是将翻车机翻卸完的车辆从重车线平移到空车线的移车设备。为减小车辆或迁车台台体定位时的冲击力，在迁车台纵向轨道定位器上装有两台缓冲器，在迁车台两侧各装两台缓冲器。

当空车车辆进入迁车台时，车辆在运动过程中首先撞击双向定位器，并将其打开通过（在每组车轮过后，双向定位器会在弹簧的作用下马上复位），当车辆第一对车轮碰撞到单向定位器止挡铁靴并缓冲时，车辆有向后移动的趋势。此时被已打开的双向定位器止挡，这样空车车辆就被夹在单向定位器与双向定位器之间而停稳，迁车台开始由重车线移向空车线。迁车台是通过两台绕线式电动机驱动做横向运动的，到位后平台上的轨道与空车线轨道对准，双向定位器下部的限位连杆碰触基道旁的挡铁，将双向定位器打开，迁车台上的推车器就将空车车辆以 1.07m/s 的速度推出迁车台而进入空车线。当空车车辆全部离开迁车台时，迁车台便返回到重车线上，推车器返回，双向定位器复位，准备接第二节空车车辆进入迁车台。

20 **钢丝绳驱动式迁车台的典型结构组成有哪些？**

答：钢丝绳传动式迁车台的典型结构配置主要由行走轮部分、车架以及安装在车架上的双向定位器、车辆定位器、液压缓冲器、液压止挡、传动部分等组成。另外，在翻车机出口与迁车台连接处有一套"人"型地面安全止挡器，迁车台对准重车线时，推动连杆使止挡器铁靴落下或收向道芯，使车辆得已通过；当迁车台离开重车线时，止挡器打开复位，防止推出空车掉入坑内。

21 定位器及液压缓冲器的作用原理是什么?

答:定位器的作用是使溜入翻车机或迁车台上的车辆减速并使之停止,它由液压缓冲器、铁靴、偏心盘和电动机驱动部分等组成。其中液压缓冲器的作用是减缓重车定位时对翻车机的冲击,重车车辆在惯性作用下慢速溜进翻车机,当车辆第一根轴的车轮碰到制动铁靴时,撞击液压缓冲器使车辆缓冲、减速至停止。液压缓冲器是通过多孔管节流小孔的阻力作用,将机械能转变为热能而散发掉,起到使车辆缓冲减速并停止的作用。

22 液压缓冲器的结构和工作原理是什么?

答:液压缓冲器利用油液在高压冲击力的作用下流过小孔或环状间隙时的紊流作用,把运动物体的动能转变为热能,达到减速缓冲的目的。液压缓冲器由主油缸和副油缸两部分组成,油缸中装有活塞多孔管,当液压缓冲器受到冲击后,主油缸中活塞向内压缩,使油经多孔管的小孔和端盖油槽流入副油缸,继续压缩副油缸活塞向后移。在冲击力解除后,主、副缸的弹簧推动活塞返回原位,此时副油缸中的油经中间球阀和端盖油槽回流到主油缸内。

液压缓冲器的优点是在受压缓冲后没有剧烈的反弹现象,较为平稳。液压缓冲器目前主要应用于翻车机卸车线系统中,如翻车机平台复位及缓冲、迁车台定位、重车定位等。翻车机定位器的液压缓冲器接受车辆的速度应小于1.2m/s,否则车辆可能越位,并把摆动导轨或制动靴撞坏。

23 翻车机出口与迁车台坑前的地面安全止挡器的结构形式是什么?

答:地面安全止挡器由止动靴、弹簧及"人"字型推杆等组成。该装置装于翻车机与迁车台的过渡段之间,为了防止迁车台未返回重车线时,翻车机内推车器误动作而产生掉道事故,当迁车台与重车线轨道对准时,焊于迁车台上的斜面挡铁推动杠杆,压缩弹簧使止动靴离开轨面收向道芯或落到轨面以下,此时翻车机内推出的空车可安全通过,移至迁车台上。当迁车台离开重车线时,地面安全止挡靠弹簧作用使制动靴复位,阻止车辆通过。这样达到安全止挡的作用。

24 贯通式翻车机卸车线的布置形式及工艺过程有哪几种?

答:贯通式翻车机卸车线是将翻卸后的空车通过铁牛或调车机直接推向空车线(没有迁车台迁移空车换道),适用于翻车机出口后场地较广、距离较长的环境,空车车辆可不经折返(或经底凹部带弹簧道岔的折返式坡道)直接送到空车铁路专用线上。

贯通式卸车线有如下几种布置形式:

(1) 由翻车机、后推式重车铁牛和空车铁牛等设备组成的作业线。后推式重车铁牛将整列重车推送到翻车机前,重车由人工摘钩并靠惯性从有坡度的轨道溜入翻车机内进行卸车。卸完的空车由推车器推出翻车机,并由空车铁牛将其送到空车线上集结。

(2) 由翻车机、前牵式重车铁牛、摘钩平台和空车铁牛等设备组成的作业线。整列重车由前牵式重车铁牛牵引到摘钩平台上,重车由摘钩平台自动摘钩后溜入翻车机进行翻卸。卸完的空车由推车器推出,并由空车铁牛推到空车线上。

(3) 由翻车机、重车调车机(或拨车机)等设备组成的作业线。整列重车由重车调车机牵引到位，靠人工摘钩，重车调车机将单节重车牵到翻车机内进行卸车。卸完的空车再由重车调车机送到空车线上。

25 折返式翻车机卸车线的布置形式及工艺过程有哪几种？

答：当厂区平面布置受限时，更多地采用折返式翻车机卸车线。折返式卸车线需由迁车台将翻卸后的空车平移到与重车线平行的空车线上，再通过空车铁牛将空车一节一节地推送出去。

折返式翻车机卸车线有以下几种布置形式：

（1）由翻车机、前牵式重车铁牛、空车铁牛、迁车台和重车推车器等组成的作业线。重车铁牛将整列重车牵引到位后，由人工摘钩，重车推车器将第一节重车推入翻车机进行翻卸。卸完煤的空车由翻车机平台上的推车器推入迁车台，启动迁车台使之平移到与空车线对位后，迁车台上的推车器又将空车推到空车线上。空车溜过空牛牛坑后，空牛出坑，将空车一节一节地推送出去。

（2）由翻车机、后推式重车铁牛、迁车台和空车铁牛等设备组成的作业线。当后推式重车铁牛将整列重车推到位后，由人工摘钩，重车靠坡度溜入翻车机进行翻卸。卸完煤后的空车通过推车器、迁车台和空车铁牛送到空车线上集结成列。

（3）由翻车机、前牵式重车铁牛、摘钩平台、迁车台和空车铁牛等设备组成的作业线。当重车铁牛牵引整列重车到位后，重车靠摘钩平台自动摘钩后，利用摘钩平台升起的倾斜坡度溜入翻车机进行翻卸。卸完煤的空车通过推车器、迁车台和空车铁牛送到空车线上集结。

（4）由翻车机、重车调车机、迁车台和空车调车机等设备组成的作业线。当重车调车机牵引整列重车到位后，重车靠人工摘钩，由重车调车机将第一节重车牵入翻车机进行翻卸，同时重车调车机又将空车推入到迁车台，当迁车台移动到与空车线对位后，由空车调车机将空车推到空车线上。

26 翻车机遇哪些情况不准翻卸？

答：翻车机不准翻卸的情况有：车辆在平台上没停稳；车辆在平台上停留位置不当；车辆头部探出平台；车辆尾部未进入平台；车辆厢体或行走部分有严重损坏；压钩压不着的异型车；翻车机有损坏车辆现象，未消除；液压系统故障；翻车机本体或车厢内有人。

27 "O"型转子式翻车机系统自动启动前的各单机就绪状态应是什么？

答："O"型转子式翻车机系统自动启动前的各单机就绪状态应是：

（1）重车铁牛油泵启动，重牛在原位，牛头低下，牛钩打开。

（2）摘钩平台在原位，摘钩平台上无车，摘钩平台油泵启动。

（3）翻车机在原位，本体内无车，推车器在原位，定位器升起，光电管（入口处和出口处）无遮挡。

（4）迁车台与重车线对轨，迁车台上推车器在原位，光电管（无遮挡）亮。

（5）空车铁牛在原位，空牛油泵启动。

满足以上条件后，"系统准备好"指示灯亮，此时允许自动工作。

28 前牵地沟式重牛的安全工作要点是什么？

答：前牵地沟式重牛的安全工作要点是：

（1）重车铁牛牛头未进入牛坑时，不准联系火车推送重车皮。

（2）重牛接车前，摘钩台必须在落下位置。

（3）重牛抬头到位后，再启动小电动机接车，这两个动作不能同时进行操作，防止损坏沿线设备或车辆。

（4）重牛牵车时，摘钩台和推车器必须都在零位，承载钢丝绳沿线不能站人。

29 摘钩平台的安全工作条件是什么？

答：摘钩平台的安全工作条件是：翻车机在零位；翻车机平台上的制动铁靴处于升起位置；重车四对车轮停在摘钩平台上；第二节重车车轮未上摘钩平台；重车推车器在零位；迁车台与重车线对准；发出进车警铃后。

30 迁车台的安全工作要点有哪些？

答：迁车台的安全工作要点有：

（1）迁车台从重车线到空车线，行走电动机启动前空车的四联轴器子必须全部进入平台定位；定位装置的方销压杆应打开。

（2）迁车台上推车器（或空车调车机）推动空车前，迁车台必须对准空车线并对位良好；空牛在牛槽中；双向定位器（或夹轮器）打开。

（3）由空车线返回重车线时，空车的四联轴器子必须全部离开平台。

31 翻车机煤斗箅子的孔口宜为多大？

答：翻车机箅子上不装设初碎机时，进厂煤粒度应小于或等于 300mm，箅孔尺寸宜为 300mm×300mm～400mm×400mm，冻块及大块杂物由人工清理。

32 防止和处理煤斗蓬煤的措施有哪些？

答：当来煤较湿、黏结性较强时，容易蓬煤。防止和处理煤斗蓬煤的措施有：

（1）设计时斗壁倾角不应小于 55°，采用无棱角的圆锥形钢筒煤斗，不易蓬煤。

（2）斗内贴上耐磨耐蚀的高分子聚乙烯衬板可防止蓬煤。

（3）斗壁外加振动器、空气炮可解除蓬煤。

（4）人工捅煤时应在确保安全情况下从上往下捅。

33 聚氨酯复合衬板的特性和使用要点是什么？

答：聚氨酯复合衬板是 3～4mm 的骨架钢板和聚氨酯弹性体复合而成，其弹性、耐磨性、抗冲击性、耐油性和耐腐蚀性能较好，具有较高的承载能力，使用温度不得高于 80℃。安装时不能进行氧割等热加工，可用钢锯、无齿砂轮锯切割。适用于钢煤斗和卸煤沟内壁使用。

34 煤斗内衬板有哪些种类？各有哪些特点？

答：煤斗和卸煤沟为了防堵和防磨，一般加装的护板种类有：不锈钢、铸石板、超高分子聚乙烯、橡胶陶瓷板、聚氨酯复合板、高锰钢、陶瓷等。

各衬板的特点为：

（1）不锈钢。成本高，不耐磨。

（2）铸石板。较脆，易碎。

（3）聚乙烯板。弹性差，易冲击开裂。

（4）橡胶骨架板。结合不牢固，易脱落。

煤斗内衬板使用聚氨酯弹性衬板能较好克服以上缺点。

第二节　翻车机系统的检修

1 "O"型转子式翻车机启动前机械部分的检查内容有哪些？

答："O"型转子式翻车机启动前机械部分的检查内容主要有：

（1）检查翻车机月牙槽内应无杂物，润滑良好。

（2）检查开式齿轮无严重磨损，有足够的润滑油。

（3）检查底梁、压车梁等钢结构无开焊、断裂现象。

（4）推车器不卡轮，推车器完整无变形，钢丝绳绳卡牢固，松紧合适，无断股、跳槽等，滑轮转动灵活。

（5）检查减速机不漏油，油位应不低于标尺的 1/2 处。

（6）检查翻车机定位升降灵活，止挡器定位可靠，摆动灵活。

（7）检查制动器灵活可靠，制动轮上无油污和煤粉，闸皮无严重磨损（磨损不要超过原厚的 1/3）。

（8）检查翻车机轨道对位误差不得超过 3mm，轨道附近无积煤，无杂物。轨头间隙不得超过 8mm。

（9）检查翻车机支座托辊，不得有积煤、杂物，保证托辊运转灵活。

（10）检查煤斗算子上无大块堆积物，无开焊、断裂等损坏现象。

（11）检查轴承瓦座完好，润滑良好。

（12）检查翻车机周围栏杆完好。

（13）各处螺钉无松动、脱落、断裂等现象。

2 "O"型转子式翻车机自动卸车系统启动前电气部分的检查内容有哪些？

答："O"型转子式翻车机启动前电气部分的检查内容主要有：

（1）检查电动机地脚螺钉无松动，外壳、风叶护罩完好，周围无杂物、无积水。

（2）检查翻车机动力电缆，无犯卡，无断股；重牛，迁车台拖缆无犯卡，无拉断。

（3）各限位开关应完好，位置正确，动作可靠。

（4）操作室各电流、电压表计正常，各指示灯明亮，操作开关、按钮、警铃、电话等均应齐全、无损坏。

（5）各处的照明齐全、光线充足。

（6）检查控制方式转换开关应在断开位置。

（7）按"灯检"按钮，检查台面上所有指示灯和故障报警器应完好。

（8）台面上所有的"电动机的电源"指示灯应全亮。

（9）检查操作台以及各机旁操作箱上的所有急停按钮全部复位，按灯检按钮，各指示灯亮。

（10）按"系统复位"按钮，"系统复位"指示灯亮，才允许操作。

（11）检查"系统准备好了"指示灯亮，若"系统准备好了"指示灯不亮，应检查各设备是否在原位。

（12）检查各接近开关，光电管上无污尘。

3 翻车机液压部分的检查内容有哪些？

答：液压部分的检查内容有：

（1）检查各设备的液压缸应不漏油，所有液压表计及油管路、管接头都不应有漏油现象。

（2）检查油泵应不抽空，不漏油，外壳温度，声音正常，油压稳定。

（3）检查油箱油位，应不低于标尺的 2/3。

4 翻车机系统运行时巡回检查的内容主要有哪些？

答：翻车机系统运行时巡回检查的内容主要有：

（1）检查所有转动部件，应转动灵活，无杂音，振动不超过规定值，温度不超过 70℃。

（2）检查所有电气设备及线路应完好，各开关动作正确，无杂音。

（3）检查翻车机的主要控制器接线，无松动现象，护罩完好，动作准确。

（4）检查托辊，各开式齿轮，应无黏煤等现象，各轴承瓦座完好，润滑良好。

（5）检查各液压缓冲器，应无严重漏油现象，动作正常，回位完好，活塞密封圈应定期检查更换。

（6）检查翻车机转子上各处，应无杂物，平台对轨准确。

（7）检查各钢丝绳，应松紧合适，无严重断股现象，一般断股不应超过 10%。

（8）检查制动器动作应灵活可靠。

（9）检查翻车机内定位装置动作应灵活，铁靴无损坏现象。

（10）检查各行程开关应完好灵活，动作可靠。

（11）检查液压系统的各种阀动作正常，管路接头无漏油现象，油泵运转正常。

（12）检查所有电动机、减速机、液压油泵等的地脚螺钉，无松动、脱落现象。

（13）检查各减速箱，液压系统油箱的油位，应不低于规定标记。

（14）监视设备的电流、电压和系统油压变化及电动机的声音、振动等情况。

（15）检查道轨无裂纹、松动、悬空或错位现象。

（16）定期给回转设备加油，经常清扫卫生，保证设备健康运行。

5 重牛和空牛启动前机械部分的检查内容有哪些？

答：重牛和空牛启动前机械部分的检查内容主要有：

（1）检查卷扬机轴承润滑良好。

（2）卷扬机制动器制动可靠，闸皮无严重磨损（磨损不应超过原厚度的 1/3），弹簧无变形，推动器油位在油位标范围内。

（3）检查卷扬机钢丝绳无串槽、无断股、无弯曲、无压扁、无严重磨损，卷扬机上下无杂物，卷筒无严重磨损，最少应在卷筒上留有 2～3 圈。

（4）牛槽内和轨道附近无杂物。

（5）滑轮、导向轮润滑良好，转动灵活，托轮不短缺，无损坏，转动灵活。

（6）检查开式齿轮润滑良好，不干磨，齿轮护罩不刮、不磨、无变形。

（7）检查各处地脚螺钉无松动、无脱落。

6　翻车机端部对轨及传动部分的误差标准是多少？

答：用钢尺检测端部钢轨错位应小于或等于 3mm，端部钢轨间隙为 8～10mm。

翻车机大小齿轮啮合误差的标准是相邻牙齿周节误差小于或等于 2mm，小齿轮与齿块色印检查齿高和齿宽啮合接触面应均大于或等于 50%，塞尺检测齿侧间隙应为 2.5～4mm。

7　摘钩平台安装质量及检验标准是多少？

答：用钢尺检测轨头接缝间隙和轨头左右偏差应小于或等于 5mm；用玻璃水平管测台架轨面与基础轴面之差应小于或等于 2mm。

8　摘钩台升不起的原因有哪些？

答：摘钩台升不起的原因有：

（1）活塞密封圈磨损，内泄油或是溢流阀损坏。

（2）油箱无油，油泵反转，吸油管堵塞，系统泄漏。

（3）单向阀卡死或电磁阀不动作。

（4）油缸安装不垂直。

（5）因窜轨使平台与基础的道轨接缝间隙小，平台被基础卡住。

9　液压缓冲器缓冲能力差的原因有哪些？

答：液压缓冲器缓冲能力差的原因有：

（1）要选择合适的缓冲用油。

（2）油量不足或冬季油液黏度太高，会造成缓冲器接受能力下降，应定期按运行情况补油或换油，并排净空气。

（3）活塞和密封圈磨损严重时会漏油，要注意在装配各密封圈时的正确性，对活塞等磨损件及时进行处理或更换。

（4）主、副缸之间的单向阀不灵活或堵塞，造成两缸的油不能互通。应检查和处理单向阀卡堵和不灵活等问题。

10　重车铁牛及空车铁牛检查调整的内容包括有哪些？

答：重车铁牛及空车铁牛应检查调整的内容为：

（1）液压离合器的传动力是靠油系统的油压来保证的。油压要保证 0.7MPa。

（2）牛头油缸、提销油缸活动自如，准确无误。

（3）钢丝绳初张力应调整适当。

（4）检查、调整液压系统达到动作要求，无漏油现象。

（5）卷扬机装置的滑轮、托辊应转动灵活，并要保持润滑良好。滑轮、托辊和钢丝绳磨损严重时，要及时更换。

11 重车铁牛的检修周期和检修项目是什么？

答：重车铁牛的检修周期：大修，三年一次，工期 15 天；小修，一年一次，工期 5 天。重车铁牛的检修项目有：

（1）减速机的解体检修、清洗，轴承测间隙，处理漏油，必要时更换轴承或密封件等。

（2）开式传动齿轮的检查、清洗，清理杂物，测量并调整啮合参数。齿轮打毛刺修理。

（3）主动轴和中间传动轴的检查，转动轴承或轴瓦进行加油或轴瓦刮研，必要时更换轴承或轴瓦。

（4）联轴器的检修：对弹性柱销联轴器更换胶圈和螺栓；对齿轮联轴器进行清洗、检查和加油；找正。

（5）检查钢丝绳卷筒的绳槽磨损情况。必要时进行修理。

（6）对导向轮、配重拉紧轮、大小滑轮以及小车行走轮等，打开轴端盖进行检查并加油，必要时更换轴瓦（铜套）或轴承。

（7）配重装置、拉紧装置的检查、修理；必要时更换吊钩，张紧绳和张紧导向轮等部件。

（8）各大小托辊（又称地滚轮）的检查、清理，加油润滑，必要时进行更换。

（9）更换卷扬装置卷筒皮。

（10）铁牛体及摘钩装置的全面检查，有问题的进行修理，必要时更换部件。

（11）对液压摘钩铁牛的摘钩装置、油缸等液压部件，按液压系统的检修标准和要求进行。

（12）主钢丝绳的检查、加油，必要时钢丝绳卡头重新制作或更换主钢丝绳。

12 重车铁牛接车时电流太大的原因有哪些？

答：接车时电流太大的原因有：机械部分犯卡；车辆有的抱闸未打开；电动机抱闸未打开；大电动机离合器有故障。

13 重车铁牛接车时电流不大但牵引力太小的原因有哪些？

答：接车时电流不大但牵引力太小的原因有：大电动机离合器部分工作不正常；油温太低；或因其他故障使油压达不到 0.7MPa。

14 迁车台的安装检测方法及质量要求有哪些？

答：迁车台的安装检测方法及质量要求有：

（1）用玻璃水平管检测迁车台轨顶面标高误差为 ±3mm。

（2）用精密水平仪检测迁车台水平度不大于 1‰。

（3）车轮与铁靴接触时，两缓冲器同步工作，缓冲器压缩行程 180mm。

（4）推车器在槽钢内道移动灵活。

（5）四组缓冲装置控制迁车台停止，缓冲作用灵活可靠，同一侧的两组应能同步工作。

（6）限位装置可靠，使迁车台钢轨和基础上钢轨对准。

15　迁车台的检查调整应包括哪些内容？

答：迁车台的检查调整应包括的内容有：

（1）迁车平台侧面缓冲器要全面检查，动作灵活，不漏油，活塞杆垂直于基础，加油量为缓冲器容积的 3/4。

（2）迁车平台上钢轨与基础上钢轨接头，间隙不大于 6mm，高低差不大于 3mm。轨头横向偏差不大于 3mm。

（3）迁车平台端面的挡滚与基础上挡板的间隙不大于 10mm，与基础钢轨不得有卡住现象。

（4）迁车平台定位销上下挡座距为 30mm，调整行程开关位置，使之不受剪力。

16　迁车台定位不准的原因有哪些？

答：迁车台定位不准的原因有：

（1）检查行走电动机抱闸是否过紧或打不开，刹车抱闸应调整适当，不宜过紧。

（2）限位开关位置不准或有松动时，会造成平台对位不准，应选择可调式限位开关，并要检查和紧固限位开关底座螺栓。

（3）挡销高度不够，或挡销与挡座的间隙过小（或有杂物卡死），会使挡销不能自由升起。一般可调整挡销座的位置，使挡销与挡座的间隙在规定范围之内。

（4）检查缓冲器是否缺油或有漏油情况，应消除泄漏缺陷，及时补充油量。冬季油稠无缓冲，也会造成定位销钩挂不上，应及时换油。

（5）雨雪天气，道轨打滑，会造成定位不准，应切换开关，提前投入涡流制动。

17　迁车台的检修周期和项目是什么？

答：迁车台的检修周期：大修，三年一次，工期 15 天；小修，一年一次，工期 5 天。

迁车台的检修项目为：

（1）推车器减速机的解体检修、清洗，轴承间隙调整，必要时更换轴承和密封件。

（2）行走减速机的解体检修。

（3）单向、双向定位器的检查、清理、加油，并更换损坏部件。

（4）液压缓冲器的检修。

（5）钢丝绳的检查、加油，必要时进行更换。

（6）检查平台、行车车架的金属架构有无裂纹、变形等现象，必要时进行修理。

（7）检查推车器钢丝绳卷筒的磨损情况，并进行修理。对其转动轴承等部位，进行清洗、加油。

（8）对推车器小轮、行走轮进行检查、加油，必要时给予更换。

（9）对平台上车辆轨道和迁车台行走轨道进行校正和紧固。

（10）对各结合部位紧固螺栓进行全面检查和紧固。

（11）迁车台电气设备的检修。

18　钢丝绳传动迁车台的使用及维护要求是什么？

答：钢丝绳传动迁车台的使用及维护要求是：

（1）钢丝绳使用一段时间后需调整张力，使之满足运行要求。

（2）迁车台的定位有的是靠过流定位，即当迁车台运行到空车线后，缓冲器作用并顶死，此时迁车台上钢轨与基础上空车线钢轨对准，延时断电，制动轮制动。空车调车机（或推车器）启动，将迁车台上的空车推出迁车台进入空车线。

（3）迁车台从重车线要向空车线行驶时，必须在车辆的最后一联轴器组进入双向定位器（或夹轮器）时，方可启动迁车台行走机构。

（4）迁车台从空车线要向重车线行驶时，必须在车辆的最后一联轴器组离开迁车台后，方可启动迁车台行走机构。

（5）车辆进入迁车台与定位器（或夹轮器）的接触速度必须小于 0.65m/s。

（6）减速机及各转动部位，要按规定的要求加注润滑油或润滑脂。

19 翻车机回零位轨道对不准的原因是什么？

答：翻车机回零位轨道对不准的原因是：

（1）抱闸抱紧程度不合适。

（2）托车梁下有杂物。

（3）定位托及撞块损坏。

（4）主令控制器或限位开关位置不对。

20 定位器及推车装置的检修维护和安装要求有哪些？

答：定位器及推车装置的检修维护和安装要求有：

（1）定位装置上的液压缓冲器动作应灵活，油量要适中，不应有漏油和渗油现象。

（2）推车器应保持动作灵活，槽钢轨道内不得有杂物阻卡，保持清洁。

（3）推车器钢丝绳应松紧合适，润滑良好，毛刺断股现象不得超过使用标准。

（4）定位器方钢与铁靴活动距离应保持 5～10mm。

（5）单向定位器的轴与孔应留有 2～3mm 的活动间隙，支座侧的立筋应焊接牢固，防止车辆压坏单向定位器。

21 液压压车钩压不紧车的原因及处理方法是什么？

答：液压压车钩压不紧车的主要原因是：蓄能器压力过低；油路阻塞或溢流阀内漏油过多，压力无法建立。

处理方法为：蓄能器及时充氮气，保证压力；检查油质，清除阻塞；检修溢流阀。

22 转子式翻车机的检修周期及项目是什么？

答：转子式翻车机的检修周期：大修，三年一次，工期 20～25 天；小修，一年一次，7～10 天。

转子式翻车机的检修项目：

（1）各传动、转动部位轴承解体清洗、检查，间隙调整，加油，必要时更换轴承。

（2）检查并紧固轴承底座以及各接合部位的所有螺栓。

（3）检查开式传动齿轮、齿圈的磨损情况，测量并调整其啮合数据，打磨修理毛刺。

（4）传动减速机解体检修。修后无漏油、无发热、无异音、无松动。

（5）制动器解体检修。

（6）联轴器解体检修、清洗、加油或更换传动销。

（7）检查回转盘、底梁、压车梁、平台等金属架构有无裂纹或变形等现象，并进行修理。

（8）转子下部的支托轮轴承或轴瓦解体、清洗、加油。必要时更换轴承或轴瓦。

（9）检查、清洗平台下部缓冲弹簧。

（10）解体检修、调整液压缓冲器并加油。

（11）定位及推车装置进行解体检修，调整、更换磨损严重及损坏的部件。

（12）更换推车器传动钢丝绳。

（13）检查并调整推车器、定位器和止挡器等的复位弹簧，必要时更换。

（14）更换摇臂机构月牙形导向槽磨耗板，并调整滚轮与磨耗板的间隙及平台在零位时的位置。

（15）检查平台轨道，并更换磨损或损坏的轨道。

（16）翻车机电气设备（如电动机、开关和接触器等）按电气检修的有关规定和标准进行检查或检修。

（17）液压系统清洗检查、调整。

23　转子式翻车机整机检修后的检查与调整内容包括哪些？

答：转子式翻车机整机检修后的检查与调整内容包括：

（1）支撑托轮安装后应用水平仪及垫片进行调整，使其纵向和横向偏差均不大于 2mm，支托轮与导轨接触良好。

（2）转子组成连接紧固性检查，铆钉、螺栓连接部位应牢固可靠。

（3）摇臂机构连杆与底梁应接触良好，滚子与月牙槽内磨耗板应接触。在零位时，滚子与月牙槽底部应有 5～10mm 的间隙。

（4）活动平台放于摇臂机构上，平台下部的滚子应与摇臂机构接触良好，如不合适，可加减垫板。摇臂机构与底梁应全部接触。

（5）传动装置中传动小齿轮与圆盘上的齿圈啮合情况应良好，传动小齿轮的轴心线与转子的轴心线应保持平行，齿侧间隙为 2.5～4mm，被连接的轴的中心线没有径向偏移时，轴向倾斜角必须小于 $1°30'$。

（6）平台上的定位推车装置的动作要灵活、可靠。

（7）调整平台上的钢轨的端点与基础上的钢轨端头的间隙，以小于 8mm 为宜。

（8）调整平台上轨面与基础上轨面的高低差以小于 3mm 为宜，左右偏差小于 3mm。

（9）平台与摇臂机构固定的调整，既要保证平台在摇臂上滚动，又要保证当翻车机转动时紧贴摇臂机构。如果满足不了以上两项要求，则要调整平台下的挂钩间隙以增减垫片，如该处立筋不合适，可以割去立筋换一个位置焊上，且应先焊后割。

（10）当翻车机处于零位时，应调整平台两端与基础的滚动止挡的间隙，此间隙对于定位器端以 0～1mm 为宜，对于无定位器端以 0～4mm 为宜。

（11）定位器缓冲器的油量应适中，活塞杆伸缩应自如，传动机构应能保证活动铁靴到位。

（12）摇臂机构下侧缓冲器的阻尼销应调整适当（间隙大，起不到缓冲作用；间隙小，弹簧易断）。

（13）定位器铁靴与活动方钢应保证有 5～10mm 的活动间隙。

（14）单向定位器的轴与孔应留有 2～3mm 的活动间隙，支座侧应焊立筋，防止车辆压坏。

（15）主令控制器要保证转子转到 175° 和回零位时，电动机可靠停止。如经几次调整，回位时仍有偏差，可调整能耗制动时间来保证对轨准确。

24 侧倾式翻车机的检修周期及检修项目是什么？

答：侧倾式翻车机的检修周期：大修，三年一次，工期 20～25 天；小修，一年一次，工期 7～10 天。

侧倾式翻车机的检修项目：

（1）各转动部位轴承的解体、清洗、检查，间隙调整，加油，必要时更换轴承。

（2）各部位螺栓的检查并紧固。

（3）开式传动齿轮、齿圈的检查、测量，并调整其啮合参数。

（4）各传动减速机解体大修。

（5）制动器、联轴器解体检修。

（6）各金属结构部件（如回转盘、底梁、压车梁、平台等）的全面检查。发现裂纹、铆钉脱落和变形时，要进行修理。

（7）压车梁垫板、胶板的检查。磨损及损坏的，要进行更换或修补。

（8）对液压缓冲器和弹簧缓冲器，进行解体检修和调整，并按规定加油。

（9）定位及推车装置的解体检修，按要求进行检修或更换部件。

（10）推车器钢丝绳的更换。

（11）平台轨道和定位挡轮的检查。发现损坏、磨损和不灵活现象时，要进行修理。

（12）压车液压缸的解体检修，更换易损件。

（13）齿轮泵、储能器、溢流阀、换向阀、单向阀、节流阀以及各开闭阀的解体检查，更换磨损部件。

（14）油箱、滤油器、管路、阀门等油系统部件的检查、清洗，更换油箱液压油。

（15）各液压表计的校正和完善。

（16）电气设备的检修，按电气检修有关规定进行。

第三节　煤沟及其他卸煤设备

1 缝隙式卸煤沟卸煤系统由哪些设备设施组成？基本工作流程是什么？

答：缝隙式卸煤沟卸煤系统通常分为：地上、地下部分两部分。地上部分设有螺旋卸车机、运煤线、解冻室、卸煤沟等；地下部分设有叶轮给煤机及皮带输送机等。可实现对侧开门敞车（C 型）及底开门（K 型）运煤车辆的接卸。

侧开门（C 型）车辆由螺旋卸车机将燃煤卸入卸煤沟。底开门（K 型）车辆是由风动系统或人工打开车底门将燃煤卸入卸煤沟，并由叶轮给煤机将卸煤沟内的燃煤由缝隙口取出并落入下方的皮带输送机，完成卸煤工作。

2 螺旋卸煤机的种类有哪些？

答：螺旋卸煤机的型式按金属架构和行走机构分有桥式、门式和Γ型三种。

桥式螺旋卸煤机的工作机构布置在桥架上，桥架可在架空的轨道上往复行走。其特点是铁路两侧比较宽敞，人员行走方便，机构设计较为紧凑。

门式螺旋卸煤机的特点是：工作机构安装在门架上，门架可以沿地面轨道往复行走。

Γ型螺旋卸煤机是门式卸车机的一种演变型式，通常用于场地有限、条件特殊的工作场所。目前国内使用大多是双向螺旋卸车机，火电厂一般选用桥式卸车机。

3 螺旋卸车机的主要部件有哪些？其作用是什么？

答：螺旋卸车机一般是由大车行走机构、小车行走机构、螺旋起升机构、螺旋旋转机构、喷雾降尘系统和清车底机构组成。

（1）大车行走机构（包括大车金属结构、大车平台及大车行走传动装置），作用是：在于工作时的水平进给及平时的整机行走。

（2）小车行走机构（包括小车金属结构及小车行走传动装置），作用是：实现螺旋旋转机构针对不同铁路线之间位置的切换。

（3）螺旋起升机构（包括起升驱动装置、起升平台及螺旋支承立柱），作用是：工作时的垂直进给及螺旋旋转机构的支撑。

（4）螺旋旋转机构（包括起升架、螺旋本体、电动机及减速器），作用是：破冰破冻，清卸物料。

（5）喷雾降尘系统，作用是：降低环境粉尘浓度，改善工作条件。

（6）清车底机构，作用是：清扫车厢底部余煤，提高清车效率。

4 螺旋卸煤机的工作原理是什么？

答：利用正反两套螺旋的旋转对煤产生推力，在推力的作用下，煤沿螺旋通道由车厢中间向车厢两侧运动，卸出车厢。同时大车机构沿车厢纵向往复移动、螺旋升降，大车移动与螺旋旋转协同作用，煤就不断地从车厢中卸出。

5 螺旋卸煤机运行前的检查内容有哪些？

答：螺旋卸煤机运行前的检查内容有：

（1）各种结构的连接及固定螺钉不应有任何松动，对松动的螺钉应及时拧紧。架构不应有开焊、变形及损坏现象。

（2）检查套筒滚子链应完整，链销无窜动，链片无损坏。润滑是影响链传动能力和寿命的重要因素，润滑油膜能缓冲冲击，减少磨损。所以，应定期由人工往链子上滴润滑油。

（3）行车车轮、上下挡轮轨道不应有严重磨损及歪斜，车轮与挡轮应传动灵活，螺旋支架提升自如，限位开关良好。

（4）液压推杆制动器应注意以下几个问题：

1）铰链关节处应无卡阻，应定期观察油缸的油量和油质。

2）制动带应正确地靠贴在制动轮上，其间隙为 $0.8\sim1mm$。

3）制动带中部厚度磨损减少到原来的 $1/2$，边缘部分减少到原来的 $1/3$ 时，应及时更换。

4）制动轮必须定期用煤油清洗，达到摩擦表面光滑、无油腻。

5）螺旋卸煤机润滑油油质及加油时间应严格按规定执行。

6 底开车的结构由哪几部分组成？

答：底开车（又称煤漏斗底开车）由 个车体、两个转向架、两组车钩、一套空气制动和手制动装置、一套风动和手动开门传动装置以及一套风动开门控制管路等组成。风动、手动传动装置装在车辆一端，而空气制动和手制动装置装在车辆另一端。

7 底开车的特点有哪些？

答：煤漏斗底开车是一种新型铁路运输专用货车。对于运量大、运距短的大中型坑口火力发电厂尤为适用。它具有卸车速度快，操作方便，劳动生产率高等优点。其特点有：

（1）卸车速度快、时间短，卸一列车只需两个半小时左右。

（2）操作简单，使用方便。如手动操作，卸车人员只需转动卸车手轮，漏斗底门便可同时打开，煤便迅速自动流出。

（3）作业人员少，省时、省力。每列底开车只需 $1\sim2$ 人便可操作，开闭底门灵活、迅速、省力。

（4）卸车干净，余煤极少，清车工作量小。

（5）适用于固定编组专列运行、定点装卸、循环使用，车皮周转快，设备利用率高。

8 K18DG 底开车的主要技术参数有哪些？

答：K18DG 底开车的主要技术参数如下：载重（60t），自重（24t），端墙水平倾角（50°），容积（64m³），漏斗板水平倾角（50°），底门最大开度（500mm），底门数量（4个），开门方式为气动、手动，车体最大高度（3536mm），车体最大宽度（3240mm）。

9 KM70 型煤炭漏斗车的主要技术参数有哪些？

答：KM70 型煤炭漏斗车的主要技术参数如下：载重（70t），自重（≤23.81t），容积（75m³），换长（1.3），底门数量（4个），开门方式为风、手动，车体总长（14 400mm），车体总高（3780mm），车体总宽（3200mm），限界符合 GB/T 146.1—1983《标准轨距铁路机车车辆限界》。

10 底开车顶锁式开闭机构的组成和特性是什么？

答：顶锁式开闭机构主要由锁体、锁门销、顶杆调节头、短顶杆、下部传动轴、销轴、双联杠杆和长顶杆等组成。

顶销式开闭机构具有自锁的特性，但自锁并不影响开门。当需要打开底门时，只要锁体克服与底门销的摩擦力，锁体就可跳起，使底门打开。为了保证顶锁式开闭机构始终处于安全的锁闭状态，在结构设计上采用了一个过"死点"的量，即相对于上部轴设计了一个过"死点"偏心距 e。开门时，不压缩漏斗门，只要将上拉杆、下部轴、顶杆等从松弛状态变为拉紧状态，就可通过"死点"，故所需动力不大。

11　底开车卸车方法有哪几种？

答：底开车卸车方法有手动卸车、风控风动卸车、风控风动边走边卸等。

12　手动机构的工作原理是什么？

答：手动机构一般采用蜗轮蜗杆传动。其结构特点是手动离合器为二牙嵌式，并设有146°空行程，锁体上设有限位挡。其动作过程是：手动时，只要把离合器打到"手动位置"，转动手轮，通过蜗轮蜗杆减速器，带动传动机构使底门上的锁门销离开锁体圆弧锁闭面，底开门便开启，煤即下流。下流的煤又推动漏斗门，进而促使传动机构迅速地开门。此时离合器走空行程，直到锁体上的限位挡与漏斗门相碰，底门开启程度达到最大。由于离合器有一段空行程运行，手动打开门后，下部传动机构各部件所受载荷迅速减小。

13　手动卸车的操作方法及其适用范围是怎样的？

答：手动卸车的操作方法是卸车人员先将离合器拨叉打至手动位置，然后用手转动手轮，经蜗轮蜗杆减速器带动传动机构，便可将底开门打开。当煤卸完并将余煤清理干净后，将手轮反方向转动，底开门即关闭。这种方法用于单辆卸车。

14　风控风动系统的工作原理是什么？

答：每一种底开车都有风动系统，结构基本相同，由储风筒、操纵阀、作用阀、双向风缸和风动控制管路等组成。

双向风缸的活塞杆向外伸是靠风动控制管路内的压力空气来实现的。在正常情况下，双向风缸处于关闭状态，活塞杆不动作。当需要开门时，首先使控制管路充有压力空气，打开截断气门，作用阀使储风筒与双向风缸的开门气室相连通，阀杆移动，使关门气室关闭。储风筒的压力空气进入双向风缸后端，推动活塞杆外伸，带动传动机构使底门开启。

当需要关门时，保持控制主管继续充压，使储风筒压力为0.5MPa后，将管中的压力空气排出，作用阀使储风筒与双向风缸的关门气室相连通，而开门气室通大气。此时压力空气进入双向风缸前端，推动活塞杆后移，从而带动传动机构使底门关闭。

15　风控风动卸车的适用范围是什么？

答：风控风动卸车是指卸车开关底门的动力为压力空气，它可由地面风源供给，也可由机车供给。此方法适用于整列卸、分组卸，也可单卸。

16　风控风动单辆卸车的操作方法是什么？

答：风控风动单辆卸车的操作方法是：直接操纵变位阀实现开关底门，当变位阀放于开门位置时，底门开启；反之，底门关闭。

17　电厂常采用的火车煤解冻方式有哪几种？

答：常用火车煤的解冻方式有两种：蒸汽解冻和煤气红外线解冻。

18 煤气红外线解冻库的结构特点是什么？

答：红外线解冻库是采用煤气红外线辐射器作热源，以辐射热进行解冻的。由于辐射传热快，热效高。因此，它具有解冻效率高，运行费用低等优点。同时由于辐射部位可以选择和调节辐射量，能够使车辆的制动装置避免辐射热的直接照射，因此对车辆损坏少。辐射器沿解冻库的库长方向布置。解冻库净宽一般为7500mm，辐射器到车帮的间距在800mm左右。车辆底部的加热装置一般采用底部辐射器，每个底部辐射器均有单独的阀门。

煤气红外线解冻库所使用的煤气是经过净化处理，并经脱硫脱萘，其热值大于16.7MJ/m³。辐射器一般采用定型的金属网辐射器，燃烧网一般采用铁铬铝丝制成。

19 蒸汽解冻库的结构特点是什么？

答：蒸汽解冻库是采用排管加热解冻，排管加热器用直径为108mm无缝钢管焊接制成，布置在解冻库两侧。解冻库为无窗结构，库两侧设进车大门，沿解冻库长度每隔30~50m设有检查用的侧门，解冻库外墙厚度不小于370mm，沿解冻库长度方向每隔30m左右设置温度遥测点一组，每组测点温度表分上、中、下三点均匀布置。冻煤车的解冻厚度按平均为150mm考虑（即车皮六面体冻结厚度皆为150mm），解冻库内设计温度按上部100℃、下部70℃选用。下部温度过高将会损坏车辆的制动软管、皮碗等配件。解冻库内地面靠近铁轨两侧设有排水沟，车辆与加热器间通道一般为500~600mm，库内还设有消防水系统。

解冻库长度应可容纳30节车辆或更长，以满足用煤量的需要。在煤车未进入解冻库之前即应送汽预热，预热时间3~4h，使库内温度逐渐升高至设计温度（100℃）。当煤车进入解冻库时，由于解冻库大门开启时，冷风渗入将使库温下降20℃，但当进口大门关闭后库温立即回升，经0.5~1h后即可回升至100℃。一般需加热6h后煤车上部及两侧已近0℃，但靠车底煤温仍在0℃以下，但此时已满足翻车机卸煤的要求。如卸车采用底开门漏斗车配地下缝隙煤槽，则需将解冻时间再延长1h，使靠近车底煤温升至0℃以上时，方能满足卸车的要求。

20 叶轮给煤机的结构和工作原理是怎样的？

答：叶轮给煤机是长缝隙式煤沟中不可缺少的主要配煤设备之一，叶轮给煤装置装在一个可以沿煤沟纵向轨道行走的小车上，主传动部分由主电动机、安全联轴器、减速机、柱销联轴器、伞齿减速机和叶轮等组成，主要机构是一个绕垂直轴旋转的叶轮伸入长缝隙煤槽的缝隙中，用其放射状布置的叶片（也称犁臂），将煤沟底槽平台上面的煤拨漏到叶轮下面安装在机器构架上的落煤斗中，煤经落煤斗被送到皮带上。给煤量可以方便地调整，出力从100t/h到1000t/h以上。叶轮的工作面是圆弧状的，也有特殊曲面（如对数螺线面、渐开线面等），故又称叶轮拨煤机。

行车传动部分由联轴器、行星摆线针轮减速机、蜗轮减速机、车轮组和弹性柱销联轴器等组成。行走只有固定的速度，并由行车电动机通过传动系统使机器在轨道上往复行走。小车行走机构和叶轮拨煤机构各自相对独立。另外，还通过除尘系统排除叶轮拨煤过程中产生的粉尘。

21 **叶轮给煤机具有哪些特点？**

答：叶轮给煤机具有以下特点：

(1) 叶轮拨煤可在出力范围内进行无级调整。

(2) 叶轮传动机构具有机械和电气两级过载安全保护装置，保证设备安全运行。

(3) 叶轮传动与行车传动系统彼此分开，具有相对独立性，便于安装、使用和检修。

(4) 叶轮可原地拨煤。

22 **叶轮给煤机行车传动部分的组成有哪些？**

答：叶轮给煤机行车传动部分由联轴器、行星摆线针轮减速机、蜗轮减速机、车轮、车轴和弹性柱销联轴器等组成。

23 **叶轮给煤机的控制内容有哪些？**

答：叶轮给煤机的控制内容有：

(1) 通过动力电缆对工作电动机供电。

(2) 通过控制电缆和电气控制系统对整机实行集控和程控，也可以就地手动操作。

(3) 机器通过电气控制箱控制主电动机，并由主电动机和行车电动机分别带动叶轮和车轮转动。主电动机通过电动机（变频器或电磁调速）带动叶轮旋转，并在转速范围内进行无级调速。

(4) 叶轮给煤机的工作机构是一个绕垂直轴旋转的叶轮，叶轮伸入长缝隙煤槽的缝隙中，叶轮转动把煤从轮台上拨送到下面的皮带机上。

(5) 行走只有固定的速度，并由行车电动机通过传动系统使机器在预定的轨道上往复行走。

(6) 通过除尘系统排除叶轮拨煤过程中产生的粉尘。

(7) 当给煤机行至煤沟端头时，靠机侧的行程终端限位开关使给煤机自动反向行走。

(8) 当两机相遇时，靠给煤机端部行程限位开关使两机自动反向行走；当行程限位开关失灵时，给煤机的缓冲器可使两机避免相撞。

(9) 当给煤机过载时，安全离合器动作，使给煤机自动停止。安全离合器失灵时，靠电气自身安全保护装置也可使给煤机自动停止。

24 **叶轮给煤机的安全装置有何要求？**

答：要求安全装置应可靠。当给煤机行至煤沟一端或两台给煤机相遇时，限位开关能使给煤机自动返回或停止。

25 **叶轮给煤机启动前的检查内容包括哪些？**

答：叶轮给煤机启动前的检查内容为：

(1) 主传动系统、行车传动系统所有连接部件（联轴器、地角螺栓、护罩等）是否齐全，连接是否牢固。

(2) 叶轮的进出口有无杂物堵塞，叶片上有无杂物缠绕，护板是否变形，落煤斗是否畅通。

（3）各减速箱油位是否正常，油质是否合格，结合面是否严密，有无漏油等。

（4）行车轨道上是否有障碍物，轨道是否牢固、平直，轨道两端的行程开关挡铁是否牢固。

（5）电气部件的绝缘是否合格，电源滑线是否接触良好，接线是否良好。

（6）与其配套使用的皮带机、煤沟是否具备运行条件。

26 链斗卸车机的结构与工作原理是什么？

答：链斗卸车机适用于中小型火电厂的卸煤或一般电厂的辅助卸煤设备。链斗卸车机主要由钢结构、起升机构、斗式提升机构、水平皮带机、倾斜皮带机、皮带变幅卷扬机机构、大车行走机构、电气控制及电缆卷绕装置、操作室等组成。倾斜皮带机具有水平回转 90°和垂直变幅 40°的功能，扩大了链斗卸车机的适应性和作业范围。按跨铁路线的情况可分为单跨、双跨、三跨三种，对粒度较小、松散性好的原煤，有较高的作业效率。

链斗卸车机是利用上下回转的链斗，将煤从车箱内提升到一定高度卸在水平皮带机上，而后转卸至倾斜皮带机上，由倾斜皮带机将物料抛至轨道的一侧或两侧。通过大车行走和倾斜皮带机回转或变幅，使卸车机作业于较大的场地。

27 链斗卸车机使用及维护的要求有哪些？

答：链斗卸车机使用及维护的要求有：

（1）链斗卸车机在带负荷工作前，应进行空载运转，在空载运转中，检查各运动及转动部位是否正常。

（2）在作业顺序上也要先启动皮带运输机和斗式提升机，最后再开动大车行走机构，一切正常后，方可正式带负荷工作。

（3）运行中工作人员应经常检查和监视皮带运输机有无跑偏或其他卡、划、刮、砸等现象，一旦发现，应及时停机，进行处理。

（4）设备运行中防止链条被绳索和杂物等阻卡，避免损坏链条或链轮等转动部件。

（5）所有转动部位的润滑要求良好，温度不超标，不漏油。

（6）电动机、减速机及其他转动机械应平稳、无振动，声音正常。

（7）制动器动作灵敏，并定期检查制动带的磨损情况，当制动带磨损过限或铆钉凸露与制动轮摩擦时，应更换制动带（即闸瓦）。

（8）传动钢丝绳无断股、跳槽现象，滑轮转动灵活。

（9）在卸车过程中要注意不要损坏车体，防止链斗刮伤车底板。

28 斗式提升机的检修与维护项目及要求是什么？

答：斗式提升机的检修与维护项目及要求是：

（1）电动机要定期打开两端盖，补充或更换润滑脂。

（2）根据电动机的大修周期进行电动机的解体检查：清洗、吹灰、测绝缘。检修前后应对电动机的各项指标进行试验。

（3）平时要检查电动机地脚螺栓有无松动、轴承有无发热的现象，有异常情况时及时处理。

（4）对三角皮带的磨损，要做到按计划定期检查、调整或更换，防止皮带拉断。

（5）根据减速机的大修周期对其进行解体检修、更换润滑油，检查齿轮、轴承的磨损情况，必要时及时更换或处理。联轴器检修按其标准要求进行。

（6）检查减速机有无漏油现象，及时处理。地脚螺栓松动时应及时紧固。

（7）在运行中检查减速机的轴承是否发热或有无损坏现象，必要时及时进行处理或更换。

（8）链轮、链条的传动应当平稳，无跳链现象；发现跳链时，应当用张紧装置进行调整。链轮、链条应经常加注润滑油，防止其卡涩或加速磨损。应经常检查链条的锁紧销子是否有松动或掉脱现象，防止链条脱链或断链。链条、链轮磨损严重时，应根据标准要求进行更换。

（9）链斗的磨损应符合要求，必要时进行修整或更换。

29　卸船机的种类有哪些？

答：卸船机的种类有固定式卸船机、浮船式卸船机、桥式卸船机和链斗门式卸船机。

30　卸船机由哪些机构组成？

答：卸船机由抓斗起升、开闭机构，小车运行机构，大车行走机构，浮动臂变幅机构，金属结构，动力驱动装置，机电操纵控制设备以及辅助性的防煤落海挡板起升机构等组成。

31　汽车卸车机的组成是什么？

答：汽车卸车机主要由大车机构、小车机构、液压系统、电气系统、垂直升降插铲装置、除尘系统组成。

32　汽车卸车机的使用与维护有哪些要求？

答：汽车卸车机的使用与维护要求有：

（1）汽车卸车机在正常使用时，必须对机电设备及各运转部件经常进行检查，注意异常声音，传动机构的轴承温升不得超过周围介质的 35℃，最高温度不得超过 65℃。

（2）各电动机电流稳定、无异常波动，空载电流小于额定电流。

（3）大小行车速度，小车行程符合技术参数规定。

（4）各级限位开关、继电保护装置及有关开关工作可靠。

（5）液压系统无泄漏冲击现象，油温在 25～45℃ 范围内。对系统压力、浮压状态每班都应检查记录。液压系统用油要定期更换（运行 500h 更换一次），并清洗油箱及油路。

（6）动力柜、操作柜、液压站应保持清洁，各润滑部位应定期润滑。

（7）插铲下降时如遇过大阻力，压力继电器动作，插铲停止下降，应升起插铲排除或避开障碍后继续工作。

（8）液压浮压系统在小车前进状态自动投入（联锁），此时插铲不能升降和小车也不能向后行走动作。

33　装卸桥的主要优缺点是什么？

答：装卸桥的主要优点是：运行灵活，可以进行综合性作业；主梁采用箱形结构可使其受力状况改善，原材料利用率提高，安装简单，制造方便，外形美观。

装卸桥的缺点是：承受风压大，焊接工艺要求高；电耗大，不便于实现自动化；断续作业，仅限于小容量老电厂。

34　装卸桥的结构组成有哪些？

答：装卸桥主要由桥架、刚性支腿、挠性支腿、大车行走机构、小车行走机构和抓斗起升闭合机构、缓冲煤斗、给煤机、司机室等组成。装卸桥的三大安全构件是制动器、钢丝绳和抓斗。

35　装卸桥检修后整机质量验收标准是什么？

答：装卸桥检修后整机质量验收标准是：

（1）大车不啃道，即车轮轮缘与轨道没有挤紧磨损，至少应留有 2～3mm 的间隙。

（2）各部件运转正常，无杂音，温度正常，电动机电流在额定电流范围之内。

（3）给煤机能达到额定出力。

（4）抓斗出口正常，行走过程不撒煤。

36　抓斗部分检修质量标准是什么？

答：抓斗部分检修质量标准是：

（1）抓斗刃口板磨损严重或变形较大时，应及时修理或更换。检修后要求焊缝质量好，抓斗闭合好，两水平刃口和垂直刃口的错位差及斗口接触处的间隙不大于标准规定，最大间隙长度不大于 200mm。无论抓斗张开还是闭合，斗口对称中心线与抓斗垂直中心线在同一垂直面内，偏差不超过 20mm。

（2）滑轮的检查与更换。要求滑轮径向磨损不超过钢丝绳直径的 35%，轮槽壁的磨损不超过原壁厚的 30%。磨损未达到此报废标准时，可以进行补焊修理，然后机加工。修复后径向偏差不得超过 3mm，轮槽壁厚度不得小于原厚度的 80%。滑轮是易损件，每月应检查、清洗、润滑。每次检修完后，用手盘转，要求转动灵活，侧摆不允许超过滑轮直径的 1‰。

（3）卷筒及钢丝绳的检查与更换。当卷筒轴有裂纹时，应当更新。当卷筒横向裂纹只有一处，长度小于 100mm；纵向裂纹不超过两处，长度小于 100mm，两裂纹间距在 5 个绳槽以上时，可在裂纹两端钻止裂孔，用电焊修补，然后再加工。如超出上述要求范围，应予以更换。当筒壁厚小于标准规定时，应更换。绳槽深度磨损大于 2mm 时，应进行补焊，然后进行机加工。

37　大车行走机构的检修质量标准是什么？

答：大车行走机构的检修质量标准是：

（1）检修轨道。当钢轨、螺栓和夹板有裂纹、松动时，应紧固，腐蚀较严重时应更换。当轨距偏差大于 ±8mm，轨道坡度大于 2/1000，任一断面上两轨高差大于 12mm，轨道接头处垂直和水平方向错位超过 1mm 时，都应进行校正。具体测量方法是：用拉钢丝法，检查轨道的直线性；用水平仪测轨面水平度。测量轨距时，可用钢卷尺配合弹簧秤来检查。具体方法是：尺的一端用卡板固定，另一端拴弹簧秤，其拉力为 150N 左右，每隔 5m 测量一点。测量前，先在钢轨的中间打上样冲眼，各测量点弹簧秤拉力应一致。

（2）检查车轮。轮缘磨损超过名义厚度的 40% 时，应更换车轮；轮径磨损超过 10mm 时，也应更换车轮。在车轮装配后，端面摆幅应小于 0.10mm，径向跳动应在车轮的公差范围内。轮缘、轮毂的壁厚偏差不得超过轮径的 5%，车轮内孔允许有深度不超过 5mm、间距不小于 50mm、面积不超过总面积 10% 的轻度缩松等缺陷。轴承配合要达到配合标准，修复时可将轴孔车去 4~8mm，然后进行补焊。补焊时，要遵循焊接工艺，并进行消除焊接应力的热处理，再按图纸重新机加工至规定尺寸。

（3）检查夹轨器。夹轨器的各转动部分要灵活，闸瓦要牢靠地夹在轨道两侧。当发现零部件有裂纹、变形、断裂等现象时，应及时处理。

（4）检查制动器。抱闸与轴装配应牢固，抱闸轮表面应光滑、平整，抱闸轮磨损至小于原直径 6mm 时，应更换或修复。抱闸皮铆钉应铆牢。铆钉头沉入闸皮厚度的 1/2 处，闸皮磨损超过原厚度的 1/2 时应更换。不允许使铆钉摩擦抱闸轮的表面，抱闸轮表面磨损严重，表面硬度会降低。液压制动器使用刹车油，转动应灵活，不漏油，松开时闸皮与闸轮表面应有 0.5~0.6mm 间隙。间隙太大，刹不住车；间隙太小，抱闸松不开，电动机启动电流大，尤其是大车，行走速度会不一致，容易造成桥身不平行。

（5）检查减速器、联轴器及轴承等机械通用件。

（6）检查钢架连接件、焊缝、铆钉。发现缺陷时及时消除。

第四节 煤沟卸煤设备的检修

1 螺旋卸煤机的常见故障及原因有哪些？

答：螺旋卸煤机的常见故障及原因有：

（1）螺旋卸煤机在运行中转动部分发生震动、松动、异音、温度异常升高等现象时，应停下卸煤机，检查处理。

（2）运行中发生电气设备冒烟、冒火、有胶臭味时，应立即停下卸煤机，检查原因。

（3）当操作开关失灵时，应立即拉开隔离开关，找电工进行修理。

（4）制动器工作中，冒烟或发出胶臭味时，应立即停机，调整制动带与制动轮之间间隙，制动轮刹车瞬间温度不得超过 200℃。

（5）制动器失灵，不能刹住车轮和螺旋，断开电源时滑行距离较大，其原因有杠杆系统中活动关节生锈卡住，润滑油滴入制动轮上（应用煤油清洗制动轮及制动带），制动带过分磨损，弹簧张力不足，制动轮与制动带间隙超过 0.8~1mm。

（6）制动器不能打开，造成升降及行车迟缓和电动机发热的原因有：

1）制动轮与制动带间隙小于 0.8~1mm。

2）活动关节缺油犯卡。

3）弹簧张力过大。

4）电力液压推动器不动作，油液使用不当（根据室外温度变换油液）。

5）推动器缺油（补充油液到规定位置）。

6）小马达不转（检查电气部分）。

2 螺旋卸煤机各部件加油润滑的周期是多少？

答：螺旋卸煤机各部件加油润滑的周期，见表 3-1 和表 3-2。

表 3-1　　　　　　　　　　减速器和制动器润滑剂种类和润滑周期

序号	部位	润滑剂种类	润滑规则及方法
1	大车行走机构减速器	工业闭式齿轮油 L-CKC220	使用前加注润滑油；初始 7～14 天换油；满 3 个月时第二次换油以后每 3～6 个月换油
2	小车行走机构减速器	工业闭式齿轮油 L-CKC220	
3	螺旋起刀机构减速器	工业闭式齿轮油 L-CKC220	
4	螺旋旋转机构	工业闭式齿轮油 L-CKC220	
5	制动器	25 号变压器油	初始 2 个月换油，以后每 6 个月更换一次

表 3-2　　　　　　　　　　设备主要零部件的润滑剂种类和润滑周期

机构部件名称		润滑剂种类	润滑规则及方法
车轮装配各部滚动轴承		GB 7324—2010 2 号锂基润滑脂	每一个月加油一次
齿轮联轴器			
制动器	接头缴副和电动机下部缴副	L-AN100 全损耗系统用油	每周加油一次
	其他操纵机械活动销轴		
电动机轴承		GB 7324—2010 3 号锂基润滑脂	电动机转速 1000r/min，每 6500h 加油一次 电动机转速 1500r/min，每 5500h 加油一次
链轮、链条		−10～0℃时，L-AN100 （全损耗系统用油）	每班加油一次
		0～+40℃时，SC30（汽油机油）	

3 螺旋卸煤机检修与维护项目有哪些？

答：螺旋卸煤机检修与维护项目有：

（1）检查各结构的连接和固定螺栓，不能有任何松动现象。若发现松动，应及时紧固。

（2）检查各金属架构有无开焊、变形和断裂现象，发现问题时及时处理。

（3）检查套筒滚子链，链销应无窜动，链片应无损坏。润滑是影响链传动能力和寿命的重要因素，润滑油膜能缓解冲击、减少磨损。所以，对套筒滚子链应由专人定期往链子上滴油润滑。

（4）检查行走车轮和上下挡轮轨道，不能有严重磨损及变形，车轮与挡轮应转动灵活，螺旋支架应升降自如，限位开关应良好。

（5）对螺旋卸煤机各部件应定期进行加油润滑。

（6）检查各主梁、端梁、活动梁及平台是否有严重变形及开焊、断裂，发现问题时及时进行校正或补焊。

（7）根据设备的大小修周期，对金属结构进行防腐、防锈处理。

（8）螺旋叶片磨损严重时，应进行整体更换。

（9）要保证螺旋升降机构和回转机构的链条无破裂、链销无松动，否则必须立即进行检修或更换。

4 螺旋卸煤机旋转机构的检修工艺是什么？

答：螺旋卸煤机旋转机构的检修工艺是：

（1）将螺旋卸煤机停放在适当位置（不得影响进煤车通过）。卸车机下部的煤算子应用铁板等物覆盖，上下设备时应该有梯子。

（2）由运行人员操纵螺旋升降机构，将螺旋本体放下停稳，注意拆卸螺旋本体过程中升降电动机不应停电，但必须做好安全措施。

（3）将螺旋传动减速机吊下，放在较干净的地方，进行解体检修。

（4）拆卸旋转链盒及链条，认真检查链条的磨损情况，如发现链板裂纹，链节拉长，链销磨细或变形，都应进行更换。

（5）拆下传动轴链轮，卸下轴承座压盖，认真清洗检查轴承。如轴承良好，无损坏，可向轴盒内加适量润滑脂，否则更换轴承。

（6）拆卸螺旋本体两侧轴承座法兰螺栓，将轴承座上下卡板取下。注意轴承座法兰和鱼腹梁连接部位应打好标记，螺旋本体两侧轴承座上下卡板不得混乱和丢失。

（7）操纵螺旋提升机构，将螺旋本体提升 50～100mm 的高度，此时由于螺旋本体两侧轴承座的紧力，螺旋本体还不能落下，而必须由螺旋本体两侧将其卸下。

5 螺旋卸煤机升降机构检修工艺是什么？

答：螺旋卸煤机升降机构检修工艺是：

（1）检修升降减速机、制动器、上下挡轴及更换链条时，要保证臂架不歪斜、不倾倒。

（2）升降二级减速机和制动装置的检修。

（3）上下挡轮轴的拆装应在地面进行，在拆装过程中应按先后顺序进行，并保证间隙正常。安装后的挡轴轮应转动灵活，不得有任何方向的卡死现象，挡轴轮应可靠地和上下挡轴联为一体。

（4）链轮在修理时，要一节一节地仔细检查，发现裂纹或扣距不等时，及时更换。

6 螺旋卸煤机检修质量标准是什么？

答：螺旋卸煤机检修质量标准是：

（1）检修后的螺旋卸煤机干净，无污物，轨道上无杂物。螺旋卸煤机两侧行走轮平行移动，桥式车体不得有水平偏斜。

（2）各结构件上的连接固定螺栓不应有任何松动，构架不应有开焊、变形及损坏现象。

（3）各部分的齿形联轴器，内外齿接触应准确，二者不得脱空，最少的接触面积不应少于齿长的 70％，二者轴线歪斜不应大于 30′。齿厚的磨损量不得超过齿厚的 15％～30％，齿形联轴器的各部密封装置、挡圈、涨圈弹簧等无损坏、无老化、无丢失，齿形联轴器内加润滑脂适当。

（4）行走和提升机构的制动装置应灵敏可靠，液压推动器转动灵活无卡涩现象。制动带应正确地靠在制动轮上，其推开间隙应为 0.8～1mm。制动带侧磨损量不大于原厚度的 1/

2，其上不得有油脂、油垢等脏物。

（5）升降机构上下运动应灵活，无紧涩现象。上下挡轴无严重的变形和弯曲，上下挡轮轴可靠地和轴联为一体。

（6）螺旋本体叶片完整坚固，无卷边，无开裂，无脱落，无变形。螺旋本体两侧轴头的不同心度应小于0.05mm。轴与链轮为过盈配合，过盈量0.003～0.023mm，轴与轴承为过渡配合。

（7）螺旋本体安装后，应呈水平状态，不得歪斜，轴承各部密封装置应严密可靠，链轮封闭罩应坚固无变形，螺旋紧固无松动。

（8）螺旋本体机构转动时灵活、可靠地和构架联为一体，电动机与减速机的联轴器找正符合技术要求，旋转链条紧度要适当。

（9）螺旋本体机构转动时灵活可靠，平稳无跳动，链条与链盒不得发生摩擦。

（10）升降机构和螺旋旋转机构的上下链轮轴心线必须平行。垂直中心线偏差不得大于2mm。链轮的齿厚磨损量不超过30%。

（11）滚子链应完整，链销无窜动、无裂纹、无弯曲。链板无损坏，链节无明显的拉长。链条运行平稳，无跳动。

（12）螺旋起升用限位开关，试车及更换链轮时，须将开关轴上的齿轮与链轮轴上的齿轮脱开，当螺旋达到上极限位置，将开关调到断电状态，再将两齿轮啮合。

（13）行走轮应无裂纹，滚动面光滑无凹凸缺陷、压痕，磨损超过3mm时应更换。

7 叶轮给煤机的常见故障原因及处理方法有哪些?

答：叶轮给煤机常见故障及处理方法有：

（1）轴承发热。轴承发热超出规定温度时可能有以下原因：润滑不良（油量不足或油质变坏）；滚动轴承的内套与轴或外套与轴承座因紧力不够发生滚套现象；轴承间隙过小或不均匀，滚动轴承部件表面裂纹、破损、剥落等。

处理方法是：检查油质状况，查看油质的颜色、黏度、有无杂质等。若系油质劣化，则进行换油。若系轴承缺陷，则退出运行，更换新轴承。

（2）叶轮被卡住。原因可能是大块矸石、铁件、木料等引起。

处理方法是：停止主电动机运行，切断电源后，将障碍物清除。

（3）控制器交流熔丝熔断。原因可能是激磁绕组烧坏而引起激磁电流增大；熔丝质量差。

处理方法是：更换烧坏的绕组，换新熔丝。

（4）运行中调速失控。原因是激磁绕组的引线或接头焊接不良，运行温度升高使焊锡开焊而开路，造成无激磁电流；晶闸管被击穿；电位器损坏等。

处理方法是：检查处理触头；更换晶闸管；更换电位器。

（5）晶闸管元件烧坏。原因是长时间低转速运行，通风不良。

处理办法是：更换晶闸管，改善通风，禁止长时间低速运行。

（6）按下启动按钮，主电动机不转。原因是未合电源，控制回路接线松动或熔断器损坏。

处理方法是：拉开主开关，检查无问题时再合上；更换熔断器。

（7）合上滑差控制器开关，指示灯不亮。原因是 220V 电源未接通；控制器内部熔丝断；灯泡坏；印刷线路插座接触不良等。

处理方法是：检查电源接线；换熔丝；换灯泡；检查插头插座接触情况。

（8）按下行车按钮，小车不行走。原因是行车熔丝损坏；回路接线松动或断线；行程开关动作未恢复等。

处理办法是：换行车熔丝；检查回路接线；检查并恢复行程开关按钮。

8 叶轮给煤机的检修质量要求有哪些？

答：叶轮给煤机的检修质量要求有：

（1）清除机体外部的积灰和油腻，以保证组装过程中机体内部和结合面的清洁。

（2）大立轴应垂直，全长偏差不应大于 1mm。

（3）叶片有下列情况时可酌情更换或焊补加固处理：

1）叶片腐蚀和磨损至不足原厚度的 1/3 时。

2）叶片有严重变形或裂纹。

3）由于叶轮磨损，直径小于原直径的 1/10 左右时。

（4）连接螺钉无松动、无缺少。在更换连接螺钉时，应消除由于叶轮长期受力而后倾的角位移。

（5）叶轮与主轴的连接应牢固，键与键槽应无滚角变形。叶轮无摆动和窜轴现象。

（6）护罩和溜煤槽钢板的磨损量大于 3/4 时，应进行局部或全部更换。给煤机在试运拨煤时，没有严重的漏煤现象。

（7）有下列情况之一者需进行相应更换：

1）蜗轮蜗杆牙齿磨损至原厚度的 30％时。

2）齿面麻点和深痕超过 4mm 时。

3）轮体有裂纹现象时。

4）在接触部位掉齿面积占牙齿的 1/3 时。

（8）组装完毕应无漏油现象。刷漆前需要进行汽油擦洗，并清除氧化铁层。清除时可用扁铲和手锤等工具，不得使用火焊烤容易变形的部位。

9 叶轮给煤机的检修周期及项目有哪些？

答：叶轮给煤机每三年进行一次大修。各减速机每半年换一次润滑油。

大修项目有：减速机解体检修；伞齿减速机解体检修；行星摆线针轮减速机解体检修；蜗轮蜗杆减速机解体检修；叶轮及叶轮护板检查及更换；保护罩及溜煤槽检查及更换；行走轮及轨道检查。

10 叶轮给煤机大修的工艺及要求有哪些？

答：叶轮给煤机大修的工艺及要求有：

（1）检修之前做好原始记录。

（2）准备好照明工具，准备好符合安全要求的钢丝绳、卡环等起重工具。

（3）办好一切安全措施（应办理工作票）。

（4）清理叶轮给煤机的积煤和杂物。

（5）根据煤沟所设起吊工具的负荷和整体的质量，研究好起吊方案。必要时，分体吊出。

（6）起吊叶轮给煤机时，首先应吊去起吊孔盖板，放在一侧；吊完后将盖板盖好。

（7）检查行走轨道的不平度和轨面水平度，检查行走轮与轨道是否有卡轨现象，连接板与螺栓有无松动现象。发现异常时应及时修理。

（8）检修时拨煤机构和行走机构的传动部件、齿轮减速机、伞齿轮箱等的零件，要进行拆大盖检修。蜗轮蜗杆减速机和行星摆线针轮减速机解体检修，清洗、检查齿轮、蜗轮蜗杆、叶轮、轴及轴承的磨损情况，要求按通用机械要求进行。若发现磨损严重而不能再修复时，应及时更换。

（9）检查机座、机架以及其他部件的焊缝有无裂纹，必要时进行补焊。

（10）行走轮联轴和通轴有弯曲现象时应进行直轴处理，否则应换新轴。

11 底开车的常见故障及处理方法有哪些?

答：常见故障及处理方法有：

（1）储风筒不进风。当发现储风筒不进风时，应对系统进行检查。

1）如果是管路及接头损坏而泄漏，应予以修复。

2）如果是系统中的塞门把手没有开通，则应及时打开。

3）如果是塞门损坏泄漏，则应予以更换。

（2）储风筒已充至额定风压（$5×10^5$ Pa），但底门打不开。造成这种现象的原因可能是：

1）离合器拨叉、操纵阀及各塞门把手位置不对。

2）齿轮脱出齿条，传动失灵，传动机构中部件损坏。

3）双向风缸、作用阀泄漏。发现这种现象时，应首先进行仔细检查，找出泄漏部位，予以处理。处理方法要得当，质量要保证。如果是双向风缸泄漏，只需将风缸后盖拆开，松开活塞连接片，取出连接片和活塞即可。如果是前盖密封装置泄漏，则必须拆卸齿条，取下前盖。

（3）风缸勾杆全部缩回，但底门开闭机构仍未"落锁"。出现这种现象的原因是齿轮齿条的起始位置不对。处理方法是用手动方法使底门"落锁"，再将风缸活塞缩到底，将齿轮齿条对好位即可。若对好位后，离合器由手动位推向风动位对不上时，则必须将齿轮转过一定角度进行选配。另外，用旋转齿条的螺纹也可进行微量调整。

（4）制动缸活塞行程过限。行程过长，说明制动缸空间增大，降低空气压强，使制动力变小，降低制动效果；行程过短，空间变小，压强增大，制动力变大，增加轴瓦与车轮的磨耗，还会引起车轮滑行。所以，行程过限是有害的，是不允许的。发现行程过限，应及时调整，调整的方法是：调整上拉杆、五眼铁及更换闸瓦来实现。

（5）两车钩连接而不落锁。其原因是锁销链过紧或提勾杆弯曲，勾头内部有障碍物等。处理方法是：调整锁销链和提勾杆，解体检查内部，清除障碍物。

（6）闸瓦磨耗过限（剩余厚度小于 10mm，同一制动梁两闸瓦厚度差大于 20mm）。处理方法：更换新瓦。换瓦前须先关闭截断塞门，排出风缸内的空气，在车前方挂出安全标志，换瓦作业要防止人身伤害。

第四章

储煤设备及其检修

第一节　煤场及筒仓设备

1　电厂一般的储煤量及对储煤机械的要求有哪些？

答：一般火力发电厂的煤场储存量要求在满负荷下储存 10～15d 的燃煤，以保证在运输中断（如因气候影响、铁路中断、水路中断、公路中断）的情况下，电厂仍能够安全生产。

在多雨的地区，发电厂要防止雨季因煤湿影响安全生产，需设置干煤棚。干煤棚可根据锅炉磨煤机和煤场设备的形式确定，其储存量为电厂日最大耗煤量的 3～5 倍。

电厂煤场存煤既要保证数量，又要保证煤质，不降低发热量。因为煤在储存过程中要风化和自燃，煤场的煤储存原则是烧旧存新，也就是每日来的煤先储存起来，每日耗用的煤从煤场的存煤中取送。这样存煤就能保证煤的质量不受影响。煤场周边的煤因堆取料机取不到，需要用推煤机定期推向堆取料机工作区域，防止煤长期不用而热值降低或自燃。储存的煤暂时或短期不用，最好用推煤机压实，尽量隔绝空气，保证煤质不会因储存期过长而热值大幅度降低。

煤场容量与煤场机械的运行管理及整个运煤设施的布置和运行条件都有密切的关系。一般处于山凹地的煤场多为圆形煤场，其他多为条形煤场。常见的煤场机械多采用装卸桥（5t×40m），DQ3025、DQ5030、DQ8030、DQ4022、DQ2400/3000·35 型斗轮堆取料机以及 MDQ15050 型门式滚轮机等。除 DQ4022 型斗轮堆取料机用于圆型煤场外，其余都为条形煤场。另外，也采用筒仓（也称为储煤罐）作为缓冲储煤仓，也可作为混煤仓。

2　储煤罐（筒仓）的特点与种类有哪些？

答：储煤罐又称筒仓，它的特点是：

（1）通过筒仓储煤，可以防止粉煤由于风吹日晒和雨淋冲刷损失，能减少环境黑色污染，能减少储煤热量损失。

（2）可以解决煤的干贮存，有利于通风，能防止自燃。

（3）筒仓占地面积小，与储煤场比较，同样的占地，筒仓可以多储煤。

（4）便于实现储卸自动化，运行费用低。

（5）筒仓设计结构先进、合理，下部配用圆环给煤机，能实现仓内存煤的整体流动，防止结拱堵塞。但采用筒仓储煤基础造价高。

筒仓种类根据储煤罐的形状分类有：圆筒仓和方仓；根据布置分类有：地上仓和半地下仓；根据仓的深度分类有：浅仓和深仓。火电厂多采用圆筒仓作为输煤系统缓冲或混煤设施，或代替煤场作为储煤设施。浅仓主要用于铁路上给车辆装散装物料；深仓是用来长期存放散装物料的具有竖直壁的容器。火电厂用的储煤罐都属于深仓类。

3 储煤罐（筒仓）的结构和给煤机械的特点是什么？

答：储煤罐（筒仓）的结构和给煤机械的特点是：

（1）装料设备。多采用皮带机配犁煤器、埋刮板输送机等设备。对于直径较大的筒仓，为保证存煤均匀，充分利用空间，会采用环形布料机。

（2）罐筒和罐下斜壁。罐筒和罐下斜壁大多是用钢筋混凝土制成的，为了防止"挂煤"和加速煤的流动，常在罐筒和斜壁内砌衬铸石板。为了破除物料搭拱，通常在斜壁上留有捅煤孔或内衬钢板，装助流振动器。

（3）卸料口。它位于储煤罐底部，卸料口的形状有圆形、正方形、长方形。采用一个卸料口的储煤罐极少见，多用4个卸料口或环形卸料口。

（4）卸料机械。为了将料迅速地从卸料口运走，通常采用卸料机械。目前多采用电磁振动给料机；当几个储煤罐相切布置时，也有将卸料口开成通长的卸料口，像缝隙煤槽下的卸料口那样，可采用叶轮给煤机作为卸料设备。圆环煤机是专为筒仓设计的给煤机，圆形大盘沿筒仓周边向下刮煤，能使仓内储煤整体下降，有效防止了蓬煤现象。

4 环式给煤机的结构特点是什么？

答：环式给煤机是专为筒仓贮煤设计的配套设备。

环式给煤机有单环和双环两种型式，单环式适用于贮煤量在20 000t以下的筒仓，双环式适用于贮煤量为30 000t的超大型筒仓。

（1）单环式给煤机由犁煤车、给煤车、卸煤犁、定位轮、料斗、密封罩、驱动装置、电控系统和轨道组成。犁煤车车体为环形箱式梁结构，装有三个犁煤板，车体下装有车轮和靠轮，由三套驱动装置经齿轮和齿条同步驱动；给煤车有环形平台式车体；卸煤犁安装在给煤车平台的上方，犁体固定在长轴上，轴的两端由支座支承，通过电动推杆提升或者放下犁体（另一种方式是卸煤犁安装在卸煤车上方横梁上，单侧卸料犁支架绕固定轴转动，由电动推杆牵引），每台单环给煤机配备二套卸煤犁。各套驱动装置采用交流变频调速装置控制犁煤车和给煤车在轨道上做周向运动，可实现给煤能力的无级调节。犁煤车和卸煤车运行速度不同，方向相反，当犁煤车运转时，位于筒仓底部的犁煤爪把煤从筒仓环式缝隙中犁下，落到运行的卸煤车上，卸煤器再把煤犁到落煤斗中，直到下层皮带机上。两台（或四台）卸料器分别与下层皮带运输机相对应，并可切换。

（2）双环式给煤机由尺寸较小的内环和尺寸较大的外环构成。内环的组成和上述单环式给煤机相同。外环犁煤车和给煤车各配六套驱动装置，即一台双环给煤机，内外环驱动装置共18套。外环给煤车驱动装置布置在车体内侧，其他驱动装置均在车体外侧。

5 环式给煤机的工作原理是什么？

答：环式卸煤机与原煤筒仓配套使用，有单环和双环两种型式，主要用于新建扩建的大中型火电厂，可以较好地解决筒仓储配煤的问题，同时节约占地、减少环境污染。

单环式卸煤机结构，如图 4-1 所示。在犁煤车环梁形车体 4 上安装有 3 个犁煤板 5，犁煤板伸入筒仓承煤台 1 上面的环形缝隙中，环梁和犁煤板间的夹角可以按需要进行调节。犁煤车的车轮沿环形轨道做圆周运动，靠轮限制车体水平方向的摆动，犁煤车的三套驱动装置 3 之间的夹角为 120°（双环式的外环有六套驱动装置夹角 60°），均匀布置。减速机输出轴上固定直齿轮，与车体上的环形直齿条啮合，电动机经减速机、直齿轮和齿条驱动犁煤车沿轨道转动。伸入环形缝隙中的犁煤板将煤犁到给煤车的环形平台式车体 2 上，平台车体下面安装的车轮沿两条同心环形轨道做圆周运动，靠轮防止车体水平移动。同犁煤车一样，给煤车的三套（双环式的外环是六套）驱动装置也均匀布置，同步驱动车体转动。卸煤犁 7 斜跨在给煤车平台上方，两个支座分别处于车体平台的内外侧。当电动推杆使卸煤犁下降到给煤车平台上时，可将煤全部刮到车旁的落煤斗 8 内，由斗下的带式输送机 6 运走。两套卸煤犁的安装位置，分别与两条带式输送机相对应，配套运行。处于备用状态的带式输送机，相应的卸煤犁提起，与给煤车平台脱离，不刮煤。

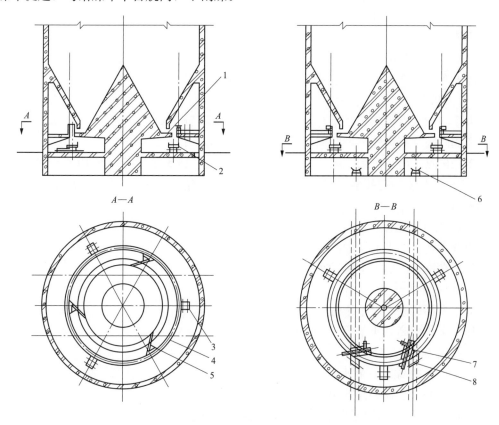

图 4-1 单环式给煤机示意图

1—承载台；2—给煤车环形平台车体；3—驱动装置；4—犁煤车环梁形车体；
5—犁煤板；6—皮带机；7—卸煤车；8—落煤斗

6 **环式给煤机检修的注意事项和技术要求有哪些？**

答：环式给煤机检修注意事项和技术要求有：

（1）组装给煤车轨道时，内外轨道的接头不能出在同一横断面上，应相互错开，间距不得小于 1000mm。

（2）安装时，切勿在本体钢结构上进行气割或可能使钢结构强烈受热的作业，以免导致钢结构变形。

（3）卸煤犁与给煤车回转方向的夹角为 40°。

（4）给煤车和卸煤车的轨道垫板要求为：

1）同一部件的轨道垫板应处在同水平面上，各垫板间的总高差小于 5mm。

2）沿轨道圆周长 10m 范围内，高差应小于 2mm。

3）每一个垫板均应呈水平，垫板周边的高差小于 0.5m，给煤车轨道垫板在轨距 700mm 的同一横断面上，两个垫板间的高差小于 1mm。

（5）轨道误差要求为：

1）轨道直径误差应小于 3mm。

2）轨道全圆周平面度小于 5mm。

3）两轨道接头顶面各侧面偏差小于 1mm。

4）两轨道接头间隙小于 5mm。

5）卸煤车及给煤车内外轨道同一横断面上的高差小于 1mm。

（6）齿轮和齿条误差要求为：

1）齿顶间隙（沿齿轮直径量）最小 8.9m，最大 7.5mm。

2）齿侧间隙（沿齿轮分度圆周测量）最小 0.66m，最大 1.82mm。

3）接触斑点，沿齿高大于或等于 30%，沿齿长大于或等于齿条长度 40%。

（7）各车轮与轨道应接触良好，最多只允许 1 个（给煤车一对）车轮脱离轨道，间隙不得大于 2mm。

（8）运转中的摆动：

1）齿圈运转重的平面摆动小于等于 ±10mm。

2）齿圈在同一点的上下跳动小于等于 3mm。

（9）犁煤车的犁煤板：

1）对水平面的垂直度小于等于 3mm。

2）底面全长的高差小于等于 2mm。

（10）卸煤犁：

1）长轴全长的高差小于等于 ±1mm。

2）落下时底面全长的高差小于等于 5mm。

（11）轴承温度。减速机连续运转，轴承温度不超过 80℃。

（12）靠轮与轨道间隙小于等于 5mm。

7 环形布料机的作用和结构特点是什么？

答：环形布料机是一种可以提高贮煤筒仓的充满系数，降低筒仓偏载风险，降低工程造价的输送机械。布置在筒仓顶部，以筒仓中心线为轴进行环转动，可以将输入筒仓的煤均匀贮存于仓内。

环式布料机是布置在可旋转平台上的带式输送机。主要由带式输送机、销齿传动机构、回转机构、胶带张紧装置、旋转进料漏斗、出料漏斗、防雨罩、大车行走机构、环隙缝槽密封装置和电控系统构成。

8　环形布料机的检修要点是什么？

答：环式布料机主要由旋转平台上和带式输送机构成。旋转平台检修类似于环式给煤机，可参照环式给煤机的要求检修。带式输送机参照通用带式输送机检修要求即可。

9　电磁振动给煤机的主要特点是什么？

答：电磁振动给煤机是由电磁力驱动，利用机械共振原理的一种给煤设备。其优点是结构简单，质量轻，无转动部件，无润滑部位，物料在料槽上能连续均匀地跳跃前进。无滑动，料槽磨损很小，维护工作量小，驱动功率小，可以连续调节给煤量，易于实现给料的远方自动控制，安装方便等。其缺点是初调整及检修后调整较复杂，若调整不好，则运行中噪声大，出力小。

10　电磁振动给煤机的结构组成有哪些？

答：电磁振动给煤机由料槽、电磁激振器和减振器三大部分组成。料槽由耐磨钢板焊接而成；电磁激振器由连接叉、板弹簧组、铁芯、线圈和激振器壳体组成；减振器由吊杆和减振螺旋弹簧组成。减振器又分前减振器和后减振器两部分。

11　电磁振动给煤机常见的故障及原因有哪些？

答：电磁振动给煤机常见的故障及原因有：

（1）接通电源后机器不振动。原因有：熔丝断了；绕组导线短路；引出线的接头断。

（2）振动微弱，调整电位器，振幅反应小，不起作用或电流偏高。原因有：晶闸管被击穿；气隙、板弹簧间隙堵塞；绕组的极性接错。

（3）机器噪声大，调整电位器，振幅反应不规则，有猛烈的撞击。原因有：弹簧板有断裂；料槽与连接叉的连接螺钉松动或损坏；铁芯和衔铁发生冲击。

（4）机器受料仓料柱压力大，振幅减小。原因有：料仓排料口设计不当，使料槽承受料柱压力过大。

（5）机器间歇地工作或电流上下波动。原因有：绕组损坏，检查绕组层或匝间有无断股现象和引出线接头是否虚连，可据此修理或更换绕组。

（6）产量正常，但电流过高。原因有：气隙太大，调整气隙到标准值2mm。

（7）电流达到额定值而给煤量小，原因有：料槽内粘煤过多。

12　电磁振动给煤机的检修质量标准是什么？

答：电磁振动给煤机的检修质量标准是：

（1）板弹簧压紧螺栓用专用扳手和1～1.5m的加力杆，由两人用力紧固。

（2）两铁芯平行对齐。

（3）各部螺栓无松动。

（4）检修后，振动声音正常，无撞击声。

（5）出力达到额定要求，不允许自流。

(6) 振幅、电流达到规定要求。

(7) 铁芯气隙要求各处一致，并合乎规定要求。

(8) 料槽体与煤斗四周应有 30～50mm 的间隙。

13 电动机振动给煤机结构及工作原理是什么？

答：电动机振动给煤机（又称自同步惯性振动给煤机）由槽体、振动电动机、减震装置、底盘（座式安装）等组成。

(1) 槽体。由料槽、支承板和电动机底座组成。给料槽有封闭型、敞开型等多种型式。

(2) 振动电动机。采用两台特制的双出轴电动机两端的偏心块旋转时产生的激振力作为振源，调整偏心块的夹角，可以调节激振力的大小，即可调整给煤机的给煤量。

(3) 减振装置。由金属螺旋弹簧（或橡胶弹簧）、吊钩及吊挂钢丝绳等组成。

(4) 底盘。由型钢和钢板焊接而成。

电动机振动给煤机的工作原理是：安装在振动给煤机槽体后下方的两台振动电动机产生激振力，使给料槽体做强制高频直线振动，煤从给煤机的进煤端给入后，在激振力的作用下，呈跳跃状向前运动，到出煤端排出，完成给煤作业。工作时，两台振动电动机反向自同步运转，其偏心惯性力在中心连线方向相互抵消，使给料机左右不振，而在中心线的垂直方向上的惯性力相互叠加，使给料机前后振动。

14 电动机振动给煤机的常见故障及原因有哪些？

答：电动机振动给煤机常见故障及原因有：

(1) 接通电源后不振动。原因有：熔丝断；电源线断开或断相。

(2) 启动后振幅小且横向摆动大。原因有：两台惯性振动器中有一台不工作或单向运行；两台振动器同向转动。

(3) 惯性振动器温升过高。原因有：轴承发热；单相运行；转子扫膛；匝间短路。

(4) 振动器一端发热。原因有：轴承磨损发热。

(5) 机器噪声大。原因有：振动器底座螺栓松动或断裂；振动器内部零件松动；槽体局部断裂；减振器内部零件撞击。

(6) 电流增大。原因有：两台振动器中仅一台工作；负载过大；轴承咬死或缺油；单相运行或匝间短路。

(7) 空载试车正常加负载后振幅降小较多。原因有：料仓口设计不当，使料槽承受料柱压力过大。

15 电动机振动给煤机的检修与维护包括哪些内容？

答：电动机振动给煤机的检修与维护内容有：

(1) 检修后或新装的给煤机组装完工后，应先检查给煤机周围是否有妨碍运转的障碍物，各部分的螺栓是否紧固，特别是振动电动机的固定螺栓应重点检查。

(2) 检查两台振动电动机的转向，应使其转向相反，不能同向旋转，否则产生左右振动，使出力下降。

(3) 检查两台振动电动机每组偏心块的相位，要求相位一致。

（4）空载试运转时，检查给煤机运转是否平稳，并注意振动电动机轴承的温升情况，连续运转 4h 以后，轴承最高温度不超过 75℃。

（5）连续空载试运转 4h 后，对于各部分的连接螺栓应重新紧固一次，再运转 4h 后，再紧固一次。这样反复进行 2～3 次。

16　激振式给煤机结构特点与工作原理是什么？

答：激振式给料机槽体下方的激振器由两个带偏心块和齿轮的平行轴相互啮合组成，激振器与电动机为挠性连接，有三角带式连接和联轴器带式连接两种方式。电动机装在基础上不参振，极大地减少了电动机的故障率，其外形结构如图 4-2 所示。特点是运行可靠、稳定，普通 4 级电动机驱动，转速低，噪声低，故障维修量极低。通过调整给料机偏心块振幅、频率（加变频调速器）和槽体倾角，均可调节出力。给煤机安装型式有四种支撑和悬吊方式，料槽可配置各种衬板。可配仓口闸门以控制不同煤种的自流现象。

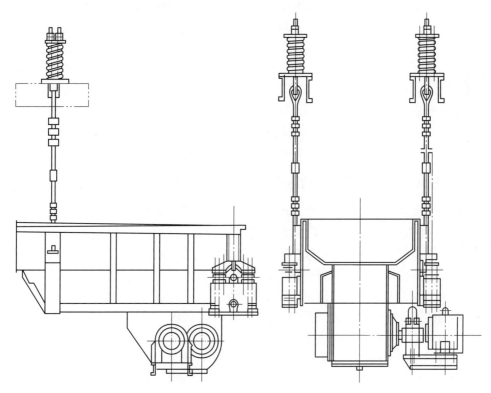

图 4-2　激振式给煤机外形图

17　激振器偏心块的调整有何要求？

答：激振器安装在给料机槽体下方，激振器是由两个相同大小的带偏心块和齿轮的平行轴相互啮合组成的，两根齿轮方轴安装啮合后，通过调整两个偏心块的相对角度，可决定激振器的振动方向和幅度（振幅为 0～8mm 可调）。装偏心块的轴是方轴，两个偏心块平行安装相差 0°时，两轴同步偏转，前后振幅最大，下料量最大；相差 180°时给料方向的偏心力相互抵消，振幅最小，出力最小；相差 90°时水平方向和垂直方向振动分散，减小了出力。

所以，安装时要特别注意。

🏭 第二节　悬臂式斗轮堆取料机及其检修

1 悬臂式斗轮堆取料机的结构由哪几部分组成？

答：悬臂式堆取料机是一种连续取料和堆料的煤场机械。主要构架有：门架、门柱、悬臂架、平衡机构和尾车架等。主要部件有：进料皮带机、尾车、悬臂皮带机、斗轮及斗轮驱动装置、悬臂俯仰机构、回转机构、大车行走机构、操作室、自动夹轨装置、受电装置和液压系统等。

2 悬臂式斗轮堆取料机的堆取料工作方式是如何实现的？

答：悬臂皮带输送机装在悬臂板梁构架上，是斗轮堆取料机堆料和取料的重要组成部分。悬臂皮带输送机正转运行时，可以将进料皮带输送机运来的煤通过其头部抛洒到煤场，完成堆料作业。根据斗轮类型的不同有两种结构形式：一种是位于斗轮的一侧后部，布置一条向斗轮中心斜向上的带式输送机，通过落料筒转运到悬臂皮带机堆放到料场；另一种是位于斗轮尾车之上，布置一条地面输送机，依靠尾车上两组液压缸的作用，完成俯仰动作，使物料转运到悬臂皮带上，堆放到料场。

当斗轮从煤场中取煤时，悬臂皮带输送机反向运转，将斗轮取到的煤经其尾部的落煤筒（中心落煤筒）落到煤场地面主皮带机上，完成其取料作业。

3 斗轮堆取料机取料部件的结构和工作特性是什么？

答：斗轮堆取料机的取料任务主要由连续运转的斗轮来完成，斗轮大盘周围一般均匀地布置有 8~9 个挖煤斗，根据煤的特性来选用，以达到运行平稳、效率高、卸料快的目的。斗子的边缘均焊有耐磨的斗齿，可以在冬季破碎煤堆表面 10cm 以下的冻层煤，对于冻层较厚和卸煤汽车压实的硬煤层，应提前和推煤机配合取料。斗齿部位磨损或凹回时，要及时修理更换，否则会加大挖煤阻力，使驱动部件负荷加大，出力下降。斗轮与驱动部件分别位于悬臂梁头部的两侧，安装时轮体圆平面与悬臂皮带中心线的夹角是 4°~6°，轮体圆平面与垂直立面的夹角是 7°~8°，使其向悬臂皮带内侧斜，这样提高了卸料速度，减少了撒煤。在取料过程中，借助于溜煤板将斗轮取的煤连续不断地供给悬臂皮带输送机。

挖煤取料部件只在斗轮机取料时工作，在斗轮机堆料时处于停止状态。

4 斗轮的驱动方式有哪几种？各有何特点？

答：斗轮的驱动方式有液压驱动、机械驱动和机械液压联合驱动三种方式。

（1）液压驱动方式。斗轮转速可实现无级调速和过载保护，同时具有质量轻等特点。

（2）机械液压联合驱动。这种传动不仅具有液压传动的优点，而且传动效率较高。

（3）机械驱动。由电动机、液力耦合器、减速机进行驱动的方式。其中减速机按结构形式又分为行星减速机和平行轴减速机两种，这两种结构的第一级均采用直角传动，使电动机、液力耦合器平行臂架布置。同时改善臂架受力状况，增大斗轮自由切削角。

5 斗轮传动轴之间采用涨环或压缩盘连接的特点是什么?

答:涨环或压缩盘连接的优点是:装拆方便,具有机械过载保护作用。

涨环结构由内环、外环、前压环、后压环、高强度螺栓组成。作用原理是用高强度螺栓将前后压环收紧,通过压环的圆锥面将轴向力分解成径向力,使内外环变形靠摩擦力传递扭矩,这样使斗轮轴、轮体(或减速机输出轴套)、涨环装置连接成一体。实际使用中压缩盘易发生打滑或锈死现象,为解决打滑问题,可在内环圆周面上均布铣出若干个宽度为 3mm、长度 100mm 的长条槽,增加内环的变形量,达到增大摩擦力的目的。

6 斗轮机械驱动式过载杆保护装置的动作原理是什么?

答:减速机工作时产生的反力矩由杠杆及减速机壳体承受,在杠杆的端部设有限矩弹簧装置。当反力矩超过额定数值的 1.5 倍时,通过弹簧变形,触动行程开关,使电动机停机,起到过载保护作用。限位开关应保证灵活有效。

7 斗轮轮体有哪几种结构形式? 各主要特点是什么?

答:斗轮是通过自身的回转从煤堆铲取煤的主要工作部件,按构造其轮体结构形式可分为:无格式(开式斗轮)、有格式(闭式斗轮)和半格式三种。其主要区别如下:

(1)无格式(开式)斗轮的斗子之间在轮幅方向不分格,靠侧挡板和导煤槽卸料。它有以下特点:

1)结构简单,质量轻,但刚度较差。由于侧挡板和导煤槽的附加摩擦,驱动功率增大。

2)开式斗轮可以采取较高的转速,提高取料出力。

3)卸煤区间大,可达 130°,比较容易卸黏结性高的煤。

4)便于斗轮相对于臂架做倾斜布置,使斗轮卸煤、取煤条件和臂架受力条件得到改善。

(2)有格式(闭式)斗轮与开式斗轮相反,结构较复杂,斗子之间在轮幅方向分成扇形格斗,到接近轴心点向皮带上排料,质量大,但刚度大。卸料区间小,要求转速较低,不宜于卸黏结性高的煤,不便于倾斜配置。

(3)半格式斗轮比较适中,斗子之间在轮幅方向的扇形格斗靠近轮盘圆周边沿,还靠侧挡板和导煤槽卸料,既增加了斗容,又减轻了轮体质量,较好地综合了前两种结构的优点。

电厂燃料系统多采用无格式和半格式斗轮,因为电厂的煤一般较松散,水分较大,需要的挖掘力小,对斗轮的刚度要求小。有格闭式斗轮多用于矿山机械,矿山物料密度大,需要的挖掘力大,要求斗轮刚度大。

斗子的形式有:前倾型、后倾型和标准型三种,可根据不同的煤种选用。

8 斗子底部采用链条拼接结构的特点是什么?

答:为防止因煤湿或挖取混煤黏住斗底,减小斗容,可在斗底安装链条结构装置。底部为整料铁板结构的轮斗,容易黏煤,使斗子有效容积下降;底部改用铁链拼接结构的轮斗,无黏煤现象,适应于水分较大的煤种。

9 回转支承装置的结构形式有哪几种?

答:回转支承装置主要是承受垂直力、水平力和倾覆力矩。根据结构型式可分为:滚动轴承式和台车式两类回转支承装置。

（1）滚动轴承式回转支承装置主要由滚动轴承和座圈组成，滚动轴承内圈套与回转部分固定在一起，外圈与不回转部分固定。按轴承滚动体的几何形状可分为滚珠轴承和滚柱轴承（也称滚子轴承）。滚珠轴承主要用于生产能力较小的堆取料机上。交叉滚子轴承结构紧凑，相邻滚子的轴线互相垂直，滚子长度比直径小 1mm。回转轴承的润滑脂通过轴承上的润滑孔注入滚动体与滚道的空隙中。

（2）台车式回转支承装置主要由垂直支承和水平支承装置两大部分组成。按水平支承装置的结构型式不同，又可分为水平导轮式台车回转支承装置和转柱式台车回转支承装置。水平导轮式台车回转支承装置的垂直支承装置是由固定在转盘上的四组台车和固定在门座架上的圆弧形轨道组成，该装置的水平支承装置是由固定在转盘上的四个水平导轮和固定在门座架上水平圆弧轨道组成。转柱式台车回转支承装置的垂直支承装置与水平导轮式台车回转支承装置相同，其水平支承装置由固定在转盘上的转轴和固定在门座架上的轴套组成。这种装置只能用于堆料机，因为堆料机在门座架中心没有中心落料管。

滚动轴承式回转支承装置应用较多，优点是结构紧凑、空间尺寸小、整机质量较轻，且允许回转部分的重心超出滚动体滚道直径，安全可靠。缺点是轴承的加工精度较高及维修更换困难较大。台车式回转装置的优点是易于维修、便于更换；缺点是占有空间尺寸较大，结构笨重，整机行走跨度大。

10 回转机构的组成及驱动方式有哪几种方式？

答：回转机构主要由大转盘齿轮、回转蜗轮减速箱及驱动部分组成。回转驱动有液压传动和机械传动两种方式。液压传动由内曲线油马达及液压系统各部件组成，靠变量油泵实现回转速度的无级调速，具有过载自保护功能，但对使用维护人员的技术水平要求较高。机械传动的优点是故障诊断容易，机械传动可分为：定轴传动和行星轮传动。

（1）定轴传动由电动机、制动轮联轴器、圆齿轮减速机、蜗轮减速机和传动轴套构成；定轴传动结构庞大、占地面积大，但易于检查及更换零部件。

（2）行星轮减速机传动主要由电动机、制动轮联轴器、行星减速机等构成。只有堆料功能的斗轮机不要求回转速度可调，而具有取料功能的斗轮机要求回转速度的可调性，保证取料作业中稳定的取料要求。

机械传动电动机调速主要有三种方式：交流调速电动机、交流变频调速、直流电动机调速。

11 回转液压系统缓冲阀的作用是什么？

答：斗轮机在大臂回转过程中，可避免由于换向时引起的机械设备和液压系统的冲击，保证机械的安全使用。

12 俯仰机构的组成和工作方式有哪些？

答：斗轮机俯仰机构主要由悬臂梁、配重架、变幅机构等组成。俯仰变幅机构分为：机械传动和液压传动两种。

液压传动由油缸、柱塞泵及其他液压元件组成，悬臂梁的俯仰动作靠装于转盘上的两个双作用油缸推动门柱，并带动其上整个机构同时变幅，由电动机、柱塞泵、换向阀等组成的动力机构作用于油缸来完成俯仰动作。

机械传动由钢丝绳、卷扬机构、滑轮组等组成，斗轮堆取料机的悬臂梁以门柱的支撑点为轴心，通过卷扬机构、钢丝绳牵引平衡架尾部的动滑轮组带动前臂架，一起实现变幅动作。

13　大车行走装置的组成和结构特点是什么？

答：大车行走装置由电动机和减速机、行走车轮组、制动器、夹轨器、钢轨及电气控制部分等组成。大车行走轮组的结构为组合式，以驱动轮组、从动轮组为单元通过平衡梁进行组合，根据轮压大小选用相应车轮数量的台车数。平衡梁与基本轮组都是铰轴连接，使每个车轮的受力基本相同，平衡梁采用箱形结构，驱动轮数一般不少于总轮数的50%。

驱动装置由电动机、带制动刹车的联轴器、立式三级减速机、开式齿轮、驱动车轮等组成，为了减少走车时间，驱动电动机用双速电动机，快速为调车速度，慢速为工作速度。

14　折返式尾车的种类与结构特点是什么？

答：折返式尾车装置的工作方式是地面皮带堆料时的来料方向和取料时的送料方向相反，即堆料时物料从何方来，取料时就向何方原路反送回去。折返式尾车按结构型式可分为：变幅和交叉两种型式尾车。

（1）折返变幅式尾车按尾车皮带机参与变幅范围的程度，又分为半趴式和全趴式尾车。半趴式仅是一部分尾车皮带机变幅，另一部分为固定的。变幅机构结构型式可分为机械和液压两种方式。

（2）折返交叉式尾车主要由与地面皮带机共用的提升皮带机、落料管、具有独立驱动装置的斜升皮带机、机架和行走轮等组成。堆料时，地面皮带机输送来的物料经提升皮带机及落料管落到斜升皮带机上，再经斜升皮带机和主机的悬臂皮带机将物料抛洒到料场上；取料时斗轮挖取的物料经悬臂皮带机和中心落料管落到地面皮带机上，由地面皮带机运往主机的前方。

15　斗轮机的主要加油部位有哪些？

答：斗轮堆取料机的加油部位有：皮带输送机改向滚筒和传动滚筒的轴承，斗轮轴的主轴承加油点，斗轮悬臂支点活动轴，液压系统加油点，各种减速器加油点，行走开式齿轮等。

16　斗轮机的定期检修维护内容包括哪些？

答：斗轮机的定期检修维护内容包括：

（1）金属结构部分要定期检查钢架构的铆接处和焊接处并及时处理缺陷，定期涂防锈漆，对斗轮、落煤筒、导煤槽、托辊等要观察其变形或磨损程度，严重时要及时更换。

（2）基础、轨道、车轮组、轴承、齿轮、联轴器、制动器要按要求进行检查。例如车轮有无严重磨损；轴承有无歪斜、破裂；螺栓是否紧固；减速箱齿轮有无损伤；密封圈有无失效、漏油等。

（3）油缸需定期检查密封件、螺栓、活塞皮垫、活塞杆、顶底部的轴承润滑状况等情况。

（4）液压马达和齿轮泵应定期检查接合面、密封件、轴承、侧板、齿轮等部位，并对出现的问题，按正常修复标准进行修复。

（5）各种减速器应定期检查接合面、齿轮、漏油及油位等。

（6）回转轮部分应重点检查大齿圈和小齿圈的磨损情况以及减速箱中蜗轮、蜗杆的磨损情况等。交叉滚子轴承因经常受煤粉的侵入，造成油道堵塞或润滑脂失效。因此，润滑油脂要定期清洗后进行更换。螺栓应逐个检查，防止松动或失效。

（7）阀门部件要正确使用，定期维护。

（8）溢流阀是液压系统的关键阀体。阀芯中的节流孔极细，因此要定期更换液压油，以防止节流孔堵塞。

（9）流量控制阀是液压系统中控制油流量的阀体，只有当油量充足时，阀体才起作用。因此，要定期检查油箱中的油位，以防止油路泄漏造成供调节的油量减少而流量控制阀不起作用。

（10）方向控制阀常因换向冲击大、吸力不够或滑阀卡住而烧坏线圈，阀体失效，所以要定期检查电路。

（11）电气部分应经常检查：电动机的温升及振动情况；各电气柜内有无焦糊味；主回路的导线有无烧焦变色的痕迹；各种限位开关或传感器有无松动脱落，而且到位后信号能否正确返回；各种信号灯、指示灯、仪表是否正确可靠；紧急停止按钮（或开关）是否起作用等。

17 斗轮驱动机构的检修项目有哪些？

答：斗轮驱动机构的检修项目有：

（1）检查油泵、油马达及液压系统的其他部件，必要时进行更换。

（2）检查斗轮传动轴、齿轮的磨损及润滑情况，必要时更换齿轮或轴。

（3）检查各部轴承的磨损及润滑情况，必要时更换轴承。

（4）检查斗轮体、斗子、斗壳的磨损情况，斗齿部位磨损或凹回时，必须整形修补或更换，否则会使驱动部件负荷加大，上煤出力下降。

（5）检查斗齿的磨损情况，及时修理或更换。

（6）检查斗轮减速机及机壳的严密性，消除渗、漏油。

（7）检查溜煤板的磨损情况，磨损严重造成取煤量降低的溜煤板，应修补或更新。更换的溜煤板应符合图纸要求，表面平整、光滑。

18 斗轮驱动机构的检修工艺是什么？

答：斗轮驱动机构的检修工艺是：

（1）将齿轮清洗干净，检查齿轮的磨损情况和有无裂纹、掉块现象，轻者可修整，重者需更换。

（2）用千分表和专用支架测量齿轮的轴向和径向晃动度。如不符合质量要求，应对轴承、齿轮或轴进行修理。

（3）对转动齿轮应观察齿轮的啮合情况和检查齿轮有无裂纹、剥皮、麻坑等情况，并检查齿轮在轴上的紧固情况。

（4）用塞尺或压铅丝的方法测量齿顶、齿侧的间隙，并做好记录。

（5）用齿形样板检查齿形。根据检查结果，判断轮齿磨损和变形的程度。

（6）斗子、斗壳磨损造成漏煤时，应更换。斗齿磨短时要补齐；斗齿头部磨损超过 1/2 时，应更换。

（7）溜煤板磨损严重造成取煤出力降低时，应当修整或更换。

19　行走机构的检修质量标准有哪些？

答：行走机构的检修质量标准有：

（1）齿轮联轴器找正，要求其不同心度、径向位移小于 0.3mm，倾斜角小于 0.5°。

（2）三级立式减速机各轴承的轴向间隙符合标准。

（3）减速机各齿间啮合情况为：沿齿高方向啮合面积大于 45%；沿齿长方向啮合面积大于 60%。齿侧间隙：一级为 0.12～0.20mm；二级为 0.14～0.25mm；三级为 0.16～0.30mm。

（4）低速轴孔与驱动轴：锥度 1：10，键与轴的配合为 H7/h6。

（5）油泵柱塞和柱塞孔的配合间隙为 0.01～0.02mm，间隙超过 0.1mm 时，必须更换柱塞。

（6）油泵的磷锡青铜磨块磨损超过 2mm 时应更换。

（7）油泵的滤网完整、清洁，进出油口无反向泄漏，喷头在运转中能正常、连续地喷油。

（8）试验要求：齿轮啮合平稳，声音正常，各处无渗、漏油现象；刹车灵活可靠，减速机温度不超过 60℃，振动不大于 0.15mm。

（9）轨道应牢固地固定在基础上，各螺栓不应松动。轨道的普通接缝为 1～2mm ，膨胀缝为 4～6mm，接头两轨道的横向和高低偏差均不得大于 1mm，轨道的平直度应小于 1/1000。

（10）主动、从动轮组和行走轮各轴承完好无损，间隙符合下列要求：3526 轴承 0.06～0.10mm，316 轴承 0.015～0.04mm。内侧轴承不应有轴向间隙，出轴侧应留有轴向间隙 1～1.5mm。

（11）装配后的车轮应转动灵活。主动车轮的轮齿啮合应符合下列标准：

1）齿顶间隙 2.5mm。

2）齿侧间隙 0.5～0.6mm。

3）啮合斑点所分布的面积：沿齿高方向大于 40%，沿齿宽方向大于 60%。轮缘无局部严重磨损，且各轮缘磨损程度基本相同，轮对在运转时与其他部件不摩擦。各车轮直线偏差小于 2mm。

20　夹轨器的检修质量标准有哪些？

答：夹轨器各部件的检修质量标准有：

（1）伞形齿轮。

1）齿轮无裂纹，伞齿无其他明显异常，轮齿磨损应小于原齿厚的 20%。

2) 大端齿顶间隙为 1mm，啮合线在节圆线上。

3) 啮合斑点沿齿高和齿宽方向均大于 40%，且啮合接触不得偏向一侧。

（2）主轴。

1) 主轴的弯曲度小于全长的 1/1000。

2) 主轴梯形螺纹部分应完好，无断扣、咬扣、斑剥等缺陷，磨损应不大于标准规定。

3) 空心油道清洁、畅通。

（3）主轴螺母。

1) 螺纹完好无损，磨损量小于原螺纹厚度的 1/3，否则应予更换。

2) 螺母衬套与螺母体配合紧密，无松动；定位销螺栓紧固，且与端面平齐。

3) 螺母体应完好无裂纹，螺孔中螺纹无损伤。

4) 装在螺母中间爪子上的辊子应转动灵活，且无局部磨损；销子完整无弯曲。

（4）连接主轴螺母和滑块的四条螺栓。

1) 无断裂、弯曲和其他明显损伤。

2) 在主轴螺母上固定牢靠，四条螺栓长短一致。

3) 当螺栓头与滑块接触时，涡卷弹簧应为自由状态（无预压缩量），且弹簧上端面与主轴螺母下端面无间隙。

4) 螺栓头部应涂以明显的颜色，以便检验涡卷弹簧的压缩量。

（5）钳夹各销轴应灵活而无松动，定位销牢固可靠且平整，各销轴与孔的配合均为 H9/f9。

（6）两闸瓦平行且高低一致，闸瓦沿销轴应有一定的活动量，以便增加适应能力。新换的闸瓦除应满足几何尺寸外，其表面硬度应为 RC28～32。

（7）限位开关的调节行程应符合以下规定：将涡卷弹簧压缩 30mm 时为下限点，将主轴螺母由下限点上行 184.9mm，定为上限点。

（8）各润滑点和防锈蚀部位全部涂注钙基润滑脂。

（9）各结合螺栓紧力均匀可靠，密封罩完整，无变形，导轨槽平直光滑；行程指示牌完整、鲜明。

（10）试运。夹轨钳制动器（电动、手动）灵活可靠，限位开关动作准确，伞齿轮啮合平稳，无异常噪声。

21 回转机构的检修项目有哪些?

答：回转机构的检修项目有：

（1）检查液压系统、泵、马达、管道阀门等，必要时进行更换。

（2）检查推力向心交叉滚子轴承的润滑情况，必要时进行检修。

（3）检查大齿圈与啮合小齿轮的啮合、磨损情况，必要时调整或更换小齿轮。

（4）蜗轮减速机解体检修。

1) 检查蜗轮减速机的啮合、磨损及润滑情况，必要时对蜗轮、蜗杆进行修理或更换。

2) 检查各轴承的润滑、磨损情况，必要时更换轴承。

3) 更换减速机内润滑油。

（5）检查减速机下部开式齿轮的磨损及啮合情况，必要时进行调整或更换齿轮。

（6）检查传动轴套及轴承的润滑与磨损情况，必要时更换传动轴套及轴承。

（7）检查紧固回转系统的各部螺栓，必要时进行更换。

22　回转机构的检修工艺要求有哪些？

答：检查回转交叉滚子轴承、减速机的润滑情况；大齿圈和小齿轮、蜗轮蜗杆减速机的啮合及磨损情况；各轴承的润滑及磨损情况以及各螺栓的紧固情况。

检修工艺要求为：

（1）交叉滚子轴承油道应该畅通，如果黄油硬化、堵塞，应更换黄油并疏通。

（2）齿轮及齿圈的啮合与磨损应符合规定，齿轮表面清洗干净，重新涂黄油。

（3）蜗轮的啮合与磨损应符合规定，润滑油必须加到液面指示高度。

（4）各部轴承磨损应符合规定要求，检修后须重新加足润滑油。

（5）各部连接螺栓应紧固。

（6）液压系统不漏油，表针指示正确，运转声音正常，振动不超过标准，回转速度符合取料的要求，换向灵活，冲击力小。

23　俯仰油缸拆装的注意事项是什么？

答：俯仰油缸拆装的注意事项是：

（1）油缸拆卸时，要使大臂处于水平位置，并想法固定，可将斗轮放在高煤堆上，再在悬臂架下合适的位置用倒链连挂1～2个推煤机，以防止大臂倾斜，造成设备损坏。拆下油缸后严禁增减后悬梁上的配重块，严禁在悬臂架上进行其他设备的拆卸检修工作，严防破坏整机平衡。

（2）在打销子时，要用倒链将油缸固定，以防止油缸倾斜。

（3）在吊装油缸时，要用钢丝绳捆住缸体，不得直接吊活塞杆。

（4）油缸安装应牢固，油缸的安装面和活塞杆的活动面要保持足够的平行度与垂直度。

（5）油缸安装完毕，必须将缸内空气排出，并充足油后，方可拆除固定大臂的设施。

第三节　门式斗轮堆取料机及其他

1　门式斗轮机的主要结构包括哪些部分？特点是什么？

答：门式斗轮机又称门式滚轮堆取料机，门架活动梁上装有斗轮装置，既能堆料，又能取料；既可以分层取料，又可以抬起活动梁跨越煤堆，根据需要选取物料，运行方式比较灵活。其主要结构包括：金属结构、斗轮及滚轮回转机构、滚轮小车行走机构、大车行走机构、活动梁起升机构、胶带输送机、尾车伸缩机构、操纵室和检修吊车等。

门式斗轮堆取料机的特点：将斗轮安置在活动梁上，即堆料系统和取料系统都设置在活动梁上，可以进行低位堆取作业。这样，随着堆料作业过程中料堆高度的变化，调整活动梁的位置，就可使机上抛料点与堆料顶部始终保持较低而又适度的落差，以尽量减少物料粉尘的飞扬，有利于煤场环境的保护。

2 门式斗轮轮体旋转驱动的结构特点是什么？

答：门式斗轮轮体结构形式为无格式斗轮，利用物料自重进行卸料。斗轮结构主要由料斗、滚轮、斗轮小车、圆弧挡板、斗轮驱动装置等组成。斗轮旋转采用双驱动，即在斗轮两侧同时驱动，这种驱动方式能够改善斗轮的受力条件，而且有利于斗轮卸料。采用液力耦合联轴器，有效地保证两侧驱动功率的平衡，同时又能对电动机、减速器及其他传动件起过载保护的作用，克服斗轮在取料过程中小车行走轮脱轨现象。

3 斗轮及滚轮旋转机构的检修与维护内容包括哪些？

答：斗轮的检修主要是斗齿的磨损检查、更换，当斗轮斗齿磨损严重或有较大变形时，应及时补焊或更换新的斗齿。检查斗轮体（即斗子、斗壳）的磨损情况，必要时整形或挖补。

滚轮旋转机构的检修主要是针轮传动部分，要定期检查销与针轮的磨损情况。磨损超过标准时，必须予以更换，否则会影响滚轮的正常旋转。

4 滚轮行走机构的检修与维护内容包括哪些？

答：行走机构的行走轮对在使用过程中滚动面易发生剥离，当剥离面积大于 $2cm^2$、深度大于 3mm 时，应给予加工修复。加工修理的轮对，轮圈厚度小于原厚度的 $80\%\sim85\%$ 时，须更换新的轮对。

5 活动梁升降机构的检修与维护内容包括哪些？

答：在活动梁升降机构中，滑轮起着省力和穿绕钢丝绳的作用，滑轮是转动零件，须定期检查、清洗和润滑。对铸铁滑轮，如发现裂纹，应立即报废；而对铸钢滑轮，发现裂纹，可以焊接修复，但要把缺陷挖净，严格按焊接工艺进行。轮槽径向磨损超过钢丝绳直径的1/4 时，应对滑轮焊补，并经机加工复原。卷筒因经常受钢丝绳的挤压而易发生裂纹，应定期检查，发现裂纹时应立即补焊，同样要严格补焊工艺。钢丝绳的安全使用寿命在极大程度上取决于精心的维护和定期的检查。及时消除可能损伤钢丝绳的缺陷，每周至少有一次对钢丝绳润滑，当断丝超过标准时，应及时更换新绳。

6 台车行走机构的检修与维护内容包括哪些？

答：台车行走机构的检修与维护内容包括：
（1）车轮的检修。
（2）车轮滚动面、轮缘、车轮轴内孔等的检查和修理。
（3）驱动装置的检修。
（4）应经常检查减速机箱中的油质油位。
（5）减速机运转声音异常时应停机解体检查，测量轮齿间隙及磨损量。
（6）检查、清洗各部轴承，检查结合面是否漏油等。
（7）发现齿轮偏磨或配合过松、结合面密封不严时，应立即修理，轴承自然磨损量超过规定时应及时更换。

7 尾车伸缩机构的检修与维护内容包括哪些？

答：尾车伸缩机构应保持动作灵活，不发生卡涩现象，必须经常加润滑油。对于蜗轮减速机的检修，包括蜗轮蜗杆啮合面的检查，这种传动容易发生胶合和磨损破坏，发生轻微磨损时，应及时打磨修复。蜗杆因承受较大的轴向力，因此要特别注意检查。减速机要保持一定的润滑油量，以保证润滑和冷却。所以，应经常检查减速机结合面，以防止漏油。

8 圆形煤场斗轮堆取料机的结构特点是什么？

答：圆形煤场斗轮堆取料机是由堆料机和取料机两部分组成。
（1）堆料机由桥架、桥架行走机构、受料皮带机、移动式皮带机等组成。
（2）取料机是一台行走在圆形轨道上的斗轮取料机。它由取料机构、变幅机构、旋转机构、悬臂架和尾车组成。

当煤需要堆存到储煤场时，来煤经高架栈桥上的皮带输送机落到中心柱的受煤斗，经斗轮机堆料桥架上的移动皮带机均匀地抛洒到储煤场内。当锅炉需要供煤时，斗轮堆取料机悬臂上的斗轮从煤场挖取煤，经悬臂上的皮带机将煤运至尾车，尾车上的皮带输送机将煤运到中心柱的落煤斗中，再由斗下的皮带机传输系统送往锅炉煤斗。

9 圆形煤场斗轮机取料机构的维护内容主要有哪些？

答：取料机部分的检修与维护主要是行走部分的检修，其内容包括轨道、车轮、轴承、减速机、齿轮、制动器及电动机等。圆形斗轮堆取料机行走在圆形轨道上，在正常运行时，车轮轮缘与钢轨有一定的间隙，由于轨道道钉松动或车轮轴承座螺栓松动等，易发生啃道现象，发现啃道时要认真查找原因，进行调整并做好记录。

10 圆形煤场斗轮驱动部分的检修与维护内容主要有哪些？

答：斗轮部分要定期检查斗缘上的斗齿，发现磨损超过原长度的 1/3 时要及时补焊或更换；斗壳局部磨损有可能修复时可进行整形或挖补，磨损造成严重漏煤时应予以更换。驱动部分应重点检查行星套装减速机，定期清洗，更换润滑油，检查行星轮的磨损状况，发现齿轮点蚀（剥伤）时，要认真查找原因，及时修复。选用黏度较高的润滑油进行润滑，可以减缓点蚀破坏，延长机器的工作寿命。要定期检查减速机箱体内的油量，防止缺油使用。

11 圆形煤场斗轮机旋转变幅机构的维护内容主要有哪些？

答：旋转机构的大齿圈常暴露在室外，粉尘及风沙侵入润滑脂会加剧齿轮的磨损。所以，要定期检查、更换润滑脂，认真清洗齿轮后再加足润滑脂，以防止磨损加剧。变幅机构是取料机升降的重要部件，常因配重不当，变幅机构伸缩杆会发出尖叫怪声，此时若不是润滑不当的原因，就必须停机调整配重架上的配重及查找其他原因。

12 侧式刮板（斗）取料机的结构特点是什么？

答：侧式刮板（斗）取料机是一种用途极为广泛的料场设备，主要用于矿山、冶炼、建材、水利和化工等行业中各种物料的取料作业。具有均化效果好，取料量较大，结构简单的特点。

桥式取料机的组成由箱形桥梁、刮板输送部分、耙车、固定端梁、摆动端梁、动力电缆卷盘、控制电缆卷盘等主要部分组成。

堆料机在按规定高程将物料堆成标准堆高后，取料机从料场中间开始进行全断面取料。料耙沿桥梁长度方向往复移动，将物料耙松落至料堆底部，刮板沿桥梁长度方向转动，同时大车进行进给。将物料送至导料槽，通过出料皮带将物料运出。

13 影响刮板（斗）取料机取料能力的因素有哪些？

答：桥式刮板取料机的取料能力与多种因素有关，如料堆形状、物料容重、物料黏性等。就设备本身而言，整机行走速度，刮板运行速度是影响刮板取料机取料能力的主要因素。

通常情况下可以通过加大取料行走速度和刮板运行速度来增加产量，但是刮板速度并不能无限制变大。经过大量的现场反馈分析，刮板运行速度在 $0.40 \sim 0.62 \mathrm{m/min}$ 之间设备运行比较稳定，为了避免取料机溢出物料，取料的行走速度也会受到影响，两者有着相互约束的关系，在生产中必须使二者在合理的范围内，才能保证设备平稳理想的运行。

14 桥式刮板取料机常见的故障及原因有哪些？

答：桥式刮板取料机常见的故障及原因有：

（1）设备不能启动。原因：电源发生问题；刮板机链未张紧。

（2）刮板机声音不正常。原因：链条及机构缺油；刮板滚轮滑道磨损；刮板机刮住铁器、杂物。

（3）调车时大车不走。原因：行走限位保护动作；未解锁。

（4）启车时料耙不动，液压站不动作。原因：液压站电源未开；液压油箱缺油；液压油油温过高。

（5）电缆卷盘无收卷动作。原因：电源未开；收卷电机故障；摩擦盘张紧力不够。

15 侧式悬臂堆料机的结构特点是什么？

答：侧式悬臂堆料机是一种用于堆积石灰石、砂岩、原煤等散状物料，实现存储、混匀物料的大型混匀工艺设备。其具有结构简单、性能可靠、操作容易，维修方便，使用安全等优点。

堆料机主要由悬臂、行走机构、液压系统、来料车、轨道、电缆坑、动力电缆卷盘、控制电缆盘以及限位立开关装置等组成。

工作时由上料胶带机运来的原煤等物料，卸到堆料机悬臂上的胶带机上。堆料机一边行走，一边将物料卸到场内，形成分层的人字形料堆，完成第一次混匀作业，以备取料机取走。

16 侧式悬臂堆料机常见的故障及原因有哪些？

答：侧式悬臂堆料机常见的故障及原因有：

（1）悬臂胶带机打滑。原因：物料过载；主动滚筒打滑；张紧力不够。

（2）悬臂胶带机跑偏。原因：头、尾滚筒中心线与输送机不垂直；头尾滚筒与托辊安装不对中；胶带接头不正；受料偏载。

（3）堆料机制动不灵。原因：制动器制动瓦与制动轮间隙过大。

17 天车堆料机的结构特点是什么？

答：天车堆料机是一种适合于长形料场堆积石灰石、砂岩、原煤等散状物料实现存储的设备。该设备堆料装置配有伸缩漏斗，避免物料的扬尘。其具有结构简单、性能可靠、操作容易，维修方便，使用安全等优点。

天车堆料机主要由伸缩套筒、卷扬机构和行走装置等组成。

第四节　推煤机与装载机

1 什么是推煤机？它的作用是什么？

答：用于电厂贮煤场，完成推煤、压实、整垛和清理等工作的推土机被称为推煤机。

目前国内大中型电厂中一般作为辅助机械，主要用于倒垛、整垛、压实清理及推取煤场边缘的余煤等工作。由于设备体积小，造价便宜，使用方便灵活，因而这些设备仍是大部分电厂必备的煤场辅助机械。

2 推煤机的结构及工作原理是什么？

答：推煤机由底盘、发动机、减速箱、走行装置、铲刀、液压系统和驾驶室等组成。底盘是支撑、安装其余部件的金属构架。发动机是整机的动力源。减速箱用来降低转速并改变其扭矩。走行装置一般都采用履带结构。液压系统的作用是用来控制推煤机铲刀的升降高度，也即控制被推煤层的厚度。

3 什么是装载机？

答：装载机是将挖掘、装载、运输和卸载集于一身的多用机械，使用方便灵活。装载机按照工作原理分有：机械式和液压式两种；按照走行装置来分又有：轮式和履带式两种。轮式液压装载机是目前国内外使用最多的设备。

4 装载机的机构特点什么？

答：轮式液压装载机采用对折式底盘结构，从对折铰点算起分为前、后两大部分。前半部分有装载斗、操作室和前桥、前行走轮。后半部分有发动机、液力变矩器、液压油泵、后桥、行星减速装置和后行走轮。

发动机采用有较大输出功率的柴油发动机。液力变矩器是一个既可传送速度，又可传递扭矩的液力装置。其输入端与发动机的输出轴相联，输出端通过联轴节与后桥相联。其突出的优点是：工作过程中的扭矩可以变化，转速可以是无级调速。当挖掘、装载阻力变大时，变矩器可随之降低速度，增大扭矩输出；反之，减少输出扭矩，提高运转速度，减少作业时间。这样就始终使装载机在最佳状况下运行，充分合理地使用了发动机的输出功率，并且在系统遇到外界不可克服的阻力时，变矩器空转，外界阻力矩不能传递回发动机，对发动机有过载保护作用。

液压油泵和液压回路系统提供并保证系统工作时所需要的足够压力，其主要由装载斗装卸、升降和装载机转向三大部分组成。

5 推煤机爬坡角度是多少？

答：推煤机纵向爬坡角度为 25°，极限爬坡角度为 30°，横向坡道不得大于 25°。

6 推煤机试转中的检查内容及要求有哪些？

答：推煤机试转中的检查内容及要求有：

（1）在启动及试运过程中，应做好防止发动机超速的准备，在发生发动机超速时能立即停车。

（2）试运转检查：

1）仪表指示正常，机油压力为 0.196～0.245MPa，柴油压力为 0.068 6～0.098MPa，水温为 60～90℃。

2）在试运转中每挡至少要分合主离合器 2～3 次，以检查主离合器的工作情况，应无卡死和打滑现象。由有经验的人员调整主离合器，必要时停止主发动机后再进行调整。

3）变速箱各挡的变换应轻便灵活，运行中无异常的响声及敲击声。主离合器接合时，其自锁机构保证不跳挡。

4）保证转向离合器在各挡时均能平稳转向。在一、二挡行驶时，在原地做左右 360°急转弯试验。要求：被制动一侧履带停转，制动带无打滑和过热现象，制动踏板不跳动。对其余各挡，做两次左右 360°转弯试验，应良好。

5）刹车装置应保证在 20°的坡度上能平稳停住。

6）在平坦干燥的地面上和不使用转向离合器及制动器情况下，推煤机做直线行驶。其自动偏斜应不超过 5°，链轨的内侧面不允许与驱动轮或引导轮凸缘侧面摩擦，其最小一面的间隙不小于两面间隙总和的 1/3。

7）铲刀起升、下降应灵活平稳，并能在任何位置上停住，绞盘无打滑现象。

8）试运转结束后，应进行技术保养，并消除试运转中发现的各种缺陷，做好交车准备。

7 推煤机例行保养的内容有哪些？

答：在发动机熄火前，开动机器，检查各部分及仪表电气设备是否正常，传动装置及行走部分的发热程度。例行保养为每工作 8～10h 一次。

发动机熄火后，应做如下保养工作：

（1）清除推煤机各部黏煤、油污，擦洗发动机外部。

（2）检查各部螺栓有无松动现象。

（3）按润滑要求，分别润滑各点。

（4）在粉尘较多的条件下作业时，应经常检查、清理柴油箱盖上的通气孔，必要时清洗油箱盖内的过滤填料，洗完后在机油内浸一下。

（5）检查随机工具是否齐全。

（6）每工作 60h 后，旋下飞轮罩、启动机离合器和转向离合器室下面的放油塞，以及主离合器下监视孔盖，放出里面的油污和脏物。

（7）检查风扇皮带的张紧度，必要时加以调整。

（8）每工作 60h 后，向各杠杆、关节摩擦部分注润滑油一次，但履带活节处不许加注。

8 拆卸推煤机时的注意事项及要求是什么？

答：拆卸推煤机时的注意事项及要求是：

（1）拆卸前须充分看清各零部件的装配情况，前后、左右、上下的连接部位，弄清拆卸的程序。

（2）为了便于装配，有些零部件在拆卸前需要按装配关系及相对位置做好标记，标记应清楚，以防装配时装错。注意标记不能做在零部件的工作面上。

（3）排放油时，要看清油的黏度、颜色和有无杂物，以及齿轮、轴承等的磨损情况。

（4）在卸下螺栓、螺母后，若部件（或零件）仍然卸不下来时，切不可盲目用力拆卸，以免损坏零部件。应仔细检查，排除障碍，再用专用工具进行拆卸。

（5）锥形、嵌合部分不能轻易拆卸时，须看清凸部与凹部的嵌合情况，设法拆卸。

（6）拆卸操纵联杆时，对不需要调整的联杆长度不要轻易变动。若需要拆卸杆端，在拆卸前，先量好长度，在组装时必须调整到原长度后再作组装。

（7）各零部件，特别是相似的零部件，必须按顺序妥善保管。对拆下的小零部件，经检查无异常后，可暂且松装在原处。对螺栓、螺母等的规格、数量应记清，妥善保管。

（8）拆下来的零件，经清洗干净后，依照各部件分类整理好，妥善保管，防止沾染灰尘。

（9）对调整垫片，要按照拆前的状态整理完好，待装。

第五章

输煤设备及其检修

第一节 带式输送机基础知识

1 带式输送机的优点与种类有哪些？

答：在火电厂将煤从翻卸装置向储煤场或锅炉原煤仓输送的设备主要是带式输送机。带式输送机同其他类型的输送设备相比，具有生产率高，运行平稳可靠，输送连续均匀，运行费用低，维修方便，易于实现自动控制及远方操作等优点。另外，刮板输送机大多用作给煤设备和配煤设备，管道输送装置及气动输送装置等由于有多种不足而很少被采用。

带式输送机按胶带种类的不同，可分为普通带式输送机、钢丝绳芯带式输送机和高倾角花纹带式输送机等；按驱动方式及胶带支承方式的不同，可分为普通带式输送机、气垫带式输送机、钢丝绳牵引带式输送机、中间皮带驱动皮带机、密闭带式输送机和管装带式输送机等；按托辊槽角等结构的不同，还可分为普通槽角带式输送机和深槽形带式输送机。随着设备的不断增容与改善，普通带式输送机又分为 TD62 型、TD75 型/DTⅡ型和 DTⅡ（A）型。

2 简述 DTⅡ 和 DTⅡ（A）型输送机的发展过程。

答：DTⅡ型带式输送机是原机械工业部北京起重运输机械研究所负责组织联合设计组设计的，是原 TD75 型和 DX 型两大系列带式输送机的更新换代产品。全系列更新工作分两个阶段进行：第一阶段完成主参数型谱及原 TD75 型所属范围的主要部件设计，还增加了化纤带的中强度部件设计；第二阶段将完成高强度系列设计，待以后开展工作。北京起重运输机械设计研究院和武汉丰凡科技开发有限责任公司会同 6 家单位，为了适应市场需要，总结 DTⅡ型带式输送机的应用情况、用户的使用经验和要求，对 DTⅡ型带式输送机系列设计进行补充和修改，完成了带宽 500～1400mm 的系列设计，并更名为 DTⅡ（A）型带式输送机。

3 TD75 和 DTⅡ 皮带机型号中各段字的含义是什么？

答：TD75 型皮带各段字的含义是：T—通用；D—带式输送机；75—1975 年定型的带式输送机系列。

DTⅡ型皮带各段字的含义是：DT—带式输送机通用型代号；Ⅱ—1994 年定型的带式输送机系列（属我国第二次定型）。

TD75 型及 DTⅡ型固定式带式输送机都是通用系列设备，可输送 $500 \sim 2500 \mathrm{kg/m^3}$ 的物料。DTⅡ型皮带机的结构更为合理。

4　DTⅡ（A）型输送机整机结构包含哪些部件？

答：DTⅡ（A）型输送机整机结构包含的部件，如图 5-1 所示。

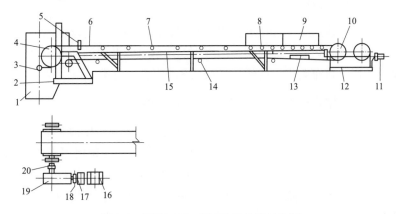

图 5-1　DTⅡ（A）型输送机整机结构图

1—头部漏斗；2—机架；3—头部清扫器；4—传动滚筒；5—安全保护装置；6—输送带；7—承载托辊；8—缓冲托辊；
9—导料槽；10—改向滚筒；11—拉紧装置；12—尾架；13—空段清扫器；14—回程托辊；15—中间架；
16—电动机；17—液力耦合器；18—制动器；19—减速器；20—联轴器

5　选择输送机带速有哪些注意事项？

答：选择的输送机带速注意事项有：

（1）输送量大、输送带较宽时，应选较高的带速。

（2）较长的水平输送机，应选较高的带速；输送机倾角越大，输送距离越短，则带速应越低。

（3）物料易滚动、粒度大、磨琢性强的或容易扬尘的以及环境卫生条件要求较高的，宜选用较低带速。

（4）一般用于给料或输送粉尘量大的物料时，带速可取 $0.8 \sim 1 \mathrm{m/s}$，或根据物料特性和工艺要求决定。

（5）人工配料称重时，带速不应大于 $1.25 \mathrm{m/s}$。

（6）采用犁式卸料器时，带速不宜超过 $2.0 \mathrm{m/s}$。

（7）采用卸料车时，带速一般不宜超过 $2.5 \mathrm{m/s}$；当输送细碎的物料或小块物料时，允许带速为 $3.15 \mathrm{m/s}$。

（8）有计量秤时，带速应按自动计量秤的要求而定。

（9）输送成件物品时，带速一般小于 $1.25 \mathrm{m/s}$。

6　普通输送带对工作环境的要求有哪些？

答：选择输送带时，必须适应该用途的特征。对特殊条件，应选用具有特殊性能的输送带。普通橡胶输送带适用的工作环境温度一般为 $-10 \sim 40 ℃$。工作环境温度低于 $-5 ℃$ 时，不宜采用维纶芯橡胶输送带；工作环境温度低于－15℃时，不宜采用普通棉织芯胶带；在工作环境温度低于－20℃的条件下，采用钢丝绳芯橡胶输送带时，应向制造厂家提出耐寒要求；工作环境低于－25℃时，应选用耐寒带。在有火灾危险场所工作的输送带应采用难燃型带。

7 输送胶带有哪些种类？

答：胶带按带芯织物的不同，可分为棉帆布型、尼龙布型、钢丝绳芯型。按胶面性能的不同，可分为普通型、耐热型、耐寒型、耐酸型、耐碱型以及耐油型等。目前，电厂输煤系统中常用的胶带是普通帆布胶带、普通尼龙胶带和钢丝绳芯胶带。

8 普通胶带的结构性能和主要技术参数有哪些？

答：普通胶带，一般用天然橡胶作胶面，棉帆布或维尼龙布作带芯制成。以棉帆布作带芯制成的普通型胶带，其纵向扯断强度为 56kN/(m·层)，一般用于固定式和移动式输送机；以维尼龙作带芯制成的强力型胶带，其纵向扯断强度为 140kN/(m·层)，用于输送量大，输送距离较长的场合。普通胶带的主要技术参数有宽度、帆布层数、工作面和非工作面覆盖胶厚度。

9 普通皮带机的结构和工作原理是什么？

答：普通皮带机主要由胶带、托辊、机架、驱动装置、拉紧装置、改向滚筒、制动装置和清扫装置等组成。

皮带机在工作时，主动滚筒通过它与胶带之间的摩擦力带动胶带运行，煤等物料装在胶带上和胶带一起运动。普通皮带机的最大提升角为 18°。

10 输送带运动的拉力和张力是什么？

答：滚筒与输送带之间的摩擦传动，传动滚筒传给输送带足够的拉力，用以克服它在运动中所受到的各种阻力。输送带以足够的压力紧贴于滚筒表面，两者之间的摩擦作用使滚筒能将圆周力传给输送带，这种力就是输送带运动的拉力。

运行阻力和拉力形成使输送带伸张的内力，即张力。张力大小取决于重锤拉紧力、运输量、胶带速度和宽度、输送机的长度以及托辊结构、布置方式等。由皮带机的张力传递方式可知：胶带沿运动方向前一点的张力等于后一点的张力与两点之间胶带运行阻力之和（主动滚筒处的张力变化除外）。

11 输送带的初张力有何作用？

答：为了使传动滚筒能给予输送带以足够的拉力，保证输送带在传动滚筒上不打滑，并且使输送带在相邻两托辊之间不至过于下垂，就必须给输送带施加一个初张力，这个初张力是由输送机的拉紧装置将输送带拉紧而获得的。在设计范围内，初张力越大，皮带与驱动滚筒的摩擦力越大。

12 设计皮带机时应考虑哪些原始数据及工作条件？

答：皮带机在设计时应考虑的原始数据及工作条件为：

（1）物料名称和输送量。

（2）物料的性质。包括：粒度大小、最大粒度和粒度组成情况；堆积密度 γ；堆积角 ρ；温度、湿度、黏度和磨损性等。

（3）工作环境。露天、室内、干燥、潮湿、灰尘、极端高低气温、平均降水量、风向风速等。

（4）卸料方式和卸料装置形式。

（5）给料点数目和位置。

（6）输送机布置形式及尺寸。

13　提高滚筒与输送带的传动能力有哪几种方式？

答：提高滚筒与输送带的传动能力的方式有：提高输送带对滚筒的压紧力；增加输送带对滚筒的包角；提高滚筒与输送带之间的摩擦系数。

压紧滚筒给传动滚筒增加压力的办法，由于构造复杂，很少采用。采用改向滚筒来增大输送带对滚筒的包角，这是常用的简便方法，但它所增加的数值有限，300m 以上的长皮带机往往根据需要采用双滚筒传动，可使包角增大得较多。

14　橡胶输送带如何计量及订货？

答：橡胶输送带（胶带）以平方米为计量单位，订货时长度和平方米数应同时提出。

胶带规格长度表示方法为：带宽（mm）×布层数［上胶厚（mm）＋下胶厚（mm）］×带长（m）。例如：$1000 \times 7[3.0+1.5] \times 100$。

15　橡胶输送带订货长度如何计算？

答：一台输送机的输送带全长计算式为

$$L_。=2L+\pi/2(D_1+D_2)+A \times n_1+\Delta L \tag{5-1}$$

式中：$L_。$ 为输送带全长，m；L 为输送机头尾滚筒中心间展开长度，m；D_1 为头部滚筒直径，m；D_2 为尾部滚筒直径，m；A 为输送带接头长度（当采用机械接头时，$A=0$；当采用硫化接头时，A 值可查询相关资料），m；n_1 为输送带接头数，考虑输送带接头数时每卷输送带长度，可查询制造厂样本，或按 100m 计；ΔL 为采用垂直拉紧装置、卸料车等所增加的输送带长度（采用垂直拉紧装置时，增加的输送带长度由输送带的安装图来决定），m。

16　如何计算帆布芯胶带硫化胶接的搭接量？

答：帆布芯胶带硫化胶接的搭接长度 L 的计算式为

$$L=(n-l)S+B\tan 20° \tag{5-2}$$

式中：S 为阶梯长度，mm；n 为芯体层数；B 为胶带宽度，mm；$\tan 20°=0.364$。其中，阶梯长度 S 的选择，见表 5-1。

表 5-1　　　　　　　　　　　帆布芯胶带阶梯长度 S 值表　　　　　　　　　　（mm）

芯体强度	阶梯长度 S
EP. NN. VN-120 以下	120
EP. NN. VN-150	150
EP. NN. VN-200	200
EP. NN. VN-250	250
EP. NN. VN-300	300
EP. NN. VN-350	350
EP. NN. VN-400	400
EP. NN. VN-450	450
EP. NN. VN-500	500

17　如何确定钢丝绳芯胶带硫化胶接的搭接量？

答：钢丝芯胶带的搭接量，见表 5-2。

表 5-2　　　　　　　各型钢丝绳输送带钢丝绳抽出力、搭接长度和接头长度

胶带型号		ST650-1250	ST1600-2000	ST2500	ST3000	ST3500	ST4000	ST4500	ST5000	ST5500	ST6000
钢绳直径 D(mm)		4.5	6.1～6.4	7～7.4	7.6	8.3	8.6	9.1	10	10.5	11
强度 P(kgf/根)		1450	3410	4550	5680	6700	7170	7 650	9450	10 300	11 325
抽出力(kgf/cm)		56	86	102	110	115	120	125	130	135	140
钢丝绳搭接长度系数 K		1.3	1.5	1.5	1.5	1.5	1.5	1.8	1.8	1.8	1.8
钢丝绳搭接长度 S (mm)		400	600	700	800	900	900	1200	1350	1400	1500
接头长度 L_S (mm)	一级全搭接	560	760								
	二级全搭接										
	三级全搭接	1420	2020	2320	2620	2920	2920				
	四级全搭接							5050	5650	5850	6250

18　钢丝绳芯胶带与普通胶带相比具有哪些优缺点？

答：钢丝绳芯胶带的优点是：

（1）强度高，可满足长距离大输送量的要求。由于带芯采用钢丝绳，其扯断强度很高，胶带的承载能力有较大幅度的提高，可以满足大输送量的要求。单机长度可达数千米，出力达 4000～9000t/h。

（2）胶带的伸长量小，钢丝绳芯胶带由于其带芯刚性较大，弹性变形较帆布要小得多。因此，拉紧装置的行程可以很短，这对于长距离的胶带输送机非常有利。

（3）成槽性好，钢丝绳芯胶带只有一层芯体，并且是沿胶带纵向排列的，因此能与托辊贴合得较紧密，可形成较大的槽角，有利于增大运输量。同时，能减少物料向外飞溅，还可以防止胶带跑偏。

（4）使用寿命长，钢丝绳芯胶带是用很细的钢丝捻成钢丝绳作带芯。所以，它有较高的弯曲疲劳强度和较好的抗冲击性能。

钢丝绳芯胶带的缺点是：芯体无横丝，横向强度很低，容易引起纵向划破；胶带的伸长率小，当滚筒与胶带间卷进煤块、矸石等物料时，容易引起钢丝绳芯拉长，甚至拉断。

19　钢丝绳芯胶带输送机的布置原则是什么？

答：钢丝绳芯胶带输送机的布置原则是：

（1）采用多传动滚筒的功率配比是根据等驱动功率单元法任意分配的。即在张力合理分布而各传动滚筒又不致产生打滑的条件下，将总周力或总功率分成相等的几份，任意地分配给几个传动滚筒，由它们分别承担。

（2）双传动滚筒不采用 S 型布置，以便延长胶带和包胶滚筒的使用寿命，且避免物料黏到传动滚筒上，影响功率的平衡。

（3）拉紧装置一般布置在胶带张力最小处。若水平输送机用多电动机分别驱动时，拉紧装置应设在先启动的传动滚筒一侧。

（4）胶带在传动滚筒上的包角 α 值的确定，主要是根据布置的可能性，并符合等驱动功率单元法的圆周力分配要求。

（5）胶带机尽可能布置成直线型，避免有过大的凸弧、深凹弧的布置形式，以利于正常运行。

20　皮带机转运站的交叉切换方法有哪些？

答：根据现场实际情况，皮带输煤系统转运站的切换方法有：三通挡板、收缩头、犁煤器跨越式卸料、小皮带正反转给煤机、振动给煤机、料管转盘切换等多种。

第二节　输送机主要部件

1　驱动装置的组成形式有哪几种？分别由哪些设备组成？

答：驱动装置的组成可分为：分离式、半组合式、组合式三种形式。

（1）分离式，即由电动机和减速机组成的驱动装置。这种组合装置由电动机、减速机、传动滚筒、液力耦合联轴器（联轴器）、抱闸、逆止器等组成。输煤系统由于运行环境差，皮带机一般采用封闭鼠笼式异步电动机，这种电动机结构简单，运行安全可靠，启动设备简单，可直接启动。但有启动电流大（一般为额定电流的 5～10 倍），不能调整转速等不足，配以液力耦合联轴器，极大地改善了电动机的启动性能。

（2）半组合式，即由电动机和减速滚筒组成的驱动装置。它由电动机、液力耦合联轴器（联轴器）和减速滚筒组成。所谓减速滚筒，就是把减速机装在传动滚筒内部，电动机置于传动滚筒外部。这种驱动装置有利于电动机的冷却、散热，也便于电动机的检修、维护。

（3）组合式，即电动滚筒驱动装置。电动滚筒就是将电动机、减速机（行星减速机）都装在滚筒壳内，壳体内的散热有风冷和油冷两种方式。所以，根据冷却介质和冷却方式的不同，可分为油冷式电动滚筒和风冷式电动滚筒。

2 传动滚筒根据承载能力可分为哪几种？结构有何不同？

答：传动滚筒根据承载能力分为：轻型、中型和重型三种。

（1）轻型。轴与轮毂为单键连接的单辐板焊接筒体结构。

（2）中型。轴与轮毂为胀套连接的单辐板焊接筒体结构。

（3）重型。轴与轮毂为胀套连接，筒体为铸焊结构，有单向出轴和双向出轴两种。

3 传动滚筒表面有何要求？

答：传动滚筒全为铸胶表面，其形状有左向人字形、右向人字形和菱形三种。选用人字形铸胶表面时，应注意人字槽的尖端顺着输送方向；菱形铸胶表面可适用于可逆带式输送机。

4 电动机与减速器的连接形式如何选择？

答：当电动机功率不大于 37kW 时，采用梅花形弹性联轴器连接电动机和减速器；当电动机功率不小于 45kW 时，采用液力偶合器连接电动机和减速器。

5 油冷式电动滚筒适用于哪些场合使用？

答：油冷式电动滚筒适用的场合有：

（1）油冷式电动滚筒的密封性良好，因此可用于粉尘大的潮湿泥泞的场所。

（2）电动滚筒有封闭结构的接线盒，因此可随同主机安装在露天或室内工作。

（3）电动滚筒采用 B 级绝缘的电动机，电动机使用滴点较高的润滑脂以及耐油耐高温的橡胶油封。因此，当环境温度不超过 40℃，能够安全运转。

（4）电动滚筒不适用于高温物料输送机。

（5）电动滚筒不能应用于具有防爆要求的场所。

6 油冷式电动滚筒的优点是什么？

答：油冷式电动滚筒是各种移动带式输送机的驱动装置，也可供某些固定带式输送机使用。该产品的优点是：结构紧凑，质量轻，占地少，性能可靠，外形美观，使用安全方便，在粉尘大、潮湿泥泞的条件下仍能正常工作等。

7 改向滚筒的作用与类型有哪些？

答：改向滚筒的作用是：改变胶带的缠绕方向，使胶带形成封闭的环形。改向滚筒可作为输送机的尾部滚筒，组成拉紧装置的拉紧滚筒并使胶带产生不同角度的改向。

改向滚筒的类型有：铸铁制成和钢板制成两种。因橡胶具有弹性，可清除滚筒上的积煤，改向滚筒也有包胶和不包胶两种。与非工作面接触的改向滚筒，一般不必包胶，与皮带工作面接触的改向滚筒采用光面包胶形式，可有效防止其表面黏煤（如不包胶，也可沿滚筒柱面平贴一条角钢刮除黏煤）。

8 制动装置的类型和作用是什么？

答：提升倾角超过 4°的带式输送机带负荷运行中，若电动机突然断电，会因重力的作用发生输送带逆向转动，使煤堆积外撒，甚至会引起输送带断裂或机械损坏。因此，为防止重载停机时发生倒转现象，一般要设置逆止器等制动装置。输煤系统常用的制动装置有刹车皮、逆止器和制动器等。

逆止器结构紧凑，倒转距离小，物料外撒量小，制动力矩大，一般装在减速机低速轴的另一端，也有安装在中速轴和高速轴上的，与刹车皮配合，使用效果更好。刹车皮用于驱动滚筒胶带绕出端，仅用于小型皮带机上。

制动器的主要作用是：控制皮带机停机后继续向前的惯性运动，使其能立即停稳，同时也减小了向下反转时的倒转力。

9 液压推动器的工作原理和使用要求是什么？

答：在使用中，液压推动器的电源一般与设备主驱动电源相并联，不另取线路。所以，适合于 50Hz、380V 三相交流电源，与主电动机同步启停。通电时，电动机带动叶轮转动，将油从活塞上部吸到活塞下部，产生油压推动活塞推杆迅速上升，完成额定行程达到规定推力。断电后，叶轮停转，失去油压，活塞在外力作用下（弹簧复位）迅速下降，回到起时位置。

对于电压等级与主电动机不一致的驱动方式，应另取电源。

10 液压制动器的使用与维护内容是什么？

答：液压制动器的使用与维护内容是：

（1）每班检查制动器工作是否正常，有无漏油现象，保持定量油位，有无行程不够，闸瓦冒烟现象。

（2）六个月检查一次油液，当油变质混入杂物时应换油，加油时上下推杆拉动几次，以便排空气，加足油位，油位不得超过油位标志塞孔。

（3）使用液压油按下列选用：环境温度为 0～20℃时，用 10 号变压器油；20～45℃时，用 20 号机油；-15～0℃时，用 25 号变压器油。

11 制动器的调整注意事项是什么？

答：制动器的调整注意事项是：

（1）制动力矩的调整。通过旋转主弹簧螺母改变主弹簧长度的方法，得到不同的制动力矩。调整时应以主弹簧架侧面的两条刻度线为依据，当弹簧位于两条刻线中间时，即为额动制动力矩。要特别注意拉杆的右端部不能与弹簧架的销轴相接触或顶死，应当留有一定的间隙。

（2）制动瓦打开间隙的调整。制动瓦的调整，必须使两侧的制动瓦间隙保持相同。若间隙不等，可通过调整螺钉的松紧来实现。如左侧制动瓦打开间隙较大，而右侧较小，则应旋紧左边；反之，则按相反的方向调整。

（3）补偿行程的调整。可通过调整两端带正反扣的拉杆，来得到较理想的补偿行程。旋转拉杆，使拉杆连接推动器销轴的中心线和拉杆销轴的中心线处于同一水平线上。

（4）当制动器松开时，要检查闸瓦与制动轮是否均匀地离开，其闸瓦与制动轮的间隙应当保持一致，否则应根据有关要求与方法进行调整。

（5）维护。制动器要定期检查，检查各铰链关节是否运动自如，有无卡住现象；液压推动器是否正常，有无漏油现象；闸瓦与制动轮间隙是否合乎要求，摩擦面有无油污等。

12 制动器的检修工艺要求有哪些？

答：制动器的检修工艺要求有：

（1）制动器闸瓦的磨损超限，铆钉与制动轮发生摩擦时，应当更换闸瓦。

（2）检查各铰接点销轴与销孔的磨损情况，磨损超标时，应进行更换。

（3）经常向各铰接点加油，保证其运动自如，无卡涩现象。

（4）定期检查和调整制动器上拉杆的调整螺栓，保证闸瓦在打开、制动时的间隙和紧力在规定范围之内。

（5）制动器油缸应保持足够的油位，无漏油、渗油现象。

（6）制动器闸瓦（也称制动带）不能与油类接触，特别是摩擦制动面上应无油垢。

（7）制动器打开时，制动器闸瓦与制动轮的间隙，应保持在 0.8～1mm。

1）制动器抱闸中的制动带（闸皮）应当符合标准，若中部的磨损量大于原来的 1/2，边缘磨损达到原来的 1/3 时，要进行更换。

2）检修制动轮时，必须用煤油清洗，以保证其摩擦面光滑，无油腻。

3）检修调整后，制动带应正确地靠在制动轮上，要求其间隙为 0.8～1mm。

13 制动失灵的原因有哪些？

答：制动失灵的原因有：调整螺钉松动，闸瓦片磨损过大，推动器故障和各处连接销锈死等。

14 制动器闸瓦冒烟的原因有哪些？

答：制动器闸瓦冒烟的原因有：

（1）液压推动器不升起。

（2）液压推动器控制部分障碍。

（3）制动闸间隙小或闸瓦偏斜。

（4）液压推动器缺油。

（5）各处连接销锈死。

15 制动时有焦味或制动轮迅速磨损的原因是什么？

答：制动时有焦味或制动轮迅速磨损的原因是：

（1）制动轮与制动带间隙不均匀，摩擦生热。

（2）辅助弹簧不起作用，制动带不能回位，压在制动轮上。

（3）制动轮工作表面粗糙。

16 液压推动器工作后行程逐渐减小的原因是什么？

答：液压推动器工作后行程逐渐减小的原因是：

（1）油缸漏油严重。

（2）齿型阀片及动铁芯阀片密封不好。

（3）齿型阀损坏。

（4）密封圈损坏。

17 滚柱逆止器的结构和工作原理是什么？

答：滚柱逆止器的星轮为主动轮，并与减速机轴连接。当其正常回转时，滚柱在摩擦力的作用下使弹簧压缩而随星轮转动，此时为正常工作状态。当胶带倒转即星轮逆转时，滚柱在弹簧压力和摩擦力作用下滚向空隙的收缩部分，楔紧在星轮和外套之间，这样就起到了逆止作用。

18 接触式楔块逆止器的结构和工作原理是什么？

答：接触式逆止器是一种低速防逆转装置，其外形结构，如图 5-2 所示。

接触式逆止器与普通滚柱逆止器、棘轮逆止器相比，在传递相同逆止力矩的情况下，具有质量轻、传力可靠、解脱容易、安装方便等优点。当满载物料的皮带输送机突然停止运行时，能有效地阻止因物料重力而发生的逆行下滑。其允许最大扭矩通常能达到数十万牛顿·米以上，适用于大型带式输送机和提升运输设备，其内部结构，如图 5-3 所示。

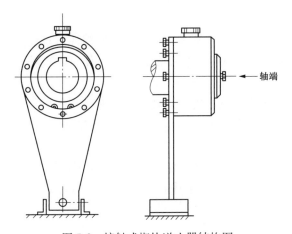

图 5-2　接触式楔块逆止器结构图

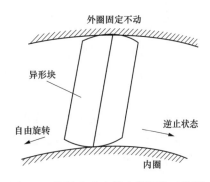

图 5-3　接触式逆止器内部楔块工作图

其工作原理如下：

接触式逆止器内有若干异形楔块按一定规律排列在内外圈之间，当内圈向非逆止方向旋转时，异形楔块与内圈和外圈轻轻接触；当内圈向逆止方向旋转时，异形块在弹簧力的作用下，将内圈和外圈楔紧，从而承担逆止力矩。

19 非接触式楔块逆止器的工作原理是什么？

答：非接触式逆止器是安装在减速机高速轴轴伸或中间轴轴伸上的逆止装置，其内部楔块逆止结构如图 5-4 所示。采用非接触式楔块逆止结构，当输送设备正常运行时，带动楔块一起运转，当转速超过非接触转速时，楔块在离心力转矩作用下，与内外圈脱离接触，实现无摩擦运行，因而降低了运转噪声，提高了使用寿命。当输送设备载物停机，内圈反向运转时，楔块在弹簧预加扭矩作用下，恢复与内外圈接触，可靠地进入逆止工作状态，使上运输送机在物料重力作用下，不会有后退下滑故障的发生。这种逆止器具有逆止力矩大、工作可靠、质量轻、安装方便和维护简单的优点。广泛用于上运输送机、斗式提升机、埋刮板输送机和其他有逆止要求的输送设备。

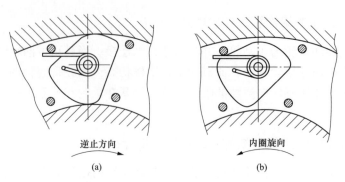

图 5-4 非接触式楔块逆止器内部工作图

（a）停机逆止；（b）正常运转

20 非接触式楔块逆止器有哪些优点？

答：非接触式楔块逆止器的优点为：

（1）在输送设备运行过程中，当逆止器发生故障或逆止器与减速机轴卡紧损坏，且输送设备不允许停止运行，而逆止器在短时间内又无法拆下时，只需拆除防转支座便可实现输送机在无逆止状态下安全平稳地运行，不会影响正常生产。

（2）在带式输送机更换胶带时，无需拆下逆止器，只需拆下防转支座，便可实现传动滚筒正反两个方向自由旋转（即可使带式输送机的胶带沿反方向运行），对更换胶带非常方便，快捷。

（3）在新安装的带式输送机调试过程中，当电动机正反转无法确定时，只需拆除防转支座，便可接通电源。避免了带式输送机首次接通电源时，必须先拆下逆止器的重复装配工作，使设备的调试更方便。

21 双滚筒驱动的主要优点是什么？

答：双滚筒驱动的主要优点是：可降低胶带的张力，因而可以使用普通胶带来完成较大的输送量；可减少设备费用，驱动装置各部的结构尺寸也可以相应地减小，有利于安装和维护。

22 双滚筒驱动有哪几种驱动方式？其特点各是什么？

答：双滚筒驱动有两种驱动方式，即集中驱动式和分别驱动式。

集中驱动系统是一套电动机与减速机同时带两个驱动滚筒，两滚筒之间用相同齿数的齿轮啮合传动，其载荷分配按两个滚筒的直径比值 D_1/D_2 决定，理论上以 D_1 略大于 D_2 为佳。但从生产、维修、使用上考虑，多采用直径相同的滚筒。

分别驱动滚筒方案中，常利用两台鼠笼型电动机或绕线型电动机配液力耦合器分别驱动两个滚筒，使驱动系统的联合工作特性变软，从而达到各电动机上载荷的合理分配。延长了启动时间，改善了输送机满载启动性能，使每个滚筒都有各自的安全弧，两滚筒都和输送带工作面接触，摩擦系数较稳定。

输送距离长、输送量大的带式输送机，其出力相应增加，有的还要求正反两个方向运行，采用双滚筒驱动的主要优点是可降低胶带的张力，因而可以使用普通胶带来完成较大的输送量，可减少设备费用，驱动装置各部的结构尺寸也可以相应地减小，有利于安装和维护。所以，要仔细考虑双滚筒驱动的布置形式及负荷分配。更长的皮带还有三滚筒驱动及中间胶带摩擦驱动等形式。

23 **托辊的作用是什么？可分为哪些种类？**

答：托辊是用来承托胶带并随胶带的运动而做回转运动的部件。托辊的作用是：支承胶带，减小胶带的运动阻力，使胶带的垂度不超过规定限度，保证胶带平稳运行。

托辊组按使用情况的不同可分两大类：承载托辊组和回程托辊组。

承载托辊组包括：槽形托辊组、缓冲托辊组、过渡托辊组、前倾托辊组、自动调心托辊组等多种。

回程托辊组包括：平形回程托辊、V形回程托辊、清扫托辊（胶环托辊）。

按辊体的材料考虑，托辊大多数为无缝钢管制成。近年来新开发的有陶瓷的、尼龙的等，这些托辊可装在除铁器下方使用。

为防止托辊脱落，在托辊轴两端卡头的外端面留有凸檐，正好卡在支架缺口，使其安装更为牢固。

24 **过渡托辊组安装在什么部位？有哪几种规格？**

答：过渡托辊组布置在端部滚筒与第一组承载托辊之间，以降低输送带边缘应力，避免撒料情况的发生。

过渡托辊组按槽角可分为10°、20°、30°三种。

25 **前倾托辊组的作用与使用特点是什么？**

答：前倾托辊能防止皮带跑偏，减少托辊表面黏煤。有V型前倾回程托辊和前倾槽型托辊两种。

V型前倾回程托辊支撑空载段皮带，由两节托辊组成，每节托辊向上倾斜5°，呈V型，同时向前倾斜2°，一般每十组托辊安排4个V型回程托辊组、6个平行托辊组。

前倾槽型托辊组安装在单向运转的皮带机承载段，安装托辊架时要注意支架耳槽缺口的偏向应和皮带机的运行方向一致。

26 **缓冲托辊的作用与种类有哪些？**

答：缓冲托辊用来在受料处减少物料对胶带的冲击，以保护胶带不被硬物撕裂。对于煤中三大块较多的电厂为了更有效地避免胶带纵向断裂，在落料点可加密装设多组缓冲托辊或用弹簧板式缓冲床，可以减少物料对胶带的冲击损坏。

缓冲托辊可分为：橡胶圈式、弹簧板式和弹簧板胶圈式、弹簧丝杆可调式、槽形接料板缓冲床式和组合式等多种。

27 **弹簧板式缓冲托辊的使用特点是什么？**

答：弹簧板式缓冲托辊装在落料点下，三个托辊连成一组，两侧支架用弹簧钢板制成，调整两弹簧板的间距和托辊轴的固定螺母，使中间的托辊贴紧皮带，使其能有效起到支撑缓冲作用。落差较高时，要在落料点多装几组，以提高使用效果，防止弹簧钢板经常损坏。

28 弹簧缓冲可调式托辊组的结构和工作原理是什么？

答：弹簧缓冲可调式托辊组由三联组托辊底梁、活动支腿、压力弹簧和导向支柱组成。导向支柱总成既是弹簧的导向柱，又是中托辊下止点的支撑柱。调整支柱上的压紧螺母，可使托辊组在一定范围内任意选择槽角和缓冲弹力，使处于任何节段包括滚筒附近过渡节段受料胶带有一个合适的依托，达到保护胶带，延长使用寿命的目的。

工作原理：托辊组以压力弹簧为缓冲力源，利用压力弹簧被压缩时会随着高度的降低而弹力递增的性能，使托辊组可随着所受冲力的增大而缓冲弹力递增，能有效地抵消物料下落的冲击力，起到保护胶带的作用。托辊组的活动三角形支柱使作用在托辊支柱上的冲击力得以分解，可有效地增加托辊组耐冲击能力，延长使用寿命。

29 弹簧橡胶圈式可调缓冲托辊组有哪些特点？

答：边托辊支架用铰链连接于机架横梁上，两托辊间由螺旋弹簧、轴销等组成的支撑架连接，弹簧预紧力可调，托辊上装有橡胶缓冲圈，这种托辊架具有双重缓冲性。当托辊上方胶带受大块物料冲击时，这一冲击主要由螺旋弹簧缓冲，橡胶缓冲圈起辅助缓冲作用。调整支柱上的压紧螺母可改变螺旋弹簧预紧力的松紧，使托辊组槽角变化，进而使托辊组紧贴皮带，以适应不同物料块度的实际工况，也能使滚筒附近过渡节段的受料胶带得到足够的缓冲弹力。因此，这种缓冲托辊组具有承载能力大、适用性能好等优点。

30 弹簧式双螺旋热胶面缓冲上托辊有哪些主要特点？

答：弹簧式双螺旋热胶面缓冲上托辊的主要特点有：

（1）将托辊原橡胶圈辊子或光面辊子，改用热铸胶，一次成形，比原橡胶圈结实、牢固、不脱胶、弹性好、使用寿命长。两侧槽形辊子呈左右螺旋，还能防止因落料点不正引起的皮带跑偏现象。

（2）将原固定支架式缓冲托辊的固定支架和弹簧板式缓冲托辊的弹簧钢板改用活动支架，支架内侧加弹簧、弹簧轴、轴螺母、轴连接叉和轴活动座等部件支撑。当托辊受到物料的冲击时，致使支架受力改变角度，同时使弹簧压缩缓冲，达到良好的缓冲效果，根据现场实际可调整托辊本身的成槽角度。

31 弹簧橡胶块式缓冲床（减震器）有何特点？

答：弹簧橡胶块式缓冲床的特点有：橡胶块连接的托板与机架横梁之间，由多个螺旋弹簧组成的支撑架连接，螺旋弹簧预紧力可调，具有双重缓冲性，且承受缓冲力度大，运行平稳。缓冲器上螺旋弹簧预紧力的松紧，安装时可根据物料块度的实际情况随时调节。

缓冲床安装在皮带机落料点正下方，使胶带的整个冲击部位下部没有虚空的缝隙，能有效防止坚硬物刺穿胶带，避免纵向撕裂的故障发生。

32 自动调心托辊组的作用及种类是什么？

答：各种形式的皮带机，在运行过程中由于受许多因素的影响而不可避免地存在程度不同的跑偏现象。为了解决这个问题，除了在安装、检修、运行中注意调整外，还应装设一定数量的自动调心托辊。当输送带偏离中心线时,调心托辊在载荷的作用下沿中轴线产生转动,使输送带回到中心位置。调心托辊的特征在于其具有极强的防止输送带损伤和跑偏的能力。对于较长的输送机来说,必须设置调心托辊。

自动调心托辊按使用部位分:槽形自动调心和平形自动调心两大类。槽形自动调心托辊又分为单向自动调心(立辊型)和可逆自动调心(曲面边轮摩擦型)两种。

33　锥形双向自动调心托辊的工作原理和结构特点各是什么?

答:锥形双向自动调心托辊组两边的槽型托辊为锥形结构,小径朝外大径朝内安装,下有支柱和一对小轮。运行当中托辊大径朝内与皮带滚动接触,外圈小径与皮带有相对摩擦运动。如果皮带向右跑偏时,相对摩擦力偏大,强迫右面锥形托辊向前倾,带动左侧锥形托辊向后倾(轴销下有连杆),右侧托辊与皮带在载荷的作用下沿中轴线产生运动,使皮带自动调整。

其结构特点是:两锥形托辊 $\alpha = 30°$,跑偏量大时,托辊能自动向上立,使皮带产生更大的向心调整力。

34　单向自动调偏托辊组的结构及工作原理是什么?

答:单向自动调偏托辊组由托辊组和牵引器两大部分组成。托辊组与平常调心托辊组相同,牵引器用螺栓固定在中间架上,通过拉杆与调心托辊组相连。

当皮带跑偏时,跑偏侧的挡辊向外侧移动,同时牵引杠杆向输送带运行方向转动,通过拉杆带动调心托辊组的活动支架偏转。这时托辊转动方向与输送带运行方向有一定的夹角,产生相对速度,形成指向机架中心的侧向力,从而对输送带产生纠偏作用。这种调偏托辊组只能安装在单向运行输送机上。

35　曲线轮式可逆自动调心托辊的工作原理及优点是什么?

答:可逆自动调心托辊用于双向运转的皮带机上,它是通过左右两个曲线辊与固定在托辊上的固定摩擦片产生一定的摩擦力使支架回转的。皮带跑偏时,皮带与左曲线辊或右曲线辊接触,并通过曲线辊产生一个摩擦力,使支架转过一定角度,以达到调心的目的。

可逆调心托辊由于取消了立辊,使结构紧凑,对皮带边基本上没有磨损。它用于单向运行的皮带机时,效果也很好。

36　离合式双向自动调偏器换向和调偏的原理各是什么?

答:离合式双向自动调偏器的换向原理为:当皮带偏移时,皮带与跑偏侧的调偏挡辊接触,挡辊旋转,同时挡辊下端的单向离合器齿轮,借助双联单向离合器轴与换向槽中的齿条啮合,跳出换向挡中的单向挡到另一侧单向槽内,处于调偏状态。其换向过程为:皮带逆转→皮带如果跑偏→皮带与挡辊接触移动→挡辊由原来的调偏位置换到另一侧。

其调偏原理为:当皮带偏移时,皮带与跑偏侧的挡辊接触压紧,挡辊被迫向外移(同时转动),挡辊移动使杠杆转动,带动托辊偏转,促使皮带还原正位。其调偏过程为:皮带跑偏→挡辊移动→拉杆动作→托辊偏转→皮带还原。

37 连杆式可逆自动槽形调心托辊有何特点？

答：连杆式可逆自动槽形调心托辊的特点为：

（1）两侧皆设有挡辊，且挡辊轴线与托辊轴线在同一平面内相垂直，其接受胶带跑偏的推力完全用于纠偏，适合可逆皮带机使用。

（2）两边托辊分两个回转中心，且在机架下用连杆互连，当胶带向一侧跑偏时，该侧托辊迅速纠偏，另一侧也同时参加纠偏。其优点是减少了回转半径，回转角增大，使调偏力量增大，动作灵敏、迅速。

38 胶环平形下托辊具有哪些特性？

答：普通平形托辊在运行过程中存在着黏煤、转动部分质量较大，拆装不便等问题。大跨距胶环平形下托辊（简称胶环托辊）的辊体采用无缝钢管制成，胶环是用天然橡胶硫化成型，胶环与辊体的固定采用氯丁胶黏剂。胶环托辊具有转动部分质量轻、运行平稳、噪声小、防腐性能好、黏煤少等优点。在胶带运行中还能使胶带自定中心，预防跑偏，很好地保护皮带。如采用双向螺旋胶环，还具有清扫皮带作用，即使湿度较大、黏性较强的煤也难以黏住胶带和托辊。特别是在北方地区，冬季气候寒冷，下托辊黏煤现象严重，采用胶环托辊能有效清除黏煤。胶环托辊用于尾部落料点时具有很好的缓冲作用。

39 清扫托辊组的种类与安装要点有哪些？

答：清扫托辊组用于清扫输送带承载面的黏滞物，分为平行梳形托辊组、V 型梳形托辊组和平行螺旋托辊组。

一般在头部滚筒下分支托辊绕出点设一组螺旋托辊，接着布置 5～6 组梳形托辊。

40 清扫器的重要性是什么？

答：皮带运输机在运行过程中，细小煤粒往往会黏结在胶带上卸不干净。黏结在胶带工作面上的小颗粒煤，沿线洒落，并且通过胶带传给下托辊和改向滚筒，在滚筒上形成一层牢固的煤层，使得滚筒的外形发生改变。撒落到回空胶带上的煤黏结或包裹于张紧滚筒或尾部滚筒表面，甚至在传动滚筒上也会发生黏结。这些现象将引起胶带偏斜，影响张力分布的均匀，导致胶带跑偏和损坏，煤干时在这些部位还会产生很多的扬尘。同时，由于胶带沿托辊的滑动性能变差，运动阻力增大，驱动装置的能耗也相应增加。因此，在皮带运输机上安装清扫装置是十分必要的。

41 清扫器耐磨体的种类有哪些？

答：清扫器耐磨体有以下几种：

（1）高分耐磨材料刮扳。

（2）高耐磨特种硬质合金刮板。

（3）高耐磨橡胶刮板。

（4）普通胶带裁成的刮板。

42 清扫器有哪些使用安装要求？

答：清扫器的使用安装要求有：

（1）皮带有铁扣接头时不适宜用清扫器。

（2）工作面不得有金属加固铁钉。

（3）工作面破损修补的补皮过渡边应平缓，最好和主带胶面顺茬搭接。

（4）安装在接近滚筒胶带跳动最小的地方。

（5）清扫板与胶带要均匀接触，无缝隙，侧压力为 50～100N。清扫板对皮带：压力过大，影响胶带和清扫板的寿命；压力过小，清扫效果不好。

43　弹簧清扫器的结构特点是什么？

答：弹簧清扫器是利用弹簧压紧刮煤板，把胶带上的煤刮下的一种清扫器。刮板的工作件是用胶带或工业橡胶板做的一个板条，其长度比胶带稍宽，用扁钢或钢板夹紧，通过弹簧压紧在胶带工作面上。弹簧清扫器一般装于头部驱动滚筒下方，可将刮下来的黏煤直接排到头部煤斗内，安装焊接前调整保证弹簧的工作行程为 20mm。

44　三角（空段）清扫器的结构特点是什么？

答：三角（空段）清扫器用 V 型三角形角钢架与扁钢夹紧工业橡胶条或用硬质合金条制成，平装于尾部滚筒或重锤改向滚筒前部二层皮带上，用以清扫胶带非工作面上的黏煤。有的犁煤器式配煤皮带卸料时二层带煤较严重，可在相应的犁煤器下二层皮带回程段上安装三角清扫器，以便及时清除带煤。改进型三角清扫器悬挂支点抬高，三点在同一平面内连挂清扫器连杆，使清扫器能与皮带平行接触，消除了只用后部两点固定时的头部翘角现象。清扫器橡胶条磨损件应定期检查、更换。

45　三角清扫器的使用要点是什么？

答：为了使皮带机胶带的非工作面保持清洁，避免将煤带入尾部的改向滚筒和重锤间，在尾部和中部靠近改向滚筒的非工作面上装有犁式清扫器，以清除黏在非工作面上的煤渣，也可防止掉落的小托辊等零部件卷入尾部滚筒或重锤处。因回程段胶带下弓，清扫器与胶带的接触面两侧边缘如有缝隙，三角清扫器的下方前后，最好多装一组平行托辊，以保证清扫器与皮带接触的平整性与严密性。

46　硬质合金橡胶清扫器的结构和使用特点是什么？

答：硬质合金橡胶清扫器代替了传统的胶皮弹簧清扫器，在专用的胶块弹性体上固定了钢架清扫板，清扫板与皮带接触端部镶嵌有耐磨粉末合金，主要由固定架、螺栓调节装置、横梁座、横梁、橡胶弹性体刮板架和多个刮板组成。所以，这种清扫器接触面比较耐用，不易磨损，弹性体吸振作用较好，一定程度上提高了使用寿命和清扫效果。

这种清扫器的特点在于：结构紧凑，刮板坚实，平整，与输送机滚筒圆周实体接触，对输送皮带产生恒定的预压力，清扫器效果好，对清除成片黏附物具有特殊效果。使用时皮带冷黏口或其他工作面部位起皮后，若发现不及时，会加快皮带和清扫头的损坏；清扫板弹性体上煤泥板结清理不及时，会影响吸振效果；机头落煤筒堵煤发现不及时也会损坏清扫器。

47　硬质合金清扫器分哪几种结构形式？各安装在什么部位？

答：硬质合金清扫器的结构形式及安装部位为：

（1）H 型。头部滚筒。

（2）P 型。头部滚筒下，二道清扫。

（3）N 型。水平段、承载面（适应于正反转的皮带）。

（4）O 型。三角清扫器，二层皮带非工作面沿线重锤前及尾部。

48 重锤式橡胶双刮刀清扫器的使用特性与注意事项有哪些？

答：重锤式橡胶双刮刀清扫器用于皮带机头部刮除卸料后仍黏附在胶带上的黏煤物料，采用特种橡胶制成的刮刀，用重锤块压杆的方式使刮刀紧压胶带承载面。其主要使用特性与注意事项有：

使用过程中，刮刀与胶带接触均匀，压力保持一致，能够自动补偿刮刀的磨损，减少调整和维修量；当刮刀的一侧磨损到一定程度时，翻转刮刀，可使用另一侧，待两侧均磨损后再换；适用于带速不大于 5m/s 的带式输送机，正反运转均可；橡胶刮刀与输送机胶带摩擦力小，对皮带损伤较小，可延长胶带使用寿命。

这种清扫器安装于头部卸料滚筒下胶带工作面上，固定清扫器轴座的位置可以移动，根据设备的具体情况，可以安装在煤斗侧壁，也可以安装于头架或中间支腿的两侧。安装时尽量要使重锤杠水平放置、刮刀贴紧胶带，接触工作压力为 50～80N，然后用顶丝将挡环固定在轴上，在保证清扫效果的情况下，尽量使重锤靠近支点，以减少橡胶磨损。

轴座上两油杯要在开机前注油，每周注 30 号机油 1～2 次，这是确保清扫器正常有效工作的重要因素。头部料斗堵煤发现不及时，会扭曲损坏清扫架。

49 弹簧板式刮板清扫器的结构与工作原理是什么？

答：弹簧板式刮板清扫器的结构由双刮刀板、弓式弹簧板、支架、横梁和调节架五部分组成。

弹簧支架板呈弓式，反弹力强，通过螺栓与清扫双刮刀板连接，另一端与横梁固定。双刮刀板采用高分子合成弹性材料，其耐磨度高于合金钢，且具有弹性，对皮带损伤很小。通过调整螺栓使双刮刀板与胶带弹性紧贴，振动小，不变位。双刮刀板在弹簧支架板的支撑下，因具有双重弹性，当遇到硬性障碍物时，刮刀板能迅速跳越，再复位清扫，双刮刀板双重清扫效能使胶带表面更为干净。

50 转刷式清扫器的结构与特点是什么？

答：转刷式清扫器主要用于花纹带式输送机，由尼龙刷辊、减速机、电动机、联轴器（或皮带轮）和结构框架等构成。

刷辊式清扫器装在卸料滚筒下部，刷辊应与输送带表面压紧，刷辊由耐磨尼龙丝沿轴身呈螺旋形布置而成，减速机与电动机为一体构成驱动装置，通过联轴器与刷辊的一端相连。减速机及轴承座配有可调整支座，通过调节螺钉，可对刷辊的位置进行调整，以保证运行过程中刷辊压紧皮带并且与头部滚筒的轴线平行。其压紧行程通过调节板调节。

转刷式清扫器清扫点连续接触，清扫有力，清扫效果好，清扫过程中不会造成胶带跑偏。

51 拉紧装置主要结构形式有哪几种？

答：拉紧装置的主要结构形式有：垂直重锤式、车式重锤式、螺旋拉紧式、卷扬绞车式、液压式等。

52　线性导轨垂直拉紧装置的结构特点是什么？

答：目前广泛使用的垂直拉紧和车式拉紧（TD75 或 DTⅡ）行走部分普遍使用面接触，导轨与行走轮间隙大，容易形成上下或左右摆动，产生过大阻力，使重锤箱或拉紧小车运行时两侧受力不均，容易造成卡死和皮带跑偏。线性导轨垂直拉紧装置及车式拉紧装置为新式结构，其构造主要包括等边角钢与圆管（或其他结构型材）组焊成的自定心导轨、四个导向轮、拉紧架（含配重块或配重箱）共三部分。四个导向轮与拉紧架通过螺栓连接在一起。导向轮体配合面为槽形凸弧面，与导轨配合为线接触。通过调整导向轮与导轨的相对位置，使其配合间隙不大于 2mm。运行时滚动的导向轮可有效地减小摩擦阻力，保证拉紧架平稳地沿导轨上下直线运行，且防止了运行过程中拉紧架的摆动。另外，改向滚筒的重心与拉紧架的重心在同一平面内，从而有效地防止了输送带跑偏和拉紧结构的振动，提高了整体结构的稳定。

53　落煤管的结构要求有哪些？

答：落煤管的结构应保证落煤与胶带运行方向一致并均匀地导入胶带，从而防止胶带跑偏，和由于煤块冲击而引起胶带损坏。落煤管的外形尺寸和角度，应有利于各种煤的顺利通过。一般落煤管倾斜角（落煤管中心线与水平线的夹角）应不小于 $55°\sim60°$。落煤管应具有足够大的通流面积，以保证煤的畅通。同时，应使煤流沿皮带运动方向形成一定的初速度便于出料，减少了皮带胶面的磨损和纵向撕裂的可能。为了延长落煤管的使用寿命，落煤管工作面可用厚钢板制成，或衬锰钢板、铸铁板、橡胶等耐磨材料。

斜度角小于 $60°$ 的落煤管，都应安装堵煤振动器，落煤管的堵煤信号由安装在上下皮带上的煤流信号组成。当发生堵煤时，振动器振打 10s，若消堵不成功，可继续振打直到疏通为止。在落煤管上安装堵煤传感器时，应有防震装置。

54　输煤槽的作用与结构要求是什么？

答：输煤槽（即导料槽）的作用是：使落煤管中落下的煤不致撒落，并能使煤迅速地在胶带中心上堆积成稳定的形状。

输煤槽要有足够的高度和断面，并能便于组装和拆卸。输煤槽安装时应与皮带机中心吻合，且平行，两侧匀称，密封胶皮与皮带接触良好，无接缝。

55　迷宫式挡煤皮与普通挡煤皮相比有哪些特性？

答：挡煤皮是皮带输送机尾部导料槽主要的密封装置。普通挡煤皮采用厚度 10mm 左右，宽度 $18\sim$ 30cm 的普通输送带做挡煤皮，如图 5-5 所示。普通挡煤皮用压条固定在槽体两侧，向导料槽内部弯曲包入。缺点是运行阻力大，易磨损皮带，更换不方便。皮带跑偏时挡煤皮易跑出，而且回装困难。当挡煤皮过宽时，会使导料槽的通流面积减小，容易造成堵煤；而当挡煤皮过窄时，又会出现挡不住物料的现象。普通挡煤皮与胶带工作面满接触，长期的摩擦作用，大大

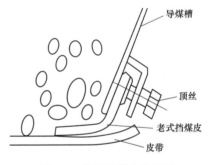

图 5-5　普通挡煤皮示意图

地降低了胶带的使用寿命。又因普通输送带利用尼龙、帆布等带芯，加之挡煤皮所需宽度不大，故折弯性能不好，与皮带机工作面贴合弹性不足，使得导料槽的密封性较差，皮带运行中容易出现漏煤、漏粉现象。

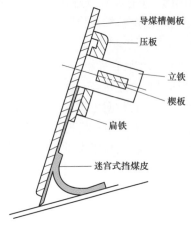

导煤槽侧板
压板
立铁
楔板
扁铁
迷宫式挡煤皮

图 5-6 迷宫式密封挡煤皮示意图

边缘带有迷宫结构的专用挡煤皮，如图 5-6 所示。压条装置与普通导料槽一样，可由楔铁或顶丝固定。顶丝牢固时，拆装不便。迷宫式密封挡煤皮由固定段、弯曲段、封尘段、迷宫段等部分组成，用特制型橡胶板两层密封。迷宫段从弯曲段开始向外弯曲，并与输送胶带的工作面呈外"八"字迷宫槽线接触贴合，自封性能强，不会因为磨损或皮带擅动而影响密封。煤流不磨损挡煤皮，延长了使用寿命，对导料槽的通流面积没有任何影响，对胶带的使用寿命基本没有影响，不存在跑出输煤槽后撒煤磨损的麻烦；封尘段自由悬挂在迷宫段与导料槽挡板之间，磨损量小。当导料槽受到物料冲击时，大块物料被封尘段挡住，少量的粉尘在到达迷宫段时被多道迷宫槽挡住，并随着胶带的运动回流到胶带中部，无论是大块物料或细小的粉尘均不能洒落到导料槽之外。挡煤皮分带封尘段和不带封尘段两种。对于粉尘量不大的场合，可以直接选用不带封尘段的挡煤皮。对于物料粒度较大、水分较小的物料应选用带封尘段的挡煤皮。迷宫式挡煤皮对降低粉尘污染，提高胶带的使用寿命以及减轻工人的劳动强度均起到了较好的作用。

56 密闭防偏导料槽的结构与特点是什么？

答：密闭防偏导料槽是配合 DTⅡ型固定式带式输送机的结构尺寸设计的，避免了常规导料槽的许多不足，其主要的功能和特点如下：

（1）在落料点处加装有可调导流挡板，可防止因落料不正导致的胶带跑偏。

（2）采用特制的迷宫式挡煤皮，挡煤皮向外"八"字安装，不存在因导料槽皮子跑出后漏煤的麻烦。配合该种固定方式可增强导料槽的密封性，以防止导料槽内带有粉尘的气流外溢。

（3）导料槽的上盖板制成弧形，便于积尘后水冲洗。

（4）导料槽前段配有喷雾装置，可以降低槽内气流的粉尘外溢。

（5）在落料点处，装有防止胶带纵向撕裂的保护开关，而且是双重设置。因此，能防止特大块煤矸石和长硬杆件撕裂胶带，有着保护胶带的作用。

（6）为减轻料流下落的冲刷磨损，可调导流挡板面上将贴有耐磨陶瓷衬板，槽体下沿易磨部位也衬贴有耐磨陶瓷衬板。

57 无动力防尘抑尘系统（密封除尘导料槽）的结构和工作原理是什么？

答：输煤转运站防尘抑尘系统由无动力防尘抑尘系统和干雾抑尘装置组成。其具体结构，如图 5-7 所示。

工作原理：

（1）由于物料下落时会扰动空气，形成惯性气流，根据空气动力学原理，物料经落管下

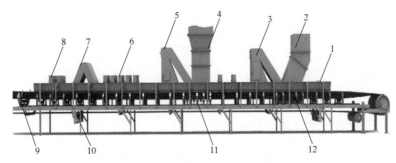

图 5-7　转运站防尘抑尘系统结构

1—尾部密封装置；2—落煤管；3——级循环回风装置；4—落煤管；5——级循环回风装置；6—阻尼装置；

7—二级循环卸压装置；8—阻尼装置；9—上调心托辊组；10—下调心托辊组；11—皮带机缓冲床；12—皮带机缓冲床

落时产生诱导风；在结构条件限制下，诱导风沿皮带运行方向扩散。

（2）诱导风中含有粉尘的气流在阻尼胶帘的前方受到阻滞而反弹，经过③、⑤一级循环回风装置，气流因空间改变转向，大部分回弹进入主循环通道，正负压差不同而产生持续循环，压力得到一定滞缓。其余含有粉尘气体继续至⑥阻尼装置处，经过特制的阻尼软帘，通过多道装置阻滞，风量将逐级降低，阻尼胶条上依附着大量粉尘，黏结成块，到达一定厚度时，当大量物料在皮带机运行时拨动挡帘，黏结的煤块在帘子互相拍打过程中以及重力的作用下自然成块状脱落，随物料被同时运走。

（3）剩余的含尘空气在向前运动过程中，经过⑦二级循环卸压装置和⑧阻尼装置时做相同运动，其动能逐步降低，而剩余的动能也将在后段设置的空气阻尼帘的阻滞作用下被逐步减弱，并最终耗尽。

（4）从输送过程开始到结束，上述的原理过程会自动产生。因而，消除粉尘的机理也自动存在于这一过程中。

（5）微米级干雾抑尘系统产生直径为 $1\sim10\mu m$ 的水雾颗粒，对悬浮在空气中的粉尘，特别是对直径为 $5\mu m$ 以下的可吸入颗粒进行有效的吸附，使粉尘受重力作用沉降，从而达到抑尘作用。在封闭导料槽适当位置加入干雾可加速粉尘沉降。

58 **船式防卡三通的结构特点是什么？**

答：船式防卡三通以船式溜槽结构代替了普通挡板的单一翻板结构，在原翻板两端面增加两块大半圆形立板形成溜槽结构，物料从两板中间槽体内通过，其结构如图 5-8 所示。船式溜槽是通过固定在其两侧板上的短轴支撑并自由翻转切换煤流方向的。三通侧板与壳体两侧设计有 20mm 的间隙，避免了原翻板三通两侧缝隙易卡的现象。这种三通无死点，转动灵活，到位可靠。切换方式可根据需要通过短轴一侧所装的曲柄使

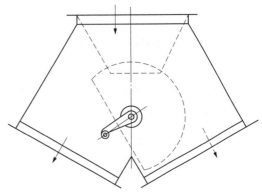

图 5-8　船式防卡三通（虚线位置向右上料）结构示意图

用电动推杆或手动两种方式进行。外壳采用 8～10mm A3 板制造，船式溜槽采用 16～30mm 16Mn 板制造。溜槽内单面磨耗，工作面可衬上耐磨板，或可进行耐磨陶瓷贴面处理以进一步延长其使用寿命。

空载切换力矩：小于 343N·m，翻转角度 120°，安装成功后，基本能达到无故障运行，能避免大量维护保养工作量。

59 **摆动内套管防卡三通的特点是什么？**

答：摆动内套筒式输煤三通利用三通内一个左右摆动的双曲线形或方锥形内套管来改变煤流向，其内部结构均为耐磨材料，双曲线形摆动内套与煤的接触面为双曲面。因此，使内套壁对煤的摩擦面积和阻力减小，而且煤不会在曲线的内套壁上形成结疤，使得煤在三通内的堵塞概率降低，保证煤顺畅通过。方锥形内套筒结构较简单，其结构如图 5-9 所示。摆动内套式三通摆动角度小，转轴靠近重心，动力源采用电动液压推杆，可轻松实现带负荷切换运行方式，不发生卡堵现象。通过安装在输煤三通上的两个限位开关来控制内套的转动位置。

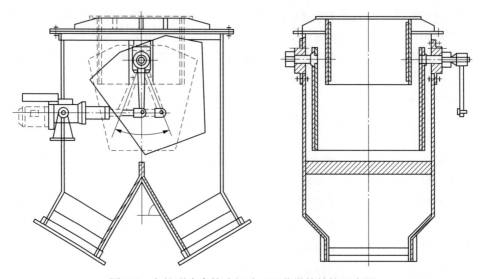

图 5-9　方锥形内套管式摆动三通落煤管结构示意图

60 **三通挡板的检查与维护内容有哪些？**

答：三通挡板的检查与维护内容有：

（1）三通挡板运行中推杆和转轴必须垂直，不得有歪斜现象。否则，应及时处理。

（2）对挡板转轴部位每月加油一次，保证其转动灵活。

61 **缓冲锁气器的原理与结构特点是什么？**

答：缓冲锁气器安装在转运站落煤管出口处，管内是授料板，管外是重锤块，其作用有：

（1）缓冲煤流对下段皮带的冲击力，防止由于大炭块、木块、铁块、石块等杂物造成皮带撕裂或托辊损坏。

（2）可将煤流居中，防止胶带跑偏。

（3）煤流聚在接料板上减速缓冲，将落煤管上下气流分开，密封的内壁让物料畅通无阻，同时阻断诱导风回流。

（4）无料时靠重锤杆自关落料管，防止其他落料管上料时引起的粉尘外溢污染。

缓冲锁气器有单板和双板两种结构。缓冲授料板最下层是钢板，第二层为橡胶材料，具有吸收高冲击特性，第三层为耐磨陶瓷材料，具有摩擦阻力小、坚固耐用的特性。授料板的自振力破坏了引起物料堆积的内外摩擦力，使物料在高强度耐磨衬滑板上稳定、均匀流动，能有效避免物料发生堵塞。双板缓冲锁气器和自对中齿轮缓冲器更能使煤流居中，减少了下级皮带的跑偏现象。

62 缓冲锁气器的种类和功能有哪些？

答：缓冲锁气器有两种：

（1）单板锁气器。用于单一直供落料管或配煤间下煤斗。

（2）双板锁气器。用于交叉落料管，有效调整落料点居中，齿轮式自对中双板锁气器，防偏效果更好。

缓冲锁气器的功能有：

（1）保护胶带，减少磨损，避免撕裂。

（2）保护缓冲托辊，延长寿命。

（3）减少导料槽落煤管冲击点的磨损。

（4）重新分布物料，使料管落料居中均匀，防止胶带跑偏撒煤。

（5）能减少输煤槽内诱导鼓风，使除尘风量减少到原来的 1/3 以下，配置小容量除尘器即可。

（6）由于缓冲器来回活动，输送黏煤、湿煤不易堵。

63 缓冲锁气器的使用要求是什么？

答：输煤现场潮湿，如果维护不好，转轴生锈，缓冲锁气器将失去正常的工作效能。其使用要求有：

（1）定期检查衬板磨损情况，及时更换。

（2）长期停运的缓冲锁气器重新使用时要全面检查，看转动是否灵活。

（3）转轴要定期加润滑脂。

（4）适当调整重锤块在水平杆中间位置，来控制下料缓冲锁气的工作性能。

64 自对中齿轮缓冲器的结构特点和功能是什么？

答：自对中齿轮缓冲器是利用杠杆原理，在重锤的作用下，通过两对齿轮传动使两页不锈钢缓冲授料板同步开或关，在有效减小下落原煤冲力的同时，保证落煤点始终处于输送胶带的中心，可消除输送胶带因落煤冲力过大和落煤点不居中而导致的输送皮带跑偏现象。因此，又被称为自动导流缓冲锁气器。

缓冲锁气器一般安装在输送系统的皮带机受料处落料管的末端（导料槽上部）或中部。使落料管中下落的高速物料，经缓冲锁气挡板而减速，然后利用物料堆积重量将封闭的缓冲挡板打开，使物料顺利地通过，物料流引起的诱导鼓风量基本被阻，从而达到其缓冲功能、锁气功能和自动对中心导流这三种功能。

65 皮带机伸缩头的结构与特点是什么？

答：皮带机伸缩头主要用于翻车机或卸煤装置、地下转运站，以及煤场转运站和煤仓间转运站，作为甲、乙胶带机交叉换位之用。主要结构有：固定机架、伸缩头车架、走行轮、车架、走行驱动装置、皮带机头轮、导向滚筒、头部护罩、落煤斗、导流挡板和清扫器等。车架上装有头部滚筒、改向滚筒、头部护罩、落煤斗、托辊，由驱动装置带动，沿轨道移动，运行交叉换位，达到系统交叉的目的。

伸缩头具有以下特点：

（1）采用高支架式布置，两卸料点交叉换位，布置在同一个空间。

（2）伸缩头由驱动装置通过齿轮传动进行系统换位，托辊采用穿梭式，亦可采用折叠式。

（3）伸缩头进行系统交叉换位的优点是使转运部的容积大大减小，可节省建筑费用。降低煤流落差，减少粉尘对环境的污染和物料对皮带机的冲击，从而改善了运行条件，延长胶带机使用寿命。

第三节 带式输送机的检修

1 胶带的连接方法有哪几种？分别比较说明。

答：胶带的连接方法有三种：机械连接法、热硫化法、冷黏接法。

（1）机械连接法。一般采用钩卡连接。钩卡连接的连接件——皮带扣为多爪状，用锤子将钩爪入带端，穿入销柱后即成。不同厚度的胶带，应选用与胶带相配的不同型号皮带扣。卡接强度只有胶带本身强度的 $35\% \sim 40\%$，而且皮带沿线输煤槽和清扫器很易损坏皮带扣，所以此种连接一般用作短期应急措施。用专用钉扣机钉接新式胶带扣的连接强度可达原带的 90%。

（2）热硫化法。将胶带接头部分的布层和胶层，按一定形式和角度剖切成对称级差；涂以胶浆使其黏连，然后在一定压力、温度条件下加热一段时间，经过硫化反应后，生橡胶变成硫化橡胶，从而获得接头部位较高的黏着强度。这种方法所得接头强度可达原胶带强度的 $85\% \sim 90\%$。

（3）冷黏接法。将胶带接头部分的布层和胶层，按一定形式和角度剖切成对称级差；将胶浆和固化剂混合均匀后涂刷三遍，待第三遍胶液干透后，就可将两接头合拢，用手锤自中间向四周锤实，固化 4h 后即可使用。为确保黏接质量，可用专用辊子滚压面胶接缝处，以防翘边，也可用钢板和槽钢将接头夹紧，使压力趋于均匀。

2 冷胶黏接皮带的主要工序是什么？

答：冷胶黏接皮带的主要工序是：

（1）将胶带接口或更换部分转至较宜适合接口工作的位置。

（2）办理工作票，确认设备停电后，方可进行工作。

（3）用起吊工具将配重拉起或将张紧装置松开，提升高度或松开量视皮带接头需要量而定，一般当皮带截断的长度确定后，使皮带胶接完后，其张紧装置行程量不小于 3/4 额定行程拉紧量。

（4）在皮带接头或更换皮带两侧装好皮带夹板，一端与皮带架固定，另一端用手动葫芦等工具拉紧到皮带接口所需的位置并同皮带架固定，使接头处或更换部分的皮带呈松弛状态。

（5）割断接头处旧皮带，斜皮带机要做好防止旧皮带下侧断口跑坡伤人的措施。

（6）将接头端部切齐后按接头尺寸和形状画线并裁剥覆盖胶和帆布层。

（7）打毛处理接头毛糙表面，必要时预热烘干。

（8）涂胶三遍，必要时烘干。

（9）皮带接头合口、加压、修边。

（10）待接头合口固化 4h 后，拆除皮带夹板等起重拉紧器具。

（11）清理现场，结束工作票后，方可交付运行。

3　冷胶接头的制作工艺过程及要求有哪些？

答：冷胶接法的工艺过程如下：

（1）胶带接头的处理。将接口划线裁切，阶梯长度为 50～100mm，将帆布按单层撕开切成台阶形。切裁时应保证两接头贴合严密，使其端头处相互间缝隙不大于 1mm。切割帆布时，下刀要轻重适宜，不要损伤其他帆布层。切裁好的接头，将两接头合拢，检查其贴合处是否严密和符合规定要求，若有错缝，应重新修整。用手提电钻式钢丝刷把残余的橡胶打磨干净，如果帆布面上有剩余残胶，不能使胶液直接黏附在帆布上，则会大大减小黏着力，未经清除残胶的接头抗剥能力约为清除干净的接头抗剥能力的 80%。打磨时，必须注意不要损伤帆布。对修整好的接头，应用汽油将其表面上的残胶、油垢、脏物等清洗干净。

（2）胶料的配制。应按配比数量进行配制，对新购胶料或怀疑胶料变质时，必须进行试验。

（3）刷胶。对清洗好的两接头，待其汽油充分挥发，帆布干透以后就可以刷胶，一般刷三遍。刷胶要均匀，不宜太厚。太厚时由于溶剂得不到充分挥发，在薄层中存在汽泡而呈海绵状，致使黏着力显著下降。每刷一遍胶，都须等待上次刷的胶液充分挥发、干透，以不黏手为宜。

（4）接头的合拢。待刷的第三遍胶液干透后，就可将两接头合拢。从接头的一端起，由中间向两侧黏合，以利于空气的排出。黏合时，必须使接头的阶梯黏合位置正确，因为一旦合拢，就很难撕开，即使撕开，也会影响胶接质量。合拢后如有鼓泡，应用锥子刺穿，将气体排除，然后再用皮锤砸实。在上下面接缝处涂以半凝固的胶浆，其宽度为 3～5mm，高度为 0.5～1mm。

（5）接头的辊压和加压。合拢后的接头，可用手锤自中间向四周锤实，然后用专用辊子滚压胶接缝处，或用木锤均匀打压，以防翘边。辊压后的接头，用两块厚度约为 15mm 的钢板将接头压牢。必要时可加槽钢，使压力趋于均匀。

（6）施工环境。施工环境直接影响到接头质量，施工地点的温度一般应在 20～40℃，相对湿度不应超过 80%。如果在冬季或阴雨天施工，应搭帐篷并用碘钨灯、红外线灯或电热吹风机加烤，使刷在帆布上的胶液加速干燥，并应保证温度不低于 20℃。施工地点不应有飞尘，因为飞尘落在未合拢的接头上，会大大降低胶液的黏着力。

4 冷黏胶浆的工艺特性是什么？烘烤的目的是什么？

答：冷黏胶浆（常温黏合剂）常用的胶黏剂主要有氯丁胶和天然胶等，使用时由主胶浆和固化剂按厂家供应比例配制而成，常温、常压快速黏接固化 3h 即可带负荷运行。黏合剂都是高分子材料，在 60～80℃时活化性能最强，这样黏合强度就高，同时可避免起泡。水分湿度大会破坏黏合剂与接头帆布结构之间的结合力。所以，有效烘烤能进一步保证冷黏质量。

特别是室外潮湿作业时，胶前烘干接头帆布可以除去大部分水分，能确保胶接质量。低温胶接时每遍涂胶后必须用碘钨灯烘干 10～15min（或夏季风干）至基本不黏手，可确保胶浆与帆布的亲和作用力。及时黏合后用木锤敲打密实，也是保证胶接质量的必要手段。

5 冷黏皮带的常用手工工具有哪些？

答：常用手工工具包括刀具、钢板尺（1～2m）、座角尺（500mm）、胡桃钳、手锤、平改锥、皮带夹板（2套）、2～3t 倒链 2 套及钢丝扣、手提打毛机、钢丝刷、毛刷、木锤、红外线烤灯箱等。

6 硫化的机理是什么？

答：生胶是近似于黏性状的可塑体，在加入硫磺，加热进行混炼后，经过化学变化而成为具有弹性的橡胶。也就是硫磺原子在橡胶的分子与分子之间起到架起一座桥梁的作用（"架桥反应"），使橡胶分子结合在一起，这一过程就称之为"硫化"。

7 硫化温度和时间工艺的不同对胶接质量有何影响？

答：在一定温度下经一定时间的硫化后，胶料的综合物理机械性能达到最高，使用寿命最长，此时的硫化程度称为正硫化。正硫化所需要的时间称为正硫化时间。保持最佳性能或略低于最佳性能的时间范围称为硫化平坦时间或称硫化平坦范围。硫化时间过长（工艺上称"过硫"）或过短（工艺上称"欠硫"）都会使接头质量达不到要求。同一种胶料，硫化温度不同，正硫化时间也随之改变。提高硫化温度可以加快硫化速度，缩短硫化时间。当硫化温度系数为 2 时，硫化温度每提高或降低 10℃，基本硫化时间可缩短一半或延长一倍。在实际操作时，若硫化温度发生较大变动时，可以此为依据调整硫化时间。胶接的硫化温度以140～150℃为宜。温度过高，会削弱带芯布层强度或导致胶带内外硫化不均；温度过低，所需的硫化时间过长。普通运输胶带采用的硫化温度一般为 145℃，在此温度下的正硫化时间为 25min，这个时间称为该种胶料的基本硫化时间。

8 硫化压力的作用是什么？

答：硫化压力的作用是使胶料紧密并充满模型和渗入带芯纤维中，以提高布层的附着力和胶料的紧密程度，以及接头抗挠曲性能。通常胶接采用压力不小于 0.5MPa。加压时，应使连接片两端同时受压，以保证胶带接头处受力均衡。

9　硫化胶接时各种加压部件的放置顺序是什么？

答：从下到上顺序是：下机架→下隔热板（木板）→水压板（胶面向上）→下电热板→隔纸（垫一层塑料或报纸即可）→皮带接头→隔纸→上电热板→上隔热板→上机架。放好后上下机架用紧固螺栓夹紧。

10　硫化黏接皮带的主要工序和要领有哪些？

答：硫化黏接皮带的主要工序和要领伟：

（1）胶接时在皮带机上找一块较宽敞的有工作电源场所，将硫化机机件（如电热板、压力装置、机架等）分别运到现场临时就地安装。

（2）拆卸皮带机上的托辊若干组，并用方木等平板搭一个作业平台。如在野外胶接，在作业平台周围用帆布搭一个临时防雨棚。

（3）准备好安装硫化机和加工胶带接头的工器具等，并确认胶料（如覆盖胶、芯胶和胶浆等）是否在有效期间内。

（4）摆放好下机架，依次放上水压板和下电热板，三者对齐后，在下电热板上面铺满塑料薄膜（或洒满滑石粉），多台硫化机并列工作时，在下电热板接缝处垫以薄金属板（0.2mm×50mm×接缝长）。将已填好胶料的胶带接头放置在下电热板上面，找准中心线后，用夹垫板和夹紧机构固定胶带两边。在胶带接头上面铺满塑料薄膜（或洒满滑石粉），然后按顺序在其上放置上电热板和隔热板，多台硫化机并列工作时，在上电热板接缝处垫以薄金属板（0.2mm×50mm×接缝长）。将上机架摆放在隔热板上，并与下机架找正对齐，将预紧螺栓安装在上下机架两端长形孔内，并用扳手拧紧。将加压泵系统的快速接头与压力装置进水孔相连接，将一次电源导线相应地插在电热控制箱插座上，二次导线的一端插在电热控制箱的插座上，另一端插在电热板上；将热电阻（或热电偶）导线相应地插在电热控制箱的插座上，另一端传感器插入电热板的测温孔内。这时硫化机全部安装完毕，准备加压、加热和定时等操作。

（5）硫化机的操作程序是：用电动或手动加压泵向压力装置内注以高压水，当泵上表压达到硫化压力时，停止注水并锁紧泵阀。操作监视电热控制箱上的各开关和仪表，进行上下电热板升温、硫化、冷却等电气操作和控制。将总电源自动开关（漏电断路器）闭合，电压表指示到电压380V。将上下电热板温度指示调节仪的设温数码调到硫化温度（145℃），电子式时间继电器的定时数码调到硫化恒温时间30min（25～40min），将上下电热板自动手动开关的旋钮转到自动位置，此时上下电热板指示灯亮，电流表指示工作电流值，温度仪显示数字在逐渐增加。当电热板温度增至硫化温度（145℃）时，电子式时间继电器开始工作（此时指示灯开始闪烁），时间显示数字在逐渐增加，这时上下电热板在145℃±5℃的范围内开始恒温硫化工作。计时达到硫化时间时，电热控制箱内的交流接触器动作，将电源切断，电热板加热结束。将总电源自动开关分开，将开关旋钮转到中间关闭位置，再将一次、二次导线，热电阻（或热电偶）的导线拔下来，当上下电热板温度降至100℃时，将加压泵系统快速接头从压力装置上拔下来，进行卸压。再将机架两端的预紧螺栓螺母松开并拿下来，将上机架、隔热板、上电热板、夹垫板和夹紧机构拆卸下来，将胶带接头从下电热板上掀起，再将胶带接头上的溢胶、毛边清除和修整光滑、干净。整个胶带硫化胶接工作结束。

（6）当上下电热板温度指示调节仪或电子式时间继电器其中一个失灵或损坏时，可将上下电热板自动手动开关的旋钮转到手动位置，人工强制给上下电热板送电加热。这时测温可用水银或双金属片温度计，计时可用秒表或手表，以做应急措施。另外，电热控制箱工作时，应将电铃报警开关打开。

11 硫化接头的制作工艺过程及要求有哪些？

答：硫化接头的制作工艺过程及要求为：

（1）划线。在裁剥之前应先准确地划出待接胶带两端的各层阶梯线，被裁剥的胶带两头一定要顺着胶接，以免运行时被刮板、犁煤器等撕开覆盖胶接茬。各台阶的等分不均匀度不得大于 1mm，宽度为 1200mm 以下的胶带接头长度为 400～800mm，每阶梯长度为接头长÷（层数－1）。

（2）裁剥。逐层裁剥覆盖胶和帆布层，裁剥布层阶梯时不得使邻近布层的经纬线受损，裁割处表面要平整，不得有破裂现象。刀割接头时对下一层布层的误割深度不得大于布层厚度的 1/2，每个台阶的误损程度不得超过全长的 1/10。

（3）打磨烘干。先用手提式电动钢丝刷清扫接头裁剥处残余胶屑及毛糙帆布表面，并用汽油揩净布层表面油污。打磨时要适度，布层误损不得超过厚度的 1/4。胶带接头的两侧边和覆盖胶接头斜面也要打磨成粗糙状，以便结合得更为牢固。打磨后应进行烘干，冷却后方可开始涂胶浆。

（4）涂胶。先涂一遍稀胶浆，胶浆是将胶片剪成小块泡于溶剂中（100 号航空汽油），并搅拌溶解均匀配制的，待胶干后（不黏手时）铺一层 1mm 厚的生胶片。

（5）贴合。贴合时应对准中线，调整胶带两边的松紧程度，使胶带边缘为一条直线，取得一致后再对口，并加贴封口填充缓冲胶条，以防止接头在滚筒上经反复挠曲后，接茬处出现裂纹缺陷。缓冲胶条的宽度和长度视胶带接口情况而定，其边缘斜面宜为 45°，与胶带原覆盖胶接茬斜面吻合。贴合部位用胶锤或木锤砸实。

（6）热硫化。硫化温度为 145℃±5℃，加热前应保证硫化机已正确安装并加压。将贴合后的接头固定于加热板之间，接头对正后，拧紧螺钉，硫化加压力不小于 0.5MPa，然后升温硫化。

（7）硫化是胶接过程中决定胶接质量的最后一道重要工序，在硫化过程中，橡胶发生化学结构变化，从而提高了其物理机械性能。准确掌握硫化技术条件，主要是指硫化的温度、压力和时间。硫化技术条件控制不严或不当，会造成欠硫、过硫、脱硫、起泡、重皮、明疤等质量缺陷。接头质量应保证使用一年以上。在此期间不得发生空洞、重皮、翘边等不良现象。

12 钢丝绳芯胶带的接头强度与搭接种类关系如何？

答：钢丝绳芯胶带的接头强度是由接头部位钢丝绳和胶带拔出的强度确定的，所以接头中钢丝绳应有一定的搭接长度，以使接头处钢丝绳芯与胶带的黏着力大于钢丝绳芯的破断拉力。

接头的形式种类有三种：三级错位搭接、二对一搭接、一对一搭接。根据带宽的不同，接头长度 1.2～2.8m，三级错位搭接，接头长 1.2～1.4m，强度可达原带的 95% 以上；一对一搭接头长度1.7~1.9m，接头强度是原带的85%；二对一搭接接头长度2.8m，强度是原带的75%。

13 钢丝绳芯胶带硫化胶接的工艺要求有哪些内容？

答：钢丝绳芯胶带硫化胶接的工艺要求有：

（1）固定胶带的接头端，按要求尺寸划线、剥胶。胶带的中心对准不得歪斜，否则运行时就会跑偏。剥胶后要打毛钢绳上的残胶。

（2）在下加热板上撒上隔离剂（滑石粉）并放好垫铁。

（3）按选定的接头长度、宽度、厚度的要求在下加热板上铺好覆盖胶片和中间胶片，然后排列钢绳。排列前钢绳要用汽油擦拭干净，不得有油污、水或粉尘黏污，然后向钢绳涂胶，晾干后（以不黏手为宜），再涂第二遍胶浆。当向钢绳的间隙中充满中间胶条前，应对胶片和钢绳的接触表面涂上稀胶浆。每两搭接的钢绳端应用细铁丝捆扎几道。最后铺上覆盖胶片和中间胶片。铺胶片时，胶片之间的接触表面一定要用汽油擦拭干净，除去油污及粉尘。

（4）上覆盖胶片外露表面涂撒隔离剂后，加盖上加热板，进行硫化。

（5）可用电热或蒸汽硫化机，硫化时注意，在预热几分钟后向胶带施加拉伸力，保证接头部位的钢丝绳在硫化过程中平直不打弯。

（6）对已完成的接头要做质量检查，最好用X射线进行探测。

14 硫化设备主要部件的结构特性和使用要求有哪些？

答：胶带硫化胶接的三个"要素"是：合适均匀的硫化温度；足够一致的硫化压力；准确可靠的硫化时间。这些功能都是由高性能的电热板、压力装置、机架、夹垫板、夹紧机构、电热控制箱和加压泵等部件来完成的，其各部件的结构特征和使用要求如下：

（1）电热板。铝合金电热板质量轻、热惰性和传热方向性小，将电热元件均分成三组并联结成三相380V电路。温度均匀、搬运方便，胶带宽度为1600mm以上的硫化机的电热板和水压板为拼接板形式。电热板工作表面温差为±5℃，从常温升到硫化温度（145℃）的时间小于30min。

（2）压力装置。水压板的尺寸与电热板相似，其组成是在一块平行四边形的铝合金底板上铺设尼龙橡胶板，四周用压板螺钉和螺母将底板和尼龙橡胶板压紧密，形成一个密闭容器。在底板侧端有一个进水孔，由加压泵向其间注以高压水，水的压强向各方向等值传递。

（3）机架。上下机架采用铝合金挤压而成，单体搬运，拼接使用，并可完全互换。因帆布尼龙芯胶带硫化胶接压力较小，而钢绳芯胶带硫化胶接压力要在1.5MPa以上，这样后者所需机架高度要大于前者。

（4）夹垫板和夹紧机构。夹垫板是由厚度比胶带厚度薄0.5~1mm，宽度70~90mm，长度比胶带接头长400~500mm的钢板制成，而夹紧机构是在一端为左螺旋和另一端为右螺旋的丝杠上，各装一夹紧螺母。工作时，转动丝杠端部的手柄，来固定或松开胶带两边的夹垫板。

（5）加压泵系统。它是向压力装置注以高压水的装置，由加压泵，高压胶管和快速接头等组成。其可以分为电动加压泵（550W，380V，3MPa）和手动加压泵（4MPa）。

（6）电热控制箱。电热控制箱是硫化机工作时的硫化温度和时间操纵的自动控制装置，也是上下电热板和其他外接设备的电源。电热控制箱的输入电压为 380V（或 660V）、50Hz，输出电压为 380V，输出功率为 40kW（电流为 100A），备用外接电源为 220V（电压为 660V 的硫化机，主要是煤矿井下的防爆场合使用）。电热控制箱的温度指示调节仪的温度调节范围为 0～200℃，电子式时间继电器（定时器）的时间控制范围为 999min（一般用 0～60min）。

15 硫化机压力袋（水压板）加压方式有哪几种？各适宜多大的压力？

答：硫化机压力袋（水压板）的加压方式有：

（1）用压缩空气加压，可达 0.7MPa。

（2）用液压泵加压，可达 1.4MPa。有电动泵和手动泵两种，液压箱内注入干净的水，冬季室外硫化作业使用一半水，一半乙烯甘醇（或其他防冻液）构成的液体。

16 硫化机的使用维护与保养内容有哪些？

答：硫化机的使用维护与保养内容有：

（1）硫化机可在 −18～+49℃ 的环境下使用。使用时，上下电热板、电热控制箱，由各种电气元件和各种电气仪表用导线连接。在搬运或使用中，一定要轻拿、轻放，严防强烈振动和过重碰撞。

（2）硫化机在使用前，一定要检查电热板内的电热元件是否受潮而影响绝缘，否则要进行烘干。压力装置各紧固螺钉螺母是否松动而渗水或漏水，否则要紧固。电热控制箱的各开关和仪表是否灵活可靠等。做完硫化时压力袋中的水要及时放净，严防冻坏。

（3）在露天野外进行硫化胶接时，要注意防风防雨。用完后，要用方木等垫好，并在其上盖好防雨布，以防受潮和进水而损坏。

（4）硫化机不用时，应放在空气流通，相对湿度不大于 85% ，受不到雨雪侵袭的库房内。放置时，要用方木等垫起，严禁直接放置在地面上。

（5）硫化机长时间不用时，使用前要将上下电热板盖板打开，并将内部烘干后再用。要将压力装置的紧密螺钉、螺母用力拧紧。

17 硫化胶接的作业工器具主要包括有哪些？

答：硫化胶接的作业工器具主要包括有：

（1）可搬式胶带硫化机。包括电热板、隔热板、水压板和加压机架（包括紧固螺栓及扳手）、胶接台支架平板、水泵、电气控制箱、压条、压条紧固夹具、电源线等。

（2）电动工具。包括剩余电流动作保护器、手提式钢丝砂轮机、电吹风机。另外，还有剥皮机、电动切割刀等。

（3）电气工具。包括红外线烤灯、照明行灯、电源插头等。

（4）测量工器具。包括直尺（2m 的钢板尺）、直角尺或角度尺（带 20°角）、圆盘式测厚器、游标卡尺、卷尺（30m 或 50m）、电笔、棒状温度计、计时表等。

（5）手工工器具。包括便携式工具箱、活扳手、平改锥、手拿子（或快速夹具）、葫桃钳、平面滚子、接缝滚子、剪刀、旋凿、起层器、长口刀、平口或斜口刀、调节刀、锥子、锉刀、钢丝刷、清洁用毛刷、羊角锤、手锯、油石；3～5t 手拉葫芦、钢丝绳扣、重锤起吊架、皮带夹具及扳手、双作用滚筒等。另外，钢丝绳带还应有钢丝剪刀、紧线器（或 0.5～1t 手拉葫芦）、紧线器用锁钩、滑轮、帐篷等。

（6）消耗资材。包括纸质砂轮片、钢丝砂轮片、调节刀刀片、砂纸、胶浆用刷子、扫帚、橡胶手套、纱头、特种铅笔、粉笔、水桶、溶剂及浆胶用容器、铅丝（8、10 号）、塑料薄膜、上下覆盖胶、缓冲胶、补强布、胶浆、溶剂等。

（7）主要安全用具。包括防尘眼镜、安全帽、施工安全标志、便携式灭火器等。

以上各项根据需要确定数量。

18 硫化胶料的保管和运输要求有哪些？

答：胶接胶料随着时间的推移，自身在慢慢地进行硫化，逐步变为失去黏性的半硫化状态。此外，空气中的氧会使橡胶氧化、老化，最后成为不能使用的橡胶。特别是在气温高的时候，阳光中的紫外线会促使胶老化。因此，胶接材料必须有一个有效期限。各种胶料应在出厂时标明制造年月及有效期限，一般在 20℃ 以下保管有效期限为 6 个月。所以，胶料必须在 20℃ 以下的阴暗处室内保管，由于在 5℃ 以下胶料会变硬，使用困难，所以在使用时环境温度应在 5℃ 以上。使用前，胶料不应开卷；由于芯胶的变形、厚度变化会使胶接部分发生填料不足、黏接力下降等不良现象，所以胶料不能在保管时堆积过多。胶料保管时不应剥去胶料外层的覆盖物，因为它起着防止尺寸变化和表面污染的作用，并且在一定程度上能遮挡紫外线，使胶料表面保持黏性。

运输胶料时，应注意避免日光直射、注意防水。运送途中如有条件，温度应在 20℃ 以下，应有防火措施。

19 硫化修补机的技术参数有哪些？

答：低压硫化压力为 0.5MPa，高压硫化压力为 0.8MPa，硫化温度为 145℃，加热板为 700mm×350mm。可在较短时间（3h 内）不拆除托辊的情况下，修补宽度为 1400mm 及以上的皮带。

20 硫化黏合剂的性能和使用要求是什么？

答：普通的硫化黏合剂胶浆由航空汽油和生胶片 1∶1 配制而成。专用的高温硫化黏合剂由胶浆、生胶片组成，胶浆均匀、无凝胶，无杂质。

使用方法：将接头台阶打毛，除去残渣，并用航空汽油或专用清洗剂洗干净，均匀涂刷硫化胶浆 1～2 遍后用碘钨灯烘干，将生胶片清洗干净、晾干，贴在接头处。用硫化机安装好后加热到 145℃，硫化 25min 断电，待硫化机自然冷却后，启模即可带负荷使用。

21 胶浆使用时的注意事项有哪些？

答：胶浆是危险和有害的物质，因为挥发性大，容易着火，所以不能靠近火源。挥发性溶剂有可能对眼、鼻、喉有刺激，皮肤如反复接触，有可能引起皮肤发炎。使用时的注意事项有：

（1）从容器中取出或进行涂刷时，不要接触皮肤。

（2）如在通风不好或长时间进行作业时，应戴好防毒面具，戴好手套。

（3）装有胶浆或溶剂的容器在废弃前应除去容器内的物品，废弃物可采用烧毁或埋入地下的方法处理。

（4）如皮肤上沾上胶浆，应用肥皂充分洗涤；如进入眼中，除用干净水洗眼外，并接受医生诊疗。

22 如何估算一卷皮带的长度？

答：要估算的皮带卷应卷制的严实整齐，其长度估算方法是：数出这卷皮带的总圈数 n，测量中间这一圈（第 $n/2$ 圈）的直径 d，则这卷皮带的总长度 $L = \pi dn$。

23 斜升皮带机整条胶带安装更换的上带方案有哪几种？

答：带式输送机胶带的更换是一项经常性的工作，它需要大量人力，且存在较大危险性，根据现场情况，常用的方案如下：

（1）斜皮带空机架上带。将整卷皮带支放在皮带机尾部或重锤间，用头部卷扬机或倒链一节一节地拉上去，再从二层返下来；或将整卷皮带支挂在头部先从二层放下来，再从一层拉上去，用这种办法放下皮带时，头部必须有制动措施，严防皮带因自重跑坡。

（2）利用旧皮带电动安装新皮带。将整卷皮带支放在皮带机尾部或重锤间，把新旧皮带用铁丝缝在一起，断续启动皮带机把新皮带装上去。用这种办法不好控制速度，容易损坏机架和皮带，而且旧皮带较难退出。

（3）利用旧皮带直接带动安装新皮带。将整卷皮带支放在皮带机重锤间，用倒链拉起重锤，在滚筒处把旧皮带割断，把顺着正转方向的断口与新皮带用铁丝缝合在一起，然后在比较宽敞的地方把皮带打上夹板，用头部卷扬机或倒链一节一节地拉上去。同时在重锤下部可以把旧皮带比较方便地退下来，最终两个新接头在重锤处碰头，然后把两个新接头缝合后继续拉转到胶接工作点处。这种方案比较安全、省工、实用。

（4）用专用的换带装置安装。换带装置驱动部分采用内置式三级行星齿轮传动，保证了卷筒的安全低速转动。可采用电气控制箱就地控制和遥控两种方式进行控制，遥控器可在有效范围（200m）内的任何一点，对换带装置的启动、停止及转向进行控制。电气控制箱也可安装在换带装置上，与之成为一体，也可与换带装置分开，安装在便于操作员操作的位置。具有过载保护功能，驱动部分配有电磁制动器，可保证紧急情况立刻停转。换带装置可固定在现场皮带机上，也可以制成移动式的。

24 皮带机整机为什么要定期检查校正？

答：皮带机的运行工况主要取决于各部件的安装精度是否符合要求，由于长期运转、振动、磨损和栈桥收缩变形，会造成部件结构错位，因此皮带机应定期进行检查和校正。周期一般为 2 年。

25 皮带机找正后的质量要求有哪些？

答：皮带机找正后的质量要求有：

（1）头尾机架中心线对输送机纵向中心线不重合度不应超过 3mm。

（2）头尾架（包括拉紧架）装轴承座的两个平面应在同一平面内，其偏差不应大于 1mm。

（3）中间架支腿的不垂直度或对建筑物地面的不垂直度不应超过 0.3%。

（4）中间架在铅垂面内的不直度应小于 1‰。

（5）中间架接头处，左右、高低的偏移均不应超过 1mm。

（6）中间架间距的偏差不应超过±1.5mm。相对标高差不应超过间距的 0.2%。

（7）托辊横向中心与带式输送机纵向中心线的不重合度不应超过 3mm，托辊架的轴线应与皮带机中心线垂直。有凹凸弧的胶带应根据设计要求缓慢变向。

（8）传动装置。带式输送机的传动轴中心线与机架的中心线应垂直，使传动滚筒宽度的中心与机架的中心线重合，减速机的轴线与传动轴线平行。同时，所有轴线和滚筒都应找平。根据带式输送机的宽窄，轴的水平误差为 0.5~1.5mm。

26 皮带机安装检验包括哪些设备？

答：皮带机安装检验包括构架安装、滚筒安装、拉紧装置安装、托辊安装、落煤斗、导煤管、三通挡板、导煤槽、清扫器安装、驱动机安装和皮带铺设等设备。

27 油冷电动滚筒的卸拆检修与组装步骤是什么？

答：油冷电动滚筒的卸拆检修步骤是：

（1）拆下接线盒，将电动机引线塞入轴孔内，以免磕碰、砸坏引线。

（2）松开放油孔螺旋堵头，将滚筒转至放油孔朝下，并取下油堵，将滚筒体内的油液排出。

（3）松开支座地脚螺栓，用起吊工具将滚筒整体吊至检修场所。

（4）拆下支座，卸掉接线端滚筒法兰和压盖，用起盖螺钉将端盖顶出。

（5）将支座上的吊环螺钉拧入靠减速机侧轴端螺孔内，用起吊工具和垫木将滚筒竖直立放。

（6）将减速机侧滚筒端盖上的螺钉松开。

（7）用起吊工具将滚筒体内电动机及减速机整体抽出。

（8）松开减速机构与电动机的连接螺栓，将电动机与减速机构分开，按相应的检查修理步骤进行。

电动滚筒的组装步骤是：

（1）将减速机构进行清洗，并与电动机组装为一体。

（2）将滚筒体内清洗干净，将电动机与减速机构装入滚筒体内。组装时，应将减速机构端盖的密封垫装好。

（3）将电动机侧端盖装入滚筒体，并将垫装好。对称将两端盖螺栓紧固好。

（4）将两轴承座装好。松开加油孔螺栓堵头，向滚筒体内灌油至滚筒直径的 1/3 高度，然后将加油孔螺栓堵头拧紧。

28 油冷电动滚筒的检修质量标准是什么？

答：油冷电动滚筒的检修质量标准是：

（1）冷却润滑油液油量达到滚筒直径的 1/3 高度，油质合乎要求。

（2）用手扳动滚筒空转，要求转动灵活。

（3）电动滚筒运转平稳，无振动和噪声。

（4）轴承运转声音正常，各个螺栓紧固。

（5）滚筒无渗油、漏油现象。

（6）带速和出力达到标准要求。

29 楔块逆止器的安装方式及要求有哪些？

答：逆止器安装务必遵照以下事项，否则将导致严重事故：

（1）逆止器的安装应在电动机的转向确定之后才进行，即在确认逆止器的实际转向与主机要求转向一致之后方可进行。

（2）逆止器有"S"和"N"两种旋向。在安装时，必须确保逆止器内圈的转向、旋向指示牌的指向和安装轴轴伸转向三者一致。

（3）安装逆止器时只能对内圈施压，若锤击压入时只能用软锤，以免损坏内圈，不要锤击外圈，密封支撑架或防尘盖，严禁对内圈加热。

（4）力矩臂在两限位挡铁之间的间隙为 3～8mm。轴向不要限位。对于规格在 NYD200 以下的逆止器也可采用销轴固定形式，销轴的直径应比大臂上的销轴孔小 1～2mm。逆止器的力矩臂应尽量采用垂直向下安装的方式，如果因空间条件限制，也可以采用大臂倾斜安装的形式。

（5）周向挡铁张口绝对不能偏斜，否则会发生故障。

（6）逆止器安装后必须安装轴端挡圈。

（7）力矩臂与底板间隙推荐为 8～12mm。

（8）与逆止器相配的轴伸长度应比内圈长度短 2～3mm，以便借助轴端挡圈固定逆止器。

（9）安装好后的逆止器防转端盖不得承受沿销轴轴线方向的载荷，为此必须保留 3～8mm 的安装间隙，否则会导致逆止器工作时温度升高。

（10）自行设计的防转支座和安装构件必须有足够的强度和刚度。逆止器摆臂与防转支座的活动间隙不能太大（应小于 3mm）。

30 拉紧装置的安装质量标准有哪些？

答：拉紧装置的安装质量标准有：

（1）尾部拉紧装置的质量标准。轴承座滑移面平直、光洁无毛刺，丝杆无弯曲，调节灵活。

（2）中部拉紧装置的质量标准。构架安装牢固，滑道无弯曲，并平行。滚筒轴承与滑道无卡涩，滑动升降灵活。

🏭 第四节 其他带式输送机

1 气垫皮带机的工作原理和结构是什么？

答：气垫皮带机主要是将普通输送带直线段的槽型托辊换成气槽，由鼓风机向气室供气，通过气槽上的气孔向上喷气，对胶带产生浮力，使胶带与气槽之间形成气膜，从而实现流体摩擦的一种输送机械。

气垫皮带机新增主要部件为：气室、鼓风机、消音器。头尾部分及弧形部分仍用托辊，回程段仍采用平行托辊，其他结构没有改变。气垫皮带机的传动滚筒、改向滚筒、拉紧装置、清扫器、制动及逆止装置以及机架、头部漏斗、头部护罩、导料槽等均与 TD75 型固定式通用型皮带机相同。

2　气垫皮带机有哪些优点和不足之处？

答：理论上气垫皮带机主要具有以下优点：

(1) 能耗小，费用低，维护工作量减少。

(2) 不颠簸，不跑偏，不撒煤，磨损减少，胶带撕破的概率降低，使胶带寿命提高。

(3) 运行平稳、噪声低，原煤提升角可达 25°。

(4) 带速高，输送量大。

实际应用中有以下缺点：

(1) 能耗减少不明显。

(2) 气压不均，皮带颤抖，气膜不能有效均匀分布，皮带和气槽都磨损严重，落料点不正时也跑偏、撒煤。如果落料点还是普通托辊，也避免不了胶带纵向撕破。

(3) 胶带运行不稳，由于气流层不均或载荷不均会使胶带颤振，进而引起机架和栈桥共振。

(4) 风机都是二级电动机，高频噪声很大。

(5) 启动时二次粉尘污染严重。

(6) 带负荷启动很困难，气槽浮力不足以形成大面积气膜。

(7) 气眼易堵，气膜层不均。

(8) 气槽凹弧面工艺精度不匀，与皮带的接触气隙很不均匀，造成皮带非工作面磨损严重。

(9) 气槽室内易积聚水气而生锈，使气槽锈损、漏气。

3　气室的作用是什么？

答：气室是用来形成气膜、支承物料的关键性部件，它的制造精度是影响总机功率和胶带寿命的主要因素。合理的布置气孔位置和气孔的大小，以产生均匀稳定的气膜，可使总机消耗功率大大下降，磨损减轻，使用寿命延长。气室工作风压为 3~8kPa，皮带越宽，风压应越高。

4　气垫皮带鼓风机的安装运行特性有何要求？

答：鼓风机一般为高压离心式鼓风机。在正常情况下，形成稳定气膜所需的风量与风压。鼓风机一般安装在输送机中部，对于较长的输送机，如选用单个鼓风机难以满足要求时，在保证风压的情况下，可选用多台风机，并在整个输送机长度上做适当布置，以风压沿程损失较少为佳。在特殊情况下风机可沿整机长度内做空间布置，并用弯管与气室连接。为了降低鼓风机的噪声，可设置隔音箱或消音器。

5　气垫皮带机上为什么要设置消声器？

答：为了降低鼓风机的噪声，要在气垫皮带机气室的风机入口处设置隔音箱或消音器。

6 气垫皮带机常见的故障有哪些？

答：气垫皮带机常见故障有：

(1) 皮带打滑，皮带慢转，皮带撕裂，皮带磨损。

(2) 气眼堵塞、气膜不均，气箱内积水、积泥、生锈。

(3) 气槽工作面磨损开口或焊口开后漏风失效。

(4) 带负荷启动困难。

7 钢绳牵引皮带机的工作原理是什么？

答：钢绳牵引皮带机的牵引件与承载件是分开的，它用两条钢绳作牵引件，胶带作承载件，胶带以特制的耳环槽搭在两条钢丝绳上，只作承载构件。两条无极的钢丝绳绕过驱动装置的驱动轮，当驱动装置带动绳轮转动时，借助于钢丝绳与驱动轮上衬垫之间的摩擦力使钢丝绳运动。钢绳和胶带各自独立成闭合回路，有各自独立的张紧装置，在头尾端有分绳装置使牵引钢绳和胶带嵌合或分离。驱动轮驱动钢绳，从而带动胶带运动，将物料从一端输送到另一端。

8 钢绳牵引皮带机的驱动部件有何特点与要求？

答：钢绳牵引皮带机的驱动系统、胶带、牵引钢绳、托轮组、分绳装置、安全保护装置等设备结构有很多特殊之处，为了达到两条牵引钢丝绳寿命相同、胶带磨损小的目的，要求两条牵引钢丝绳的线速度和受力基本相同。但实际情况总有差异，严重时会使胶带脱槽，耳槽很快磨损。采用合理的驱动方案，通过胶带的传递作用，能达到两条钢丝绳的速度基本相同，受力相差不大的要求。目前常采用的有以下两种方案：

(1) 机械差速方案，采用机械差速器并通过胶带的传递作用，达到两条钢丝绳的线速度和受力基本相同。

(2) 电气同步方案，采用两个直流电动机传动，电枢串联激磁并联方式，通过胶带传动作用，由电压分配的差别自动补偿达到同步。

9 钢绳牵引胶带的组成特点是什么？

答：钢绳牵引的胶带由钢条、V型耳环、上下覆盖胶、帆布、填充胶等组成，它不承受牵引力。钢条设计的原则是：当满载时，钢条弯曲转角为$10°\sim 12°$。

10 钢绳牵引胶带的连接方法与性能是什么？

答：钢绳牵引胶带的连接采用钢条、卡子和硫化等方法。其中以钢条连接的较多，连接的钢条还应起到保险销的作用。当发生事故时，首先拉断钢条，保护胶带。

11 钢绳牵引皮带机的分绳装置有哪几种？各有何优点？

答：钢绳牵引皮带机的分绳装置的种类及优点为：

(1) 水平分绳式。具有受力小、质量轻、钢丝绳弯曲小和安全可靠等优点。

(2) 垂直分绳式。具有结构紧凑，与驱动轮的间距较小，但每个轮受力较大，多用于结构受限制的场合。

12 钢绳牵引皮带机的钢绳有何特殊要求？

答：钢绳表面涂的一般润滑油会使摩擦系数明显下降，因此在使用前需要除油。除油不仅花费时间，而且会使绳芯油熔化渗出，影响钢绳寿命。因此，最好用镀锌钢绳，或用既能防腐，又不明显降低摩擦系数的戈培油。

13 深槽型皮带机与普通皮带机的区别是什么？

答：深槽型皮带机又称 U 型皮带机，目前仅限于橡胶输送带。它与普通皮带机的区别主要是槽形上托辊的槽角为 45°以上。由于槽角大，要求输送带横向挠性大，有较好的成槽性能，因而必须使用尼龙帆布做衬层的橡胶输送带。

14 深槽皮带机的特点有哪些？

答：深槽皮带机的特点有：

（1）除能输送通用皮带机可以输送的物料外，还能输送细粉状物料和流动性较强的物料。

（2）托辊槽角大，可达 45°～60°以上。

（3）输送能力大，可达普通型的 1.5～2.0 倍。

（4）允许胶带的倾斜角大，一般可达到 22°～25°，比通用皮带机的大 5°～7°。能使输送系统的布置紧凑，减少占地面积。

（5）运送平稳。深槽型皮带机运行时，物料稳定，无撒料现象，不易跑偏，清扫工作量小。

（6）运行费用较低。对于同一输送量，深槽型输送带约为普通型输送带带宽的 70%～80%，但深槽输送带的单价较高。

（7）水平输送直接转运物料时，可不用导料槽，减少了胶带的磨损及因设置导料槽而损失的附加功率。

（8）设备简单，便于制造，也便于改造原有的皮带机，以达到提高输送能力的目的。

（9）能在与输送机头尾中心线成 6°以下的水平弯曲时运转，而普通皮带机只能直线输送。

15 花纹胶带有哪些特点？

答：皮带机采用花纹胶带时，可将输送机的倾角提高到 28°～35°，从而可大大缩短输送机及其通廊的长度，节省基建投资和占地面积。可输送流动性较强的物料，由于其工作面有许多橡胶凸块，所以局限了其使用长度和张紧方式等结构，不能用集中双滚筒驱动，需要用专用的转刷清扫器和输煤槽结构。

16 管状带式输送机的结构特点是什么？

答：管状带式输送机的结构，如图 5-10 所示。头尾及拉紧器结构与普通输送机一样，沿线将皮带裹成管状。适合在复杂地形条件下连续输送密度为 2500kg/m³ 以下的各种散状物料，工作环境温度适用范围－25～＋40℃，该机由呈六边形布置的辊子强制胶带裹起边缘，互相搭接成圆管形状来输送物料。其具有密闭环保性好，输送线可沿空间曲线灵活布置，输送倾角大，运输距离长，输送量大的特点，且建设成本低、安装维护方便、使用可靠。因为输送物料被包围在圆管胶带内输送，所以隔绝了输送物料对环境的污染，同时也避免了环境对物料的污染。而且，物料不会散落和飞扬，也不会受刮风、下雨的影响。与普通胶带机相比，没有胶带跑偏的情况，所以可水平转弯，可形成螺旋状布置，从而用一条管状带式输送机取代一个由多条普通胶带机组成的输送系统。可节省土建（转运站）、设备投资（减少驱动装置数量）和减少故障点。由于管状带式输送机自带走廊和防止了雨水对物料的影响。因此，选用管状带式输送机后，可不再建栈桥，节省了栈桥费用。由于胶带形成圆管状而增大了物料与胶带间的摩擦，故管状带式胶带机的输送角度可达 30°，从而减少了胶带机的输送长度，节省了空间位置，降低了设备造价。

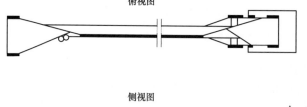

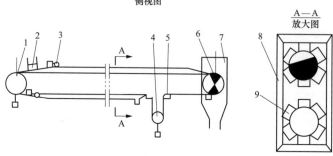

图 5-10　管状带式输送机结构简图

1—尾部滚筒；2—导料槽；3—压轮；4—拉紧装置；5—改向滚筒；
6—驱动滚筒；7—头部漏斗；8—窗式托辊架；9—辊子

17　密闭式皮带输送机的结构与特点是什么？

答：密闭式皮带输送机用机壳将整条皮带密封，解决了普通皮带机存在的落料、溢料、粉尘污染问题，如图 5-11 所示。其结构特点如下：

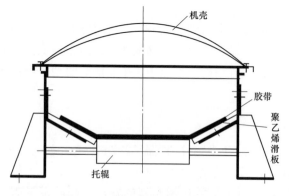

图 5-11　密闭式皮带输送机简图

（1）由于系统可以实现全封闭，落料及溢料几乎等于零，减少了清洁维修工作。

（2）可以实现露天布置输送系统，减少了传统输送带需要的栈桥投资。

（3）可在不改变传统皮带输送机驱动机构、钢构架的基础上，将传统带式输送机改造为密闭式皮带输送机，可以减少设备改建费用。

（4）独特落料口受料部位结构设计，有效地防止撒料和物料冲击扬尘。

输送机驱动装置、机架等与 DTⅡ固定带式输送机相同，可以按照 DTⅡ固定带式输送机选型方法选用。

第六章

筛分破碎设备及其检修

第一节 筛煤设备及其检修

1 什么是筛分效率？什么是筛上物和筛下物？

答：筛分效率是指通过筛网的小颗粒煤的含量与进入煤筛同一级粒度煤的含量之比。

进入煤筛的煤经过筛分后仍有一部分小颗粒煤，要留在筛网上，与大颗粒煤一起进入到碎煤机。筛网上的物料称为筛上物（即通过筛网上部进入碎煤机的部分）。

通过筛网而直接进入下一级皮带的煤料称为筛下物。

2 影响筛分效率的主要因素有哪些？

答：影响筛分效率的主要因素有筛网长度、筛网倾角、物料特性、物料层厚度、煤筛出力、筛网结构等。

（1）筛网长度。从理论上讲，筛网长宽比值越大，筛分效率就越高。但实际上却不可能把筛网设计成很细长的结构。

（2）筛网倾角。筛网的布置形式有水平安装和倾斜安装，当筛网倾斜安装时，可适当增大筛分量（单位时间内物料通过筛网的量相对增多）。

（3）物料特性。当物料的水分大时，筛分效率会降低。但是物料含水百分比超过煤筛的许可极限后，筛分效率又有所提高。当物料的小颗粒（小于筛孔尺寸的颗粒）含量增多时，筛分效率会随之提高。当物料中大颗粒（大于筛孔尺寸的颗粒）含量增多时，煤筛的筛分效率会随之降低。

（4）物料层厚度。当进入煤筛的物料层厚度太大或不均匀时，会降低煤筛的筛分效率。所以，进入筛网的物料层厚度应适中，并应沿筛网的表面均匀摊开为宜。

（5）煤筛出力。当煤筛的出力小于额定值时，随着煤筛出力的增大，筛分效率不变。当超过额定值时，随着煤筛出力的增大，筛分效率会降低。

（6）筛网结构。当煤筛筛网的结构形式和尺寸大小发生变化时，筛分效率也会随之改变。

3 输煤系统常用的煤筛有哪几种？

答：输煤系统常用的煤筛有：固定筛、滚轴筛、概率筛、振动筛、共振筛和滚筒筛等。

4 固定筛有哪些特点？

答：固定筛的特点有：

(1) 结构简单、坚固，造价低。

(2) 操作维护方便，检修工作量小。

(3) 安装方便，工作可靠性较高。

(4) 不耗用动力，节能。

(5) 筛分效率低，出力小。

(6) 煤湿时容易造成黏煤、堵煤现象，这是因铁丝、雷管线、木片和大块煤所致，值班员必须定期清理固定筛。

5 固定筛的结构和工作过程是什么？

答：固定筛主要由筛框、算条和护罩组成。筛框由钢板和型钢焊接而成。算条由圆钢或特制的算条焊接而成。筛框的上方有护罩封闭，筛算的下方有落煤斗或落煤筒，将筛下的煤连续不断地送入下一级皮带，留在算子上面的大煤块送入碎煤机破碎。

固定筛主要有一个固定式倾斜布置的筛算。筛分原理是靠煤落在筛算上自然流动，小于筛算缝隙尺寸的煤漏入筛子下面的料斗，大于筛算缝隙尺寸的煤进入碎煤机。

6 固定筛的布置要求有哪些？

答：固定筛倾斜布置在固定支架上，筛框周围有法兰与护罩连接，要求如下：

(1) 为防止粉尘溢出，法兰间用橡胶等柔性材料进行密封。

(2) 两筛条间的缝隙通常是下宽上窄或做成上下缝隙相等和格状筛孔。

(3) 筛面通常按 $L=2B$ 考虑（L 为筛算长度，B 为筛算宽度）。当大块煤多时，至少应满足筛算宽度 $B=3d$（d 为煤块的最大尺寸）；若大块煤不多时，按最大煤块直径的 2 倍加 100mm。在一般情况下，固定筛的长度 L 为 3.5～6m。

(4) 固定筛的倾斜角度一般在 45°～55°范围内选取。当落差小、煤的水分大和松散性较差时，应采用较大的角度；反之，应选用较小的角度。给料与受料设备的方位也是影响选取角度值的因素，在布置固定筛时应予以考虑。

(5) 筛算子筛孔尺寸应为筛下物粒度尺寸的 1.2～1.3 倍。

7 固定筛筛分效率有多大？ 使用固定筛的要求是什么？

答：常用的固定筛筛分效率只有 30%～50%。缝隙宽度在 20～30mm 时，筛分效率为 15%～35%。若缝隙宽度减至 12～15mm，同时煤中含有大量黏土和水分时，筛算将全部堵塞，此时筛子只能起到溜槽的作用。

在火电厂中使用固定筛的要求是：煤的表面水分小于 8%，筛缝尺寸为 25～40mm。从实际情况来看，采用过小的筛孔是没有必要的。

8 固定筛运行维护的内容主要有哪些？

答：由于固定筛易发生黏煤、堵煤现象，使用中要做到以下几点：

(1) 煤中的杂物（如黏煤、导线、铁丝和木块等），应每班清理，最好在固定筛前布置除铁器和除木装置。

（2）控制煤的水分在 8% 以下，以防止煤的黏堵。

（3）工作人员应定期清理筛网上的杂物和黏煤等。

（4）有条件时，可在筛子上安装振动器，及时消除煤的黏堵。

9 检修维护固定筛的重点部件有哪些？

答：固定筛由于结构简单，检修维护工作量较小。它的主要磨损部位是筛网。因此，在平常的检修维护中，应重点检查筛网、算条的磨损及其他损坏情况，必要时更换部分算条或大修时更换整个筛网。另外，护罩有磨损或漏煤粉时，也应检修处理。

10 为什么要在输煤系统中安装除木器？

答：煤流中的长条形木块（木板、圆木）、废旧胶带、烂布和草袋等杂物进入输煤系统时，可能堵塞下煤筒，使皮带跑偏，划破皮带等。若进入制粉系统，由于磨煤机不能将其磨碎，将造成制粉系统堵塞、着火或造成设备卡堵甚至损坏，所以，在输煤系统中应安装除木器，这也是对输煤车间考核指标之一。

11 除大木器的结构与工作原理是什么？

答：除大木器的工作原理是三根装有齿形盘的主轴，各轴按同一方向旋转，使物料在三根主轴上受到搅动，煤在自重及齿形盘旋转力的作用下，沿齿形盘之间的间隙落下。较大的木块被留在齿形盘上面被甩出。

除大木器的传动机构由电动机、减速机、传动齿轮箱组成。由电动机经减速机带动传动齿轮箱中的齿轮转动，三根主轴分别与传动齿轮箱中的三个齿轮装配，使其按同一方向旋转。除大木器应装在筛碎设备之前，其筛分粒度小于或等于 300mm，将尺寸大于 300mm 的大块废料排到室外料斗内被清除，300mm 以下的进入筛碎设备。一般除大木器应用在来煤粒度较小（<300mm）时，其除木效果较为理想。当来煤粒度较大（>300mm）时，不但将大于 300mm 的木块分离出来，同时也将大于 300mm 的煤块分离出来。常用的 CDM 型除大木器装在给煤机或带式输送机的头部卸料处。

12 除细木器的作用是什么？

答：除细木器是安装在碎煤机后，用来捕集小木块的设备。因为经破碎后的煤中仍混有一定数量的小木块，这些小木块如进入锅炉的制粉系统，很容易造成制粉系统故障，影响安全运行。除细木器的结构和工作原理均与除大木器相同，只是筛分粒度较小。

13 滚轴筛煤机的工作原理是什么？

答：滚轴筛煤机是利用多轴旋转推动物料前移，并同时进行筛分的一种机械。它由电动机经减速机减速后，通过传动轴上的伞齿轮分别传动各个筛轴，其筛轴的转速为 95r/min。在滚轴筛入口装有旁路电动挡板，煤流既可以筛面筛分，又可以经旁路通过。

14 滚轴筛煤机的结构特点是什么？

答：滚轴筛煤机的结构特点是：

（1）每根筛轴上均装有耐磨性梅花形筛片数片，相邻两筛轴上的筛片位置交错排列形成滚动筛面。

（2）筛轴与减速机用过载联轴器连接，起过载保护作用，又便于维修。

（3）前六根轴的下端设有清理筛孔的装置，不论筛分含有多大水分的煤料，筛分过程中均不易产生堵筛现象。

（4）筛轴两侧均用活动插板连接，当更换筛片时，只需拆下筛轴两侧的活动插板就可以顺利地抽出筛轴，便于维护和检修。

（5）减速机可以串联成 6 轴、9 轴、12 轴、15 轴和 18 轴滚轴筛。

（6）电动机与减速机同轴传动，安装在同一个底座上，整体性好，占地面积小，便于运输及安装。

（7）对煤的适应性广，尤其对高水分的褐煤更具有优越性，不易堵塞。具有结构简单、运行平稳、振动小、噪声低、粉尘少、出力大的特点。若需改变筛分粒度及筛分量大小，只需把筛轴上的梅花形筛片的距离及大小适当更换就可以了。

15　滚轴筛的运行注意事项及保护措施有哪些？

答：滚轴筛的运行注意事项及保护措施有：

（1）运行启动前检查筛轴底座、主电动机减速器、轴承齿轮箱各地脚螺栓齐全紧固，油面高度合乎要求。允许带负荷启动，启停筛煤机要按工艺流程联锁顺序进行。筛机投入运行后，要监视并检查运行工况，电动机的电流及振动、响声、接合面的严密性等。

（2）圆柱齿轮减速器与电动机直接相连，电动机的保护采用过热继电保护。筛机与轴承齿轮箱有过载保护装置，当筛轴因被铁件、木块等杂物卡住，超过允许扭矩时，联轴器上的过载保护销即被剪断，筛轴停止转动，起到保护机械的作用。运行中电流、响声、温度如有异常，则应停机处理。

16　概率筛煤机的筛分原理及结构特点是什么？

答：概率筛煤机的筛分原理：随着筛网的机械振动，物料与筛网之间呈现跳动和滑动两种相对运动形式。在每次跳动和滑动过程中，将有部分细小颗粒物料以很快的速度，穿过筛孔成为筛下物，大颗粒成为筛上物分离出来。而每次穿过筛孔的百分数，则称为某一级别煤的穿筛概率。

结构特点：概率筛运用大筛孔、大倾角和分层筛网；一般根据煤的颗粒组成来确定筛网的层数（常分为 3~6 层）和筛孔尺寸。自上而下，筛孔尺寸逐层减小，筛面倾角逐层加大。其驱动方式是强迫定向振动，采用双质体振动系统，在近共振状态下工作。其动力主要是利用两台振动同步电动机做振源，振幅大，不堵筛，对物料适应性强；主振动弹簧选用剪切橡胶弹簧，设备噪声低；机壳密封性好，环境污染小；工作频率为隔振系统固有频率的三倍，有良好的隔振效果；筛机运行轨迹接近于直线的椭圆，工作平稳。

17　滚筒筛的结构与运行要求是什么？

答：滚筒筛的工作机构是把一个倾斜布置的圆筒，装在中间轴上，轴两端有轴承座支持，筒壁由按筛孔尺寸间隔排列的圆形箅条所组成。滚筒筛箅条平行于回转中心轴纵向排列。

当煤中含水量高于 8% 时，容易发生算条堵塞现象，使筛筒内积煤过多，电动机的电流超过额定值，所以输煤值班员接班前应认真检查，交班前应将积煤清理干净。应在筛下料斗上设置堵煤信号，以便及时发现堵煤现象。

18 **振动给料筛分机的结构与工作原理是什么？**

答：振动给料筛分机是集给料与筛分功能于一体的设备，使用方式如图 6-1 所示。由激振器产生的激振力，使机箱内给料段的散状物料均匀前进，当物料进入筛分段时，大于算条筛缝的物料进入破碎机，小于算条筛缝的物料将被筛下，完成了物料分级。可通过改变前后弹簧支承的高度，使机箱产生不同倾角来达到给料量的调整。为了适应自动控制的需要，可增设调频装置，改变振频，进而达到自动控制的目的。分级粒度可通过更换筛面而改变，也可根据需要制成双层筛面，进行两次分级。对特殊不易筛分的物料，可制成使物料具有翻转功能的筛面。安装方式是以座式弹簧支承为主，对小型机，可制成吊挂方式或半座半吊方式。

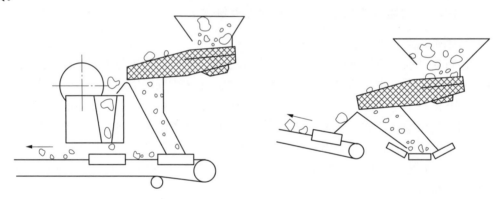

图 6-1 振动给料筛分机应用图

19 **振动筛有哪几种型式？偏心振动筛的工作原理是什么？**

答：振动筛的型式有：偏心振动筛、惯性振动筛、自定中心振动筛和直线振动筛等四种。

偏心振动筛是电动机通过三角皮带带动偏心轴旋转，使筛框振动，迫使筛网上的煤跳动，完成筛分。

🏭 第二节 环式碎煤机及其检修

1 **原煤的破碎粒度大小对制粉系统有何影响？**

答：原煤的破碎质量对于制粉过程和制粉设备运行的可靠性有很大的影响。破碎后的原煤粒度过大，会降低磨煤机的生产率，增加制粉电耗，加剧磨煤机研磨件的磨损。因此，输煤设备运行时，特别是破碎设备运行时，必须保证合格的燃料破碎质量。通常破碎后的煤粒粒度不得大于 25mm。

2　环式碎煤机的结构和工作原理是什么？

答：环式碎煤机主要由机体、机盖、转子、筛板和筛板调节器及液压启盖装置等组成。碎煤机的机体由中等强度的钢板焊接而成，其上部是进料口，并装有拨料器（也称分流板）和检修门，在机体的下部是落料斗；机体的左右两侧分别安装主轴承支座及座板，其前部空间为除铁室，用于集散铁块和其他杂物；在除铁室上顶侧安装有反射板；机体的前部为除铁门与机体端面密封结合。另外，在整个机体的内壁装有不同形状的衬板，衬板由 Mn13 耐磨材料制成，起保护机壳和反击破碎等作用。在机体的进料侧装有破碎板（反击板），主要起破碎作用，它也由 Mn13 材料制成；转子是机体内部的核心部件；筛板调节机构固定在机体的后部，和筛板支架、筛板及破碎板连成一体。

当煤进入碎煤机后，环式碎煤机利用高速回转的转子环锤冲击煤块，使煤在环锤与碎煤板、筛板之间、煤与煤之间产生冲击力、劈力、剪切力、挤压力、滚碾力，这些力大于或超过煤的抗冲击载荷以及抗压、抗拉强度极限时，煤就会沿其裂隙或脆弱部分破碎。第一段是通过筛板架上部的碎煤板与环锤施加冲击力，破碎大块煤。第二段是小块煤在转子回转和环锤自转不断地运转下，继续在筛板弧面上破碎，并进一步完成滚碾、剪切和研磨的作用，使之达到破碎粒度，从筛板栅孔中落下排出。部分破碎不了的坚硬的杂物被抛甩到除铁室内。环式碎煤机的环锤与筛板的间隙一般为 20～25mm。

3　环式碎煤机的转子结构形式是什么？

答：转子装置由主轴、平键、圆盘、摇臂、隔套、环轴、锤环以及轴承支座等部件组成。转子的两摇臂呈十字交叉排列，中间用隔套分开，两端摇臂与圆盘也由隔套分开，并通过平键与主轴相配合。锤环、隔套与转子经良好的静平衡后，通过环轴把锤环串装在摇臂和圆盘中间，并将环轴两端用限位挡盖固定。为防止主轴上各部件的松动，在轴的两端用锁紧螺母紧固。

4　减振平台的结构原理和特点是什么？

答：减振平台主要与碎煤机配套使用，起减振作用，特别是高位布置的碎煤机，能有效减少碎煤机对机房的振动危害，改善检修工作条件。减振平台由上下框架和减振弹簧组所组成，下框架固定在楼板上作为减振平台的基座，上框架同时与碎煤机和驱动碎煤机的电动机相连，使两者保持同一振动频率，上下框架之间采用钢制的弹簧组连接。每组弹簧由三个钢制的弹簧构成，通过弹簧座与上下框架相连，组成减振装置，用于吸收振动，达到减振作用。

5　碎煤机监控仪的作用是什么？

答：碎煤机监控仪主要监测轴承的振动和温度。轴承的水平和垂直振动不得超过 0.15mm；温度不得超过 90℃，超限时能自动报警或自动停机。

6　环式碎煤机内产生连续敲击声的原因有哪些？

答：环式碎煤机内产生连续敲击声的原因有：
(1) 不易破碎的杂物进入碎煤机内。
(2) 筛板等零件松动，环锤打击其上。

（3）环轴窜动或磨损太大。

（4）除铁室积满金属杂物，未能及时排除。

7 环式碎煤机轴承温度过高的故障原因有哪些？

答：轴承温度过高的故障原因有：

（1）轴承保持架、滚珠或锁套损坏。

（2）轴承装配紧力过大。

（3）轴承游隙过小。

（4）润滑油脂污秽或不足。

8 环式碎煤机振动的故障原因有哪些？

答：环式碎煤机振动的故障原因有：

（1）锤环及轴失去平衡或转子失去平衡。

（2）铁块及其他坚硬杂物进入碎煤机，未能及时排除。

（3）轴承本身游隙大或装配过松。

（4）联轴器与主轴、电动机轴的不同轴度过大。

（5）给料不均造成锤环不均匀磨损，失去平衡。

9 环式碎煤机排料粒度大的原因有哪些？

答：环式碎煤机排料粒度大的原因有：

（1）锤环与筛板间隙过大。

（2）筛板栅孔有折断处。

（3）锤环或筛板磨损过大。

（4）旁路侧的筛煤机的筛条有断裂现象。

10 环式碎煤机锤环组配方法及要求是什么？

答：首先将需要组配的锤环分别称重，在每个锤环上标明其质量，并按其对称及平衡要求将质量相等或质量相近的锤环布置好。要求相对应两排锤环的单锤质量差应小于150g。同时要保证同一排内两侧对称锤环的质量相等或相近，然后分别计算一下对称两排锤环的总质量，使其质量差小于200g。否则必须要反复平衡或通过更换锤环等方法来保证对称两排锤环达到这一要求。

在完成上述平衡工作后，还要对每一排锤环进行平衡及质量调整，以每一排中间为基准，两侧对应锤环找平衡。经反复计算、调整之后，应使其质量尽可能保持一致，最后将稍重一些的锤环放置于电动机侧。

在更换、安装以前，进一步校核四排锤环的质量差和平衡。在破碎段长度内，以其中心为界，将四排锤环一分为二，计算其总质量及差值，在不破坏每排平衡及两排对称平衡的基础上，调整到四排总体对称平衡为最佳。

11 环式碎煤机组配锤环时的注意事项及要求是什么？

答：因锤环在铸造过程中存在一些缺陷，质量差难免存在，因此在每次组配锤环时，应尽可能多准备一些，以便于选择。若对应两排的齿环或圆环总质量相等，但两轴相对应的单个锤环质量不等，特别是在转子两侧的单锤环不等，这种情况，对应于轴中心，虽然在静止情况下是平衡的，但当转子旋转时（即动态情况下），每个不平衡的锤环，所产生的离心力是不相等的。这样转子转动时，由于不平衡离心力的作用，就会产生振动。所以每个锤环与其相对应180°轴上的锤环的质量误差，在轴向和径向上应当最小为宜，其最大误差应小于150g。要求对应两排齿环和圆环的总质量，应尽量相同或相近，其总重误差应小于或等于200g。

实际使用中，由于落料点偏移，同一排环锤的磨损量必然不匀，有时利用质量合格的旧环锤重新组配再用时，可有意识地将较重的环锤安放于磨损较严重的料流部位，以进一步延长使用寿命。

12 环式碎煤机更换锤环的步骤有哪些？

答：环式碎煤机更换锤环的步骤有：

（1）在办理完工作票并采取了安全措施后，将碎煤机内外的积煤清理冲洗干净，松开结合面上所有的连接螺栓和轴封盖上的螺栓，用液压开启装置打开碎煤机前机盖。

（2）转动转子，使转子上一排锤环向上处于开口处，卡住转子，使其不能转动。

（3）用专用起吊装置将这一排锤环全部夹住或吊住。拆下环轴末端挡盖，并将环轴取出。这样一排锤环在环轴取出过程中就逐个地被吊出拆下。

（4）将已配置好的一排锤环用专用起吊工具吊起，并一次吊入，环轴穿入后，装好末端挡盖。取掉起吊工具，将一排锤环放下，第一排锤环至此则更换完毕。环锤也可用普通倒链一个一个地拆卸安装。

（5）松开转子，使其转动至第二排锤环处于开口处，按以上方法进行锤环更换。这样逐个地将四排锤环全部拆装完毕。

13 环式碎煤机更换筛板及破碎板的要求及步骤有哪些？

答：当筛板破碎板磨损达到原厚度的60%～75%时，或有断裂损坏时，应进行更换，更换步骤如下：

（1）将电动机停电。拆下机体与机盖接合面螺栓以及转子轴端与机体密封法兰等。

（2）用液压开启装置把机盖顶起至90°位置，并用枕木或专用支架支撑前盖，拆除转子轴承座螺栓及紧固件。

（3）将转子吊出。

（4）直接拆除前机盖上大筛板的紧固螺栓，将大筛板吊出，并更换为新筛板。

（5）对机体内筛板支架上的筛板、破碎板，一定要用钢丝绳等起重工具将其吊挂，而后再拆除螺栓紧固件进行更换，注意防止其掉入下部落煤斗内。

（6）更换完新筛板和破碎板后，将其固定螺栓紧固。而后按照上述相反顺序回装。

若用开启后机盖的办法更换筛板和破碎板，可以不移动转子，这个办法相对省工，但必须拆卸筛板架后侧的两根安全销子，把筛架放低，才能打开后盖。可直接拆除其螺栓紧固件，并将其吊出进行更换。

14 环式碎煤机的筛板间隙如何调整？

答：安装在筛板支架上的筛板调节机构是用来调节锤环与筛板之间间隙的，此间隙的大小决定了破碎粒度的大小。适宜的间隙，既可保证破碎粒度，还可减少筛板、破碎板与锤环的磨损。在碎煤机的使用过程中，可根据碎煤机出力的大小、破碎粒度的变化，及时调整锤环与筛板之间的间隙。该间隙的调整在碎煤机空载情况下进行，用专用扳手转动调整丝杠，通过蜗轮蜗杆机构使筛板支架绕其上铰支座转动，当听到机体内有沙沙撞击声后，停止调整。然后反转丝杠，退回 1～2 扣螺距即可（一般新更换筛板和锤环后，使螺纹丝杠外露 250mm 左右为宜）。调整完后，可观察碎煤机带负荷情况下的破碎粒度是否符合要求，再做适当调整。

15 环式碎煤机轴承的更换步骤及工艺要求是什么？

答：环式碎煤机轴承的更换步骤及工艺要求是：

（1）所有的安全准备措施具备以后，松开轴承座的地脚螺栓，将转子机构用起重工具吊起，并将转子垫好固定，使轴承座下部留有一定的空隙，以便于检查及拆装轴承和更换轴承。

（2）拆除轴承座端盖及油封。

（3）拆除轴承座上下瓦固定螺栓，卸下轴承座。整圆结构的瓦座可直接卸下轴承座。

（4）在更换电动机侧轴承时，需将联轴器拆出，并要先松开锁紧螺母，取下止退垫圈和定位套。

（5）拆出需更换或检修的轴承。

（6）将检修好的轴承清洗后，直立放在干净的平台上。

（7）测量更换轴承的滚子与外套的径向间隙，将其间隙数值记录下来，以确定是否符合规范的要求。

（8）在安装新轴承前，要用干净的棉布将轴颈处和轴承内套擦拭干净。

（9）用热装法和敲击法将轴承安装在轴上。可在装配面涂一层干净的机油。冷装是比较困难的，特别是 800t/h 以上的大型碎煤机，安装不好还会损坏新轴承。

（10）在装锁紧螺母、止退垫圈和定位套后，一定要调整好止退垫圈与锁紧螺母的开口位置，使其相对应。

（11）轴承及锁紧螺母等定位后，撬起止退垫圈锁片，并锁入锁紧螺母槽内。

（12）安装轴承座时，一定要将座内孔、座与盖的接合面清理干净。

（13）轴承的润滑采用二硫化钼润滑脂，整座结构的也有采用机油润滑方式的，其注入量都为油腔容积的 1/3～1/2。

（14）检查油封、定位套、锁紧螺母是否齐全，对位后，装好轴承端盖。

16 环式碎煤机挠性联轴器的拆卸与安装是怎样进行的？

答：环式碎煤机挠性联轴器的拆卸与安装方法为：

（1）拆下两半连接器的螺栓、螺母及垫圈，将其顺序和位置做好记录，以便于安装时顺序正确。

（2）拆下中间的联轴器及两端半联轴器。

（3）检查传动轴（主、从动轴）半联轴器法兰内孔、键和键槽，应清洁、无毛刺，确保各部分配合适当。

（4）联轴器与轴的装配为过渡配合，在安装时，应当将联轴器放入油中加热后再安装，确保其整体加热，切忌局部加热安装，以防变形。

（5）安装挠性联轴器时，应保证两半联轴器在径向任意位置的间距相等。

（6）检查、找正两半联轴器的同轴度、垂直度，使其误差在规定范围内。

（7）拧紧联轴器的螺栓、螺母，并注意拆前的位置及顺序。

（8）待碎煤机运转数小时后，重新检查并紧固全部螺母，防止松动。

17 环式碎煤机的大修项目包括哪些内容？

答：大修周期每两年一次，主要大修项目有：

（1）更换锤环及环轴。

（2）更换破碎板、筛板。

（3）更换部分衬板。

（4）检查、修理筛板调节装置，检查润滑部位并加油。

（5）检查或更换除铁室算子。

（6）检查、清洗主轴轴承并加油，必要时更换轴承。

（7）更换联轴器销子（检修液压耦合器）。

（8）检修液压系统，清理液压系统油箱、油泵、阀门，进行解体检修。更换磨损部件，换液压油，检修后调整压力，消除渗、漏油。

（9）部分或全部更换上、下落煤筒；更换各密封胶条；检查转子、圆盘、隔套及摇臂，磨损严重或损坏的应当更换；转子找平衡；刷漆防腐。

18 环式碎煤机的小修项目包括哪些内容？

答：小修周期每一年一次，主要小修项目为：

（1）检查、更换锤环及环轴。

（2）检查、更换部分反击板（破碎板）和筛板。

（3）检查、更换部分衬板。

（4）对主轴轴承清洗加油。

（5）检查、更换除铁室算子。

（6）检查、调整筛板调节装置。

（7）检查、更换部分密封胶条。

（8）对上下落煤筒部分挖补、更换。

（9）检查液压系统，消除渗漏油；消除机壳、落煤筒漏煤或其他缺陷；检查、紧固各部位的螺栓。

19 环式碎煤机检修后应达到哪些标准？

答：环式碎煤机检修（大、小修）后，应达到以下标准：

（1）各紧固螺栓、螺母完整、严密、牢固。

（2）各接合面、密封垫应结合严密，垫片完好，不应有漏粉、漏煤现象。

（3）联轴器锁片、护罩要紧固牢靠。

（4）空载及带负荷运转后，其振动值应在规定范围内，即垂直、水平振幅小于或等于0.07mm（双振幅），轴向窜动小于或等于0.03mm。

（5）碎煤机运转4h后，轴承温度小于或等于80℃。

（6）碎煤机运转平稳，机体内无金属撞击声。

（7）调整筛板与锤环的间距，保证排料粒度小于或等于25mm。

（8）大修后内外刷漆防腐。

20 环式碎煤机的检修质量有何要求？

答：环式碎煤机的检修质量要求为：

（1）各部螺栓、螺母必须牢固，不应有松动现象。

（2）机体和机盖结合面处密封垫应垫好，不应有漏粉现象。

（3）转子主轴水平允许误差不大于0.3mm。

（4）挠性联轴器护罩要紧固可靠。

（5）开车后机体应无明显振动，振动值不可超过规定标准。

（6）运转4h轴承温度不得超过80℃。

（7）运转中机体内应无金属碰撞声响。

（8）待机器达到运行速度后，调节筛板与环锤间隙，以保证排料粒度不大于25mm。

（9）带负荷试车时，严禁带负荷启动，一定要在达到额定转速后，才能进料运行。

第三节　其他碎煤机及其检修

1 锤击式碎煤机的结构及工作原理是什么？

答：锤击式碎煤机主要由机体外壳、转子、冲击板、出料算条筛缝隙和传动装置等组成。机器外壳的上盖有物料进口，物料进口与接受物料的落煤管即皮带机落料装置相衔接，它们之间用螺栓连接。转子是由主轴、摇臂、圆盘、锤头、隔套、销轴等组成。主轴是由高强度的合金钢或碳钢制成的，轴上用键配合有数排交叉对称的摇臂，其中间用隔套隔开，两侧用圆盘固定，在摇臂和圆盘上开有销孔，销轴在其中穿过，并且挂有数排可活动的锤头，有的锤头之间用垫圈相隔，锤头质量一般为3～15kg，有的更重一些。转子用两个轴承座支承安装在机壳内。

高速旋转的锤头由于离心力的作用，呈放射状张开。当煤切向进入机内时，一部分煤块在高速旋转的转子锤头打击下，被击碎；另一部分则是锤头所产生的冲击力传给煤块后，煤块在冲击力的作用下，被打到碎煤机的冲击板上击碎。而后，在锤头与筛板之间被研磨成所需的粒度，从算条筛缝隙间落下。锤击式碎煤机的破碎是击碎和磨碎的过程。

2 锤击式碎煤机轴承温度超限的原因及处理方法有哪些？

答：锤击式碎煤机轴承温度超过80℃时，应注意检查处理，主要检查以下项目：

（1）轴承保持架或锁套是否损坏。处理方法：更换轴承或锁套。

（2）润滑脂是否污秽或不足。处理方法：清洗轴承，更换、补充油脂。

（3）滚动轴承游隙是否过小。处理方法：更换大游隙轴承。

3　锤击式碎煤机的检修质量有何要求？

答：锤击式碎煤机的检修质量要求有：

（1）外观整齐，结合面及检查门严密不漏粉尘。

（2）锤头与销轴应留有 $1\sim2\text{mm}$ 的间隙，护板与锤头工作直径应有不小于 10mm 的间隙，筛板与锤头工作直径间隙一般为 25mm 左右。

（3）运动时锤头不打护板和筛板。

（4）轴承声音正常，连续工作时温度不超过 $70℃$。

（5）机组振动不超过 0.1mm。

4　锤击式碎煤机破碎粒度过大的原因及处理方法有哪些？

答：锤击式碎煤机破碎粒度过大的原因及处理方法为：

（1）筛板箅条是否有折断。处理方法：更换筛板。

（2）锤头与筛板之间的间隙是否过大。处理方法：调整间隙。

（3）锤头与筛板磨损是否过大。处理方法：更换锤头或筛板。

5　反击式碎煤机的主要结构是什么？

答：反击式碎煤机的主要部件由机体、转子、板锤、反击板、风量调节装置、液压开启机构等组成。

（1）转子。有整体式、组合式和焊接式三种。一般都采用整体铸钢结构，该结构质量较大，能满足工作要求，且坚固耐用，便于安装板锤。

（2）板锤。也称锤头，形状很多。

（3）反击板。其作用是承受板锤击出的煤，并将其碰撞破碎，同时又将碰撞破碎后的煤反弹回破碎区，再次进行冲击破碎。

（4）机体。机体以转子体的轴中心线为界分为上下两部分，下机体承受整台机器的重量，并借助于底部螺栓固定于基础上；上机体分为左右两部分，左上部装有液压开启机构，当更换或检修调整前、后反击板时，利用液压开启机构把它打开到倾斜 $40°$ 的位置就可进行工作。右上体与进料口衔接。机体的前后面设有检查孔门。

（5）风量调节装置。根据实际情况，转动风量调节装置的手柄，就可在一定的范围内改变鼓风量。

（6）液压开启装置。液压开启装置包括油箱、油缸、油泵等，其作用是更换或检修。

6　反击式碎煤机的工作原理是什么？

答：当煤从进料口进入板锤打击区时，马上受到高速回转的板锤作用，煤块被破碎。这时将会出现两种情况：一是小块煤受到板锤的冲击后沿板锤切线方向抛出，在这个过程中可以近似地认为冲击力通过煤块的重心；二是大块煤由于重力的作用，使煤块沿与切线方向成一定角度的偏斜方向抛出，即形成平抛运动，煤块被高速抛向反击板而再次受到冲击破碎。由于反击板的作用，使煤块反弹回到板锤打击区，使之再次重复上述过程。在上述过程中，煤颗粒之间也有相互碰撞的作用。这种多次性冲击以及相互间的碰撞作用，使煤块不断沿本身强度较低的界面产生裂缝、松散而破碎。当破碎的颗粒小于板锤与反击板的间隙时，即达到所要求粒度时，从机内下部落下，成为破碎产物。

7 反击式碎煤机的检查维护内容有哪些？

答：启动前首先要检查电动机地脚螺栓、机体螺栓、轴承座、各处护板螺栓无松动、脱落，联轴器销子紧固良好，转子机腔内无严重积煤现象，板锤无严重磨损及脱落现象。若板锤、反击板衬板损坏或脱落时应及时更换。反击板上弹簧及拉杆螺栓无松动断裂现象，调整螺栓要拧紧，下煤筒无堵煤现象。检查完毕后关好检查门。检修后的碎煤机送电启动前最好能盘车2~3圈，观察机内有无异常响声，确认完好后，方可结票送电启动碎煤机。运行中应经常检查反击板吊挂螺栓不应有松动及脱落现象。严禁在机器转动中调整。运行中不准进行任何维护检修工作，发现异常要及时停机处理。

8 反击式碎煤机出料粒度和风量如何调整？

答：出料粒度的调整是通过调整前、后反击板与转子旋转直径的间隙来实现的。一般前反击板的最底部与转子旋转直径之间的间隙应调整至50mm，后反击板的最底部与转子旋转直径之间的间隙应调整至30~35mm，这些间隙的调整是通过调整反击板支座拉杆的螺母来实现的。反击板上的护板磨损一般不能超过原来的2/3。若需减少回风量则松开右边的调整螺母，旋紧左边的调整螺母即可。

9 反击式碎煤机的常见故障及原因有哪些？

答：反击式碎煤机的常见故障及原因有：

（1）破碎粒度过大。原因有板锤与反击板间隙过大，板锤或反击板磨损严重或损坏。

（2）机组振动过大。给料不均，使板锤损坏程度不均，造成转子不平衡；板锤脱落；轴承在轴承座内间隙过大；联轴器中心不正。

（3）机内有异常响声。板锤与反击板间隙过小；内部有杂物。

（4）产量明显降低。转子破碎腔内积煤堵塞；板锤磨损严重，动能不足，效率降低。

10 环锤反击式细粒破碎机的工作原理和结构特点是什么？

答：环锤反击式细粒破碎机结合了反击式破碎机和环锤式破碎机的优点，同时具有筛分和旁路的功能。适合于对中等硬度的物料进行破碎。尤其针对循环流化床锅炉对燃料细碎的要求，可获得10mm以下的出料粒度。其结构如图6-2所示。

工作原理如下：

环锤反击式细粒破碎机由分料给料筛板、反击板、破碎板、转子及机壳等部件组成。破碎腔内分反击粗碎腔、打击细碎腔和研磨区等部分。待破碎的物料由入料口进入破碎机后，先经分料给料筛板将一部分粒度合格的物料筛分，经旁路通道直接从出料口排出；需破碎的物料则被高速旋转的转子打击抛向反击板，被多次冲击破碎后，在转子的带动下进入破碎腔进一步破碎。随后进入研磨区，利用转子线速度大于物料下落速度的特点，在研磨区使粒度进一步缩减形成合格品，从排料口排出。排出物料的粒度是通过调节反击板、破碎板与转子之间的间隙控制的。当出料粒度调为25mm时，同等出力功率消耗可降低一半，或同等功耗出力可增大一倍。

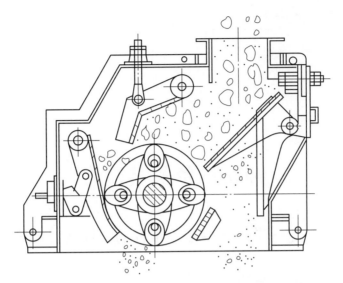

图 6-2　环锤反击式细粒破碎机结构示意图

环锤反击式细粒破碎机的结构特点有：充分利用破碎空间，具有较大的破碎比。采用浮动锤，既有反击功能，又可以退让缓冲。采用间隙控制粒度，去掉通常的底部筛板，排除了堵煤现象。采用分料给料筛板，具有初级分离功能，提高了生产率，改善了破碎效果。分料给料筛板浮动设置，可防止堵塞。分料给料筛板可垂下，形成旁路通道。破碎板上的安全销可保障设备进入异物时不被损坏。

11 选择性破碎机的工作原理和特点是什么？

答：选择性破碎机主要用于将煤中的杂物（如石头、木头、铁块等）排除。其工作原理是：电动机通过减速装置和链条驱动旋转滚筒，滚筒由筛板通过高强螺栓连接而成。煤从入料口进入，落到滚筒下部后，粒度比筛孔孔径小的煤被迅速筛分落入下部煤斗，大块煤则被一些固定在筛板上的短搁板随着滚筒的旋转而提升。当搁板向上旋转到一定高度后，大块煤滑落，冲击到滚筒底部筛板而被破碎，反复提升和下落使煤全部被破碎后筛分落入煤斗。提升搁板安装在筒体上有一定的轴向角度，使煤随着滚筒旋转的同时产生一定的轴向位移，从而使不易破碎的物料，如石块、铁块（条、丝）和木块等能流向选择性破碎机尾端，最后被滚筒内部的废料犁犁出尾部。选择性破碎机的出力与煤的硬度、粒度、煤中三块的含量及所要求的煤的出口粒度等因素有关。也可根据实际情况调整滚筒的直径、长度，筛板孔径及提升搁板的数量和安装角度来满足出力要求。

选择性破碎机的主要特点是除三大块，同时也对煤进行预破碎。极大地改善了后续碎煤机的运行工况，使其运行更加稳定，减少了磨损。除去煤中大块的铁及其他杂物，物料破碎后的最大尺寸由滚动筛板上的筛孔正确控制，均匀性好。无需任何备用及旁路保证措施，适应各种水分的给煤及其他工况，出力几乎不受影响。只需一个护罩即可安装在室外，护罩上部中间设有除尘点可以抑尘，从而减少土建费用。

第七章

辅助设备及其检修

第一节 犁煤器、推杆的结构及其检修

1 使用犁煤器对胶带有何要求？

答：使用犁煤器要求胶带上胶层要厚，胶带采用硫化接头最好，冷黏接口更要顺茬胶接，不可用机械接头。

2 犁煤器的种类与结构特点有哪些？

答：犁煤器的全称是犁式卸料器，用于电厂配煤时称为犁煤器，也称刮板式配煤装置。犁煤器有固定式和可变槽角式两种。

固定式为老式犁煤器，已被逐渐淘汰，由托板和托板支架等组成，胶带通过犁煤器时，托板将胶带由槽形变成水平段，通过刮板将煤从胶带上刮下，卸入料斗。犁煤器托板为一平钢板，对胶带磨损较为严重，改为平形托辊托平胶带，但是胶带通过时为平面段，容易撒煤。

可变槽角式犁煤器为现今通用形式，根据托辊构架的不同，分为摆架式和滑床框架式等结构。摆架式结构比较合理，无滑道摩擦，工作阻力小，耐用可靠，维护量小。滑床式结构由滑动框架及底座、槽形、平形托辊，犁刀，驱动杆，电动推杆及固定支架等组成。犁煤器的驱动推杆有电动、汽动、液力推杆三种方式，其中电动推杆被广泛使用。

各种犁煤器又可分为单侧犁煤器和双侧犁煤器，单侧犁煤器又有左侧和右侧之分。其中双侧犁煤器卸料快，阻力小，犁板倾斜贴于皮带表面，煤流作用时具有自动锁紧功效（如果犁头两板为垂直立板，上煤时容易发生抖动，带负荷落犁时容易过载）。电动推杆具有双向保险系统。主犁后设有胶皮辅犁，使胶带磨损量小，延长了胶带输送机的使用寿命，所以这种犁煤器用得比较广泛，其结构紧凑、起落平稳、安装操作方便、卸料干净彻底、性能可靠，还能方便用于远距离操作，实现卸料自动化。

3 滑床框架式电动犁煤器的结构和工作原理是什么？

答：滑床框架式电动组合犁煤器主要由电动推杆机、驱动杆支架、主犁刀、副犁刀、门架、滑床框架平形长托辊和槽形短托辊等机构组成。

工作状态：推杆伸出滑床框架后移，使边辊内侧抬起，槽型活架托辊变成平行，犁头下

落，使胶带平直，犁刀与胶带平面贴合紧密，来煤卸入斗内，不易漏煤。

非工作状态：推杆收回滑床框架前移拉回，使边辊内侧落下，滑架托辊变成槽形，达到一致角度，物料通过，不易向外撒料。

犁刀不宜垂直于皮带平面直立设计，应沿人字板走向制成下凹形流线设计，工作时具有自锁紧效果，受到煤的冲击力时犁头不会抬起和抖动。

这种犁煤器的缺点是滑床轮及轮辊易生锈，加大抬落阻力，使推杆易过负荷。

4 摆架式犁煤器的工作原理是怎样的？

答：摆架式犁煤器的结构，如图 7-1 所示。由电动推杆收缩、使驱动臂摆动，压杆使犁落下，同时平托辊架被拉起，使槽形胶带变成平面，物料被犁切落，实现落料动作。不需要落料时，电动推杆伸出，推动臂摆动，压杆将犁拉起，同时平托辊落下，胶带又恢复了原来槽形，胶带可以正常继续运送物料。犁煤器摆架的前后部位各装一组自带轴芯的槽型边托，能随摆架的抬落自动变平或变槽。

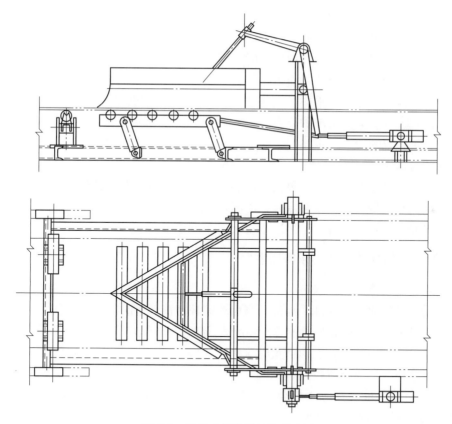

图 7-1　摆架式犁煤器结构示意图

5 槽角可变式电动犁煤器的主要特点有哪些？

答：槽角可变式电动犁煤器的主要特点有：

（1）因为非工作状态时前部短托辊仍恢复原来的槽形角度，中间平托辊与胶带边缘分离，所以不易磨损胶带，延长胶带使用寿命。

（2）工作状态时，前部槽形托辊变成平形，犁头与胶带贴合紧密，无漏煤现象。

（3）犁头改进为双犁头，第一层犁头未刮净剩下的少量煤末，到第二层犁头可将其刮下，减少了胶带的黏煤现象。

（4）既可就地操作，也可集中控制。

（5）犁头设有锁紧机构。工作时，受到煤的冲击力不会抬起和抖动，使犁刀始终紧贴胶面，卸料时不易漏料。

（6）犁刀磨损后可下落调节，直到不能使用。

（7）槽角可变式电动犁煤器以电动推杆为动力源，通过推杆的往复运行，带动犁板及边辊子上下移动，使犁煤器在卸煤时托辊成平行，不卸煤时成槽角。通过行程控制机构控制电动推杆的工作行程，从而调节犁板的提升高度及犁板对胶带面的压力。

6 犁煤器的检修项目和质量标准有哪些？

答：犁煤器的检修项目有：

（1）电动推杆的检查、清洗、加油。

（2）犁头磨损情况的检查，磨损严重时应更换。

（3）驱动杆的检查，变形严重应更换。

（4）台架的检查，变形严重应予以修整。

（5）定位轴、导套磨损情况的检查。

（6）长、短托辊的检查、更换。

犁煤器的检修质量标准有：

（1）犁煤器的电动推杆驱动要灵活、可靠，同时手动用的手轮必须配备齐全。

（2）犁煤器与胶带表面应接触良好，不漏煤。

（3）犁煤器犁板必须平直，不平度不得大于 2mm。

7 犁煤器的检修工艺要求有哪些？

答：犁煤器的检修工艺要求有：

（1）电动推杆的解体、清洗、加油，当齿轮螺杆磨损严重时应予以更换。

（2）犁头磨损到与胶带接触面有 2～3mm 间隙时，应予以更换。

（3）驱动杆变形应修整，变形严重时应更换。

（4）拉杆弯曲变形应予以校正。

（5）台架变形严重时，应予以修整。两侧板要求平直平行，不平直度不得超过 2～3mm，不平行度不允许超出 3mm。

（6）定位轴与导套应伸缩灵活，无晃动。当晃动超出 0.5mm 时，应更换导套。

（7）托辊的检查。当发现托辊不转时，应打开两端密封装置清理、加油；发现轴承损坏时，应予以更换；当托辊壁厚小于原厚度的 2/3 时，应予以更换。

8 犁煤器操作不动作的主要原因有哪些？

答：犁煤器不动作的主要原因有：失去电源；熔断器断开；过载限位卡死；机械故

障等。

9 型号为 DT 系列的电动推杆的型号含义是什么？

答：型号为 DT 系列的电动推杆的型号含义是：以 DT□30050 为例说明如下，DT-电动推杆；□-（普通型Ⅰ；折弯型Ⅱ；外行程可调Ⅲ；带手动机构Ⅳ）；300-额定推力 300kgf(3kN)；50-最大行程 50cm。

10 电动推杆的工作原理及用途是什么？

答：电动推杆以电动机为动力源，通过一对齿轮转动变速，带动一对丝杆，螺母转动。把电动机的旋转运动转化为直线运动。推动一组连杆机构来完成闸门、风门、挡板及犁煤器等的切换工作。电动推杆内设有过载保护开关，为了区别推杆完成全行程时切断电源与故障过载时切断电源的差别，在实际使用时必须加限位开关，来承担完成全行程时断电的任务，确保整机的使用寿命。不得用过载开关来代替行程开关的作用，否则容易造成推杆过流或损坏机内高精度过载开关的故障发生。

11 电动推杆内部的过载开关是如何起作用的？

答：推杆内的过载开关是在负荷过载后压缩内部弹簧，使内部限位块微动，使限位开关线路断电，电动机停转，起到保护作用。

内部过载开关必须与外部限位开关和继电器串联使用，否则起不到过载保护，也不能直接代替外部限位开关使用。否则每次停止都是超限位后靠过载断电，甚至卡死，影响使用寿命。

12 电动推杆齿轮腔的润滑要求是什么？

答：推杆经长期使用检修后，齿轮腔内要更换润滑脂，充满度为 40%～70%。

13 电液推杆的维护保养内容有哪些？

答：电液推杆的维护保养内容有：
(1) 每半年换一次液压油，冬季用 8 号机械油，夏季用 10 号机械油。
(2) 每半年对电液推杆进行一次维护、保养，用煤油冲洗管路集成块等。
(3) 加油必须过滤干净。

14 电动液压推杆的工作原理及特点是什么？

答：电动液压推杆的工作原理为：电动液压推杆是一种机电液压一体化的推杆装置，由液压缸、电动机、油泵、油箱、滤油器、液压控制阀等组成。电动机、油泵、液压控制阀和液压缸装在同一轴线上，中间有油箱和安装支座。活塞杆的伸缩由电动机的正反向旋转控制。液压控制阀组合由调速阀、溢流阀、液控单向阀等组成。

电动液压推杆的主要特点是：
(1) 电动液压一体化，操纵系统简单，自保护性能好，推力大，可实现远距离控制，方便在高空、危险地区及远距离场所操纵使用。
(2) 机组的推（拉）力及工作速度可按需要无级调整，这是电动推杆无法实现的；可带负荷启动，动作灵活，工作平稳，冲击力小，行程控制准确；能有效地吸收外负载冲击力。

（3）没有常规液压系统的管网，减少了泄漏和管道的压力损失；噪声小，寿命长。有双作用和单作用两种，结构紧凑，但比同额的电动推杆重。

15 刮水器的用途与特点是什么？

答：刮水器的结构与犁煤器基本相同，主要用在煤场露天皮带机上，将停运的皮带机上积存的雨水或雪在启动时及时刮掉，避免运行时涌进转运站。

刮水器主要由机架、刮水犁板、托辊、连杆、滑槽和电动推杆执行机构所组成。刮水器犁头固定不动，借助滑槽中的托辊上升将胶带托起与刮水犁板贴合在一起。上升时电动推杆推动杠杆，顶起托辊沿滑槽上升，这样就使运行时带过来的雨、雪及时刮掉。

第二节　除铁器及其检修

1 常用除铁器有哪些种类？

答：按磁铁性质的不同可分为永磁除铁器和电磁式除铁器两种。电磁除铁器按冷却方式的不同可分为风冷式除铁器、油冷式除铁器和干式除铁器三种。电磁除铁器按弃铁方式的不同可分为带式除铁器和盘式除铁器两种。

2 铁磁性物质被磁化吸铁的机理是什么？

答：铁磁性物体进入磁场被磁化后，在物体两端便产生磁极，同时受到磁场力的作用。在匀强磁场中，由于各处的磁场强度相同，物体各点所受的两极方向上的磁力都是大小相等，方向相反，所以该物体所受的合外力为零，在此匀强磁场中某一位置处于平衡状态。

铁磁性物体进入非匀强磁场时，原磁场在不同位置所具有的场强值是不相等的，所以物体各点被磁化的强度也不同。在原磁场强度较强的一端，物体被磁化的强度大，所受的磁场力也大，反之亦然。物体两端在此非匀强磁场中所受的磁场力不相等。这时物体便向受磁力大的这一端移动，所以铁磁性物质在非匀强磁场中会做定向移动。除铁器就是根据这一原理制成的。

3 输煤系统为什么要安装除铁装置？

答：在运往火力发电厂的原煤中，常常含有各种形状、各种尺寸的金属物。它们的来源主要是煤中所夹带的杂物（如矿井下的铁丝、炮线、道钉、钻头、运输机部件及各种型钢等），铁路车辆的零件（如制动闸瓦、勾舌销子等），还有输煤系统的护板等结构零部件，如果这些金属物进入输煤系统或制粉系统，将造成设备损坏和事故。特别是装有中速磨煤机和风扇磨煤机及其链条给煤机的制粉系统，对金属物更是敏感。同时这些金属物沿输煤系统通过，极有可能对叶轮给煤机、皮带机、碎煤机等转动设备造成各种破坏，尤其是皮带的纵向撕裂，将给输煤系统造成重大故障。因此，从输煤系统中除去金属杂物，对于保证设备安全、稳定运行，是非常必要的，也是对输煤专业的重要考核指标之一。

4 输煤系统对除铁器的使用有何要求？

答：输煤系统对除铁器的使用要求为：

（1）一般不应少于两级除铁。多级除铁应尽可能选用带式除铁器安装在皮带机头部，与盘式除铁器安装在皮带机中部搭配使用。

（2）宽度 1.4m 以下的皮带机宜选用带式永磁除铁器，宽度 1.6m 以上皮带机推荐尽可能选用电磁除铁器。

（3）要求防爆的场合，推荐优选永磁除铁器。

（4）电力容量不足时，宜选用永磁除铁器。

（5）在除铁器正下方尽可能选用无磁托辊或无磁滚筒。

5 除铁器的布置要求有哪些？

答：输煤系统中的除铁器一般在碎煤机前后各装一级，碎煤机以前的主要起保护碎煤机的作用，同时也保护磨煤机。在使用中速磨和风扇磨等要求严格的情况下，输煤系统应装设 3～4 级除铁器，以保护磨煤机的安全运转。为了防止漏过个别铁件，可在后级除铁器前，加装金属探测器，探测出大块铁件时，使相应除铁器投入强磁或使皮带机停车，人工拣出铁件。

6 带式电磁除铁器主要由哪些部件组成？

答：带式电磁除铁器主要由除铁器本体、卸铁部件和冷却部件组成。除铁器本体有自冷、风冷和油冷三种。卸铁机构由框架、摆线针轮减速机、滚筒及螺杆、链条链轮和装有刮板的自卸胶带组成。

7 带式电磁除铁器的特性和工作过程是什么？

答：带式电磁除铁器悬吊在皮带运输机头部或中部，靠磁铁和旋转着的皮带将煤中铁物分离出来。其特性是：三相交流 380V 供电，常励直流 200～220V，强励直流 340V 或 500V，带速 2.6～3.15m/s，吸引距离 350～500mm，物料厚度小于 350mm。带式电磁除铁器可以单独使用，与金属探测器配套使用时除铁效果更佳。

工作过程是：带式除铁器启动后，冷却风机电动机、卸铁皮带电动机同时启动运行。此时，电磁铁线圈接通 200V 的直流电源，保持电磁铁在常磁状态。当输送的煤中混有较小的铁器时，就将其吸出；当煤中混有较大的铁件时就经金属探测器检测出并发出一个指令去控制电源开关，电磁铁切换至 340V 或 500V 直流电源，产生强磁，将大铁件吸出。电磁铁在强磁状态下保持 6s 后自动退出，恢复 200V 的常磁状态。如果金属探测器连续发出有较大铁件的指令，电磁铁将始终保持在强磁状态，直到将最后一块较大铁件吸出后才退出强磁。常用的带式电磁除铁器有：DDC-10 型（带宽 1m）；DDC-12 型（带宽 1.2m）；DDC-14 型（带宽 1.4m）；DDC-12A 型等。

8 金属探测器的工作原理是什么？

答：金属探测器的环形或矩形导电线圈装于皮带机上，输送带从线圈的中心通过，用来检测煤中的大块磁性金属。当煤中混入的磁性金属通过线圈时，引起线圈中等效电阻的变化，发出信号，使电磁除铁器加大瞬时电流吸出磁性金属，或由机械装置截取含有磁性金属的煤流，或当电磁除铁器不能将它吸出时，停转皮带机，由人工拣出，防止磁性物质进入碎煤机、磨煤机后损坏设备。

9 电磁除铁器的自身保护功能有哪些？

答：为了保证除铁器的安全运行，其本身的控制系统中有一套连锁保护装置，当电磁铁运行中温度过高时，装在铁芯中的热敏元件动作，自动切断控制回路电源，停止设备运行。当冷风机故障时，为了保证铁芯不超温，自动切断强磁回路控制电源。

10 电磁除铁器的冷却方式有哪几种？

答：电磁除铁器的冷却方式有：

(1) 采用封闭结构冷却。这种结构虽然封闭性好，但仅依靠外壳表面散热，散热面积小，不能将热量有效扩散，因而多处于高温升状态。降低了励磁功率，以至于磁性不稳，性能不高。

(2) 采用线圈暴露的开放式风冷结构。线圈直接暴露在空气中，由于受水分、尘埃和有害气体影响，长期运行使线圈绝缘性能下降，加之部分死角尘埃堆积，极易造成线圈的烧毁。

(3) 采用全封闭散热结构。线圈彻底与外界隔绝；利用新型导热介质，将内部热量迅速导入波翅散热片，散热片大大增加了散热面积，可迅速将热量散去。

(4) 膨胀散热器油冷式结构。它是真正全封闭油冷式结构，取消了普通油冷式结构的储油柜、呼吸器、卸压阀，实现了永久性全封闭。线圈、导热介质油与空气完全隔离，可以在户内、户外及粉尘严重和湿度较大的恶劣环境下工作。膨胀散热器提供了足够的散热面积，导热介质油使内外温差很小。

11 带式电磁除铁器的运行与维护注意事项有哪些？

答：带式电磁除铁器运行与维护的注意事项有：

(1) 框架全部用螺栓连接，应经常检查是否松动，如有松动，应拧紧。自卸胶带刮板为不锈钢制造，因吸铁碰撞而损坏的，应立即更换。

(2) 减速机第一次加油运转半个月后，应将机内油污彻底排净，全部换新油。以后每季换油一次，可采用 40~50 号机油，油面不低于油镜的 1/3，正常运转油温不超过 40℃。

(3) 其余各部轴承用 2 号工业锂基润滑脂，每月加润滑脂一次。

(4) 为避免铁件漏过，启动时先启动除铁器，后启动皮带运输机；停止时则相反。

(5) 除铁器工作时，周围均有较强磁场，不要持锐利铁器靠近。手表和各种仪表也勿靠近。

12 带式除铁器的检修质量标准是什么？

答：带式除铁器的检修质量标准是：

(1) 各部连接螺栓、螺母应紧固，无松动现象。

(2) 各托辊及滚筒应转动灵活。

(3) 主动滚筒、改向滚筒的轴线应在同一平面内；滚筒中间横截面距机体中心面的距离误差不大于 1mm。

(4) 改向滚筒支座张紧灵活，弃铁胶带无跑偏现象。

(5) 单级蜗轮减速器空载及 25% 负荷跑合试车不得少于 2h，跑合时应转动平稳、无冲击、无振动、无异常噪声，各密封处不得有漏油现象，工作时油温不得大于 $65\sim70℃$。

（6）风机经 30min 试运转，叶轮径向跳动不大于 0.06mm，风机满载运行时，风量不低于 4800m^3/h，风压不低于 265Pa。

（7）整机运行驱动功率及温升不得超过规定值。

（8）励磁切换要准确无误，动作灵活。

（9）弃铁胶带的旋向应正确。

13　带式除铁器常见的故障及原因有哪些？

答：带式除铁器常见的故障及原因有：

（1）接通电源后启动除铁器既不转动，又无励磁。原因有：分段开关未合上；热继电器动作未恢复；控制回路熔断器熔断。

（2）接通电源后启动除铁器转动，但给上励磁后自动控制开关跳闸。原因有：硅整流器击穿，电压表指示不正常；直流侧断路，电流指示不正常。

（3）接通电源后，启动除铁器转动，但励磁给不上。原因有：温控继电器动作；冷却风机故障；励磁绕组超温。

（4）常励和强励切换不正常。原因有：金属探测器不动作；金属探测器误动作；时间继电器定值不好；时间继电器故障。

（5）电动机减速箱温升高，声音异常。原因有：电动机过载或轴承损坏；减速箱内蜗轮蜗杆严重磨损；减速器无油。

14　冷却风机的检修工艺内容是什么？

答：冷却风机的检修工艺内容是：

（1）检查风机叶轮与风筒之间的间隙为 2mm，叶轮安装角度误差不大于 $\pm10°$。

（2）风机固定螺栓不得有松动现象。

（3）叶轮振动超过额定值时，应及时检修、调整。

（4）风机座与风筒垫板应自然结合，不平时应加垫片调平，但不应强制连接。

（5）风机叶轮键连接不可松动，叶轮与风筒不得有相碰现象。

（6）风机轴承应润滑良好。

15　悬吊式电磁除铁器的排料方式如何？

答：悬吊式电磁除铁器的排料方式为：

（1）悬吊式电磁除铁器一般挂在手动单轨行车上，当皮带机停止运行后，将除铁器移至金属料斗的上方，断电后，将铁件卸到料斗里集中清除。

（2）悬吊式电磁除铁器也可挂在电动单轨行车上，停机后行车在工字梁上移出，以便离开皮带机卸下吸出的铁件。

（3）悬吊式电磁除铁器也可用气缸推动，定时做往复移动，使铁件卸入挡板旁侧的落铁管中。除铁器用钢丝绳悬吊在梁上或装于小车上。

16　永磁除铁器的结构原理与使用要求有哪些？

答：永磁除铁器由高性能永磁磁芯、弃铁皮带、减速电动机、框架、滚筒等组成。当皮带上的煤经过除铁器下方时，混杂在物料中的铁磁性杂物，在除铁器磁芯强大的磁场力作用下，被永磁磁芯吸起。由于弃铁皮带的不停运转，固定在皮带上的挡条不断地将吸附的铁件刮出，扔进弃铁箱，从而达到自动除铁的目的。在有效工作范围内，$0.1\sim35kg$ 的杂铁大部分都能吸出。

永磁除铁器多安装在皮带头部，煤流的运动有助于吸出杂铁，当带速小于 $2m/s$ 时，除铁器位置要尽量靠近滚筒，滚筒及煤斗宜采用非导磁材料。除铁器也可安装在输送带中部上方，自卸皮带的运行方向与大皮带运行方向垂直，在除铁器下方宜安装非导磁性托辊。

17 永磁除铁器的特点有哪些？

答：永磁除铁器的特点有：

（1）永磁体采用号称"磁王"的稀土钕铁硼永磁材料作为磁源，磁性能稳定可靠。

（2）在工作区域内组成近似矩形的半球状高强度、高梯度的空间磁场，有更强的吸引力，对铁磁性杂物具有很强吸力，完善的双磁极结构可以保障工作距离内最大的吸力系数，磁场持久、稳定。

（3）无需电励磁，省电节能。

（4）自动卸铁，运行方便。

（5）不会因除铁器停电等突发故障造成漏铁。

（6）磁极吸附面积大，物料快速运行中也有足够时间吸起铁磁性杂物。

（7）可以在各种狭小、潮湿及高粉尘条件下工作，能与各型皮带输送机、振动输送机或溜槽配套使用，以清除各种厚层物料中的铁磁性杂物。

如果永磁除铁器在弃铁皮带因故不能运行时吸上 $20kg$ 以上的重铁块，因吸力很大，不能直接送电启动皮带弃铁，否则会撕毁皮带或造成其他故障，人工也较难处理，此时可设法用铁丝或麻绳捆住铁块用力拉下，处理时要防止铁件被拉下后再掉入头部落煤斗中。

18 永磁滚筒除铁器的结构特性有哪些？

答：永磁滚筒除铁器是旋转式永磁除铁装置兼作传动滚筒使用，能连续不断地自动分离出输送带上非磁性物料中夹杂的杂铁。磁滚筒与悬挂式除铁器联合使用，即使料层较厚，也能达到很理想的除铁效果。特点是磁力强，透磁深度大，磁场稳定，可作为皮带运输机的传动轮或改向导轮使用。

🏭 第三节 自动计量设备及其检修

1 电子皮带秤的组成和工作原理是什么？

答：电子皮带秤主要由称重秤架、测速传感器和称重传感器积算仪（包括微机）三个主要部件组成。

装有称重传感器的秤架，装于运输机的纵梁上，上煤时由称重传感器产生一个正比于皮带载荷的电气输出信号；测速传感器检测皮带运行的速度，能传输抗干扰度很高的正比于皮带速度的脉冲信号；积算器从称重传感器和测速器接收输出信号，用电子方法把皮带负荷和皮带速度相乘，并进一步积算出通过输送机的物料总量，将其转换成选定的工程单位，同时产生一个瞬时流量值。累计总量与瞬时流量分别在显示器上显示出来。

电子皮带秤是动态计量秤，可测量带式输送机上煤的瞬时量和累计量，具有自动调零、自动调间隔、自动诊断故障、停电保持数据等功能，能配合自动化生产进行远距离测量（监视仪表可装于集控室），可外接机械或电子式计数器，可在不同地点观察同一皮带秤运行状况。

2 **GB/T 7721—2017《连续累计自动衡器（电子皮带秤）》中对皮带秤准确度和最大允许误差的要求是什么？**

答：准确度等级分为 4 个级别：0.2 级、0.5 级、1 级、2 级。

最大允许误差要求值，见表 7-1。

表 7-1　　　　　　　　　　　　皮带秤最大允许误差表

准确度等级	累计载荷质量的百分数	
	型式检验	使用中
0.2	±0.10	±0.20
0.5	±0.25	±0.50
1	±0.50	±1.0
2	±1.0	±2.0

3 **电子皮带秤的校验方式、要求和标准是什么？**

答：电子皮带秤的校验方式有：挂码校验、实物校验、链码校验三种。

皮带秤在检定周期内定期进行空载试验和模拟载荷试验来检验皮带秤的耐久性，并应在对输送机系统进行维修和机械调整后也要进行这种试验，以确保衡器正常运行。模拟载荷试验指的是采用挂码、链码等模拟载荷装置模拟物料通过皮带秤的方式而进行的试验。定期进行空载试验和模拟载荷试验的最小间隔时间应不大于 10d。模拟载荷试验应在物料试验结束后 12h 内完成，并至少连续进行三次试验。

空载试验：若皮带秤的零点误差绝对值小于试验期间最大流量下累计载荷的以下百分数时，应进行零点校准并做模拟载荷试验：

对 0.2 级皮带秤为 0.1%；

对 0.5 级皮带秤为 0.25%；

对 1 级皮带秤为 0.5%；

对 2 级皮带秤为 1%。

模拟载荷试验：若试验的误差绝对值小于以下的百分数时，皮带秤不做任何调整，可以继续使用：

对 0.2 级皮带秤为 0.1%；

对 0.5 级皮带秤为 0.25%；

对 1 级皮带秤为 0.5%；

对 2 级皮带秤为 1%。

4 称重传感器的工作原理是什么?

答:称重传感器的工作原理是:金属弹性体受力后产生弹性变形,其变形的大小与所受外力成正比例。应用黏贴在其表面特定位置的应变片组成有源测量电桥。弹性体受到外力作用后,应变片随着弹性体变形的大小而产生阻值的变化,使测量电桥有信号输出。一旦外力撤销,金属弹性体恢复原状,测量电桥输出信号为零。称重传感器为直压式,其弹性体有单剪切梁式、双剪切梁式、轮辐式、板环式等结构形式。它只能承受垂直的压力,如果有较大的水平分力冲击,则可能使弹性体损坏。在实际中,为了防止水平分力对传感器的破坏,应装设传感器水平保持器。

5 测速传感器的类型和特点是什么?

答:测速传感器主要分:模拟式和数字式两种。当前国内外普遍使用数字式测速传感器。模拟式测速传感器已不再使用。数字式测速传感器按拾取速度信号的方式可分为接触式和非接触式;按测量原理可分为测脉冲频率式(测频式)和测脉冲周期式(测宽式);按信号转换方式可分为磁电式和光电式。接触式测速传感器的摩擦轮又分为窄式和宽式。

非接触式测速传感器从理论上讲较优越,能消除"打滑",直接检测输送带的线速度,但在实际使用时仍存在许多实际问题,有待解决,故未得到广泛的工程应用。实际广泛使用的是接触式测速传感器,其结构简单,安装维修方便。接触式测速传感器正常条件下能比较好地测得输送带运行速度。缺点是摩擦轮黏上泥灰,使直径变大或者"打滑",产生测速误差,不能准确地反映输送带线速度。

6 电子皮带秤的使用维护注意事项有哪些?

答:电子皮带秤的使用维护注意事项有:
(1)电子皮带秤应安装于皮带机水平段,禁止倾斜安装,避免皮带打滑,物料回滚。
(2)上煤时要均匀,尽量使皮带不跑偏。
(3)运行中电子皮带秤走字应稳定,秤架上应无杂物卡阻现象。
(4)要经常检查清扫称重托辊,定期进行加油润滑。
(5)经常检查称重传感器和测速传感器应外观完好,引线无松动,不能和转动设备相碰撞。
(6)检修工作时,严禁工作人员在称重段上行走。
(7)严禁用水冲洗测重传感器。
(8)皮带的张力应保持恒定。

7 料斗秤的作用与工作原理是什么?

答:料斗秤是电子皮带秤的实物校验装置,质量标准由砝码传递给料斗秤,料斗秤传递给标准煤,标准煤传递给皮带秤。只有安装了料斗秤的煤耗计量装置才具有真正的质量含义。

料斗秤的工作原理为:当被称量的物料经过输送设备进入称重料斗后,称重传感器产生与物料质量值成正比的电信号输入微处理机,经处理后显示出物料的质量值,经过称量后的物料通过装有皮带秤的输送设备返回到系统中去。将料斗秤和皮带秤所显示的物料质量进行比较,从而达到对皮带秤进行校验的目的。为保证料斗秤的准确性,配有若干个标准砝码（每个砝码 1t），用电动推杆全自动加卸载，简便快速，便于检验其自身精度。也有采用液压加压方式完成校验的，这对 30t 以上大型秤的校验将显得更为简单快速。

8　料斗秤的使用与维护注意事项有哪些？

答：料斗秤的使用与维护注意事项有：

（1）料斗秤的计算机及仪表部分应有护罩遮盖，工作结束后放好护罩，以防尘土进入设备内部。

（2）传感器附近严禁有积尘，禁止用水冲洗其表面，特别是传感器引出线的接口部分。防止传感器的引线有断开现象。

（3）料斗本体均应处在自由悬浮状态，应经常检查斗体上有无被卡涩的地方并修理。

（4）砝码要放在干燥的垫块上，禁止用水冲洗其表面，如有必要清除上面的积尘时，应用吹风机将尘土吹掉。

（5）应将斗内的煤全部拉空后，及时把闸板门关闭到位。

（6）液压系统的油管上不准堆放物品，防止压坏油管。

（7）液压自校系统工作完毕后要将自校传感器脱离工作位，防止该系统对料斗施加附加力。

9　电子汽车衡的结构与工作原理是什么？

答：电子汽车衡主要由秤台、称重传感器及连接件、称重显示仪表、计算机及打印机等零部件组成。载重汽车置于秤台上，秤台将重力传递至承重支承头，使称重传感器弹性体产生形变，应变梁上的应变计桥路失去平衡，输出与质量值成比例的电信号，经线性放大器将信号放大，再经 A/D 转换为数字信号，由仪表的微处理机（CPU）对质量信号进行处理后直接显示质量数据。配置打印机后，即可打印记录称重数据，如果配置计算机可将计量数据输入计算机管理系统进行综合管理。打卡式汽车衡能防止人为做假，自动除皮、自动打印，增加了 IC 卡读写器。计量时，司机可根据红绿灯、电铃和语音提示方便地完成上衡、读卡、下衡和取票等过程，计量后自动存储的数据不能改写，并可限制每辆车的最小计量间隔，防止一车多计。

10　电子汽车衡的维护使用注意事项主要有哪些？

答：秤台四周间隙内不得卡存有异物。限位器的固定螺栓与秤架不应有碰撞和接触。若必须在秤台上进行电弧焊作业时，必须断开仪表装置与秤台的各种连接电缆线。电弧焊的地线必须设置在被焊部位的附近，并要牢固地接触秤体。传感器不得成为电弧焊回路的一部分。传感器插头非专业人员不得取下，安装时要对号入座。非称重车辆不允许通过秤台。严禁汽车或其他重物撞击秤体。汽车在称重时应按规定速度平稳地通过秤台，严禁在称重过程中突然加速和制动。

11　电子轨道衡的结构和工作原理是什么？

答：轨道衡由称量台面、传感器及电气部分组成。根据其对地形及气温条件的要求，可分为深基坑、浅基坑及无基坑式。称量台面主要由计量台、过渡器、纵横向限位器、覆盖板等组成。称量台面由四支压式传感器支承，四支传感器分别固定在基础预埋件上。秤梁上面铺设台面轨与电子轨道衡两侧的整体道床线路联通供列车通行。为使计量台面在动态下减小位移，在计量台面纵横两个方向均安装限位器。为减少车轮经过引线轨与台面轨接缝处产生的冲击振动，在四个轨缝处分别安装一个随动桥式过渡器，过渡器中部有一个高于轨缝处轨顶高的圆弧面。车轮经过过渡器时，自然会绕过横向轨缝，从而减小冲击振动。电气部分以微处理系统为中心，加温装置主要为用于高寒地区而采取的保证传感器各项性能指标的一个保护装置。在年最低温度不低于－20℃的地区可以不采用加温装量。

当被称车辆以一定速度通过秤台时，载荷由秤台轨、主梁体传至称重传感器，称重传感器将被称载荷及车辆进入、退出秤台的变化信息，转换为模拟电信号送至电信号处理器内。将信号放大整理，A/D转换后，输送给微机，在预定程序下微机进行信息判断和数据处理，把称量结果从显示器和打印机输出。

12 电子轨道衡的运行维护注意事项有哪些？

答：电子轨道衡在运行维护中须注意下列事项：

（1）每星期检查一次过渡器、台面板等部件上的固定螺栓。每班清扫台面，经常擦拭限位装置等各部零件。基坑内要保持干燥不得有积水和煤灰。

（2）台面的高度和水平不得有较大的下沉量，以保证过渡器的正常位置。各滑支点应润滑良好。

（3）轨道接近开关和光电开关，应保持正常位置和清洁良好的工作状态。

（4）称量时，列车应按规定速度匀速地通过台面，尽量不要在通过台面时加速或减速，尤其要避免刹车，不允许列车在轨道衡的线路上进行调车作业，不称量的车辆不要从台面上通过或限速通过。

（5）传感器及其恒温装置应保持长期供电。传感器的供桥电源必须班班检查、调整。模-数（A/D）转换器在使用前要提前接通电源，以保证在测量前有足够的预热时间。

（6）称量前无荷重时台面质量指示应为零位。每次称重后须检查空秤指示是否仍为零，避免零点飘移造成的称量误差。

（7）操作人员长时间离开操作室时，应将轨道衡的电源切断。

13 电子轨道衡的计量方式有哪几种？

答：电子轨道衡的计量方式种类为：

（1）轴计量式。以每辆被称四轴车分四次称量，累加得到的总质量即为每节被称车辆的质量。

（2）转向架计量式。每辆被称车辆的四个轴分两次称量，每次称量一个转向架的质量，累加得到的总质量即为每节被称车辆的质量。

（3）整车计量式。整节车在称量台面上进行一次称量，这时得到的质量即为此被称车辆的质量。

🏭 第四节　采制样设备及其检修

1 皮带机头部采样机的组成和工作原理是什么？

答：皮带机头部采样机布置在皮带头部位置，包括采样头、给煤机、破碎机、缩分器、余煤处理等部分。

皮带机头部采样机的结构及工作原理如下：

皮带机头部配置转盘式采样头，开孔的转盘在 PLC 控制下定期旋转切割煤流全断面，快速截取皮带头部下落的煤流，截取的煤样通过落煤管进入给煤机。皮带（或螺旋）给煤机将样品煤均匀地输入破碎机，采用密闭式输送机，可防止粉尘污染，减少水分损失。破碎机采用环锤反击式细粒破碎机（或其他小型破碎机），使煤样粒度进一步缩减形成合格品，然后从排料口排出，经破碎后煤样从粒度小于或等于 30mm 破碎到小于或等于 6mm，煤样粒度与煤样质量成等级关系。缩分器采用方式有刮扫式缩分器、移动料斗式缩分器、摆斗式缩分器和旋鼓式缩分器等，缩分比为 1～1/80 可调。集样器备有 1～6 个样罐，并能实现电动换罐。斗提机或螺旋输送机，把弃煤送回皮带机。专人定期取送集样器中的煤样，便完成了采制样工序。

2 皮带机中部采样机的工作原理和要求是什么？

答：皮带机中部采样机主要由采样头、破碎机和缩分器等部件构成。采样头横向刮扫器杠杆定期以最快的速度贴近皮带旋转对煤流进行刮扫取样，刮取的煤样通过落煤管进入碎煤机中进行破碎后使样品煤粒度达到 3～4mm，破碎后的样品再经过缩分后进入样品煤收集器内，采样制样工作即告完成。

采样过程的工作要求是：

（1）在燃煤水分达到 12％时（褐煤除外）仍能正常工作。

（2）系统密闭性好，整机水分损失应达到最低程度，应小于 1.5％。

（3）采样头工作时移动的弧度应与皮带载煤时的弧度相一致，以消除留底煤，掠过皮带的速度以不丢煤为原则，又要保证能采到煤流整个横截面而且不接触皮带，保证在旋转过程中回到起始位置时不接触煤流。采样头动作时间一般在 0～10min 内可调，以满足不同均匀度煤的需要。

（4）破碎机的工作面应耐磨，当破碎湿煤时，不发生堵煤现象。破碎机工作时无强烈的气流产生，以减少水分损失。出料粒度中大于 3mm 的煤不超过 5％。应能自动排出煤中金属异物，碎煤机被卡时保护装置动作，碎煤自停延时反转后可将异物从排出孔排出，以保护破碎机。

（5）缩分器缩分出的煤样量要符合最小留样质量与粒度关系。余煤回送系统要简易可行，能将余煤返回到采样皮带下游。

3 皮带机中部机械取样装置的日常维护内容是什么？

答：在日常工作中要经常检查取样装置的结构部件和工作时的工作状态，发现取样不净或向侧面漏煤等时要及时调整，对取样器和机械杠杆要经常检查，发现磨损和变形松动的构件时要及时修复或更换；对电气限位开关要每班检查一次，保证其动作可靠；对碎煤机、缩分器等要经常清理检查，保证机械内无异物，缩分器畅通；对碎煤机运行中排出的异物要及时清理，对于碎煤机因保护动作而停运时，首先要查明原因，必要时可以调整保护装置的整定值；对电气控制箱要定期进行清扫、吹灰。对保护装置应定期进行整定校验。采样器的工作频率要满足要求。

4 螺旋式采样装置的结构和工作原理是什么？

答：螺旋式采样装置是针对火车、汽车、轮船、料场的样品采集而专门设计的，根据采样机的活动方式分为固定式和悬臂移动式两种。固定式采样装置的螺旋采样头由液压或电动控制，其采样深度可以调节，悬臂式采样系统较固定式采样增加了水平范围的调节功能，可对同一载体的一个或几个具有代表性的采样点进行采样。螺旋采样头将采集的具有代表性的试样释放到料斗中，经由封闭小皮带给煤机匀速输送到破碎机中，破碎机按要求的粒度将样品破碎后，再由缩分器按预置的缩分比将样品分离出来，储存在密闭的样品收集器中，最后将余料返回到原系统中去。

5 汽车煤采样机的主要工作过程是什么？

答：汽车煤采样机主要由样品采集部分、破碎部分和缩分集样部分组成，余煤处理按需要配置。该机一般固定安装于运煤汽车经过的路旁。首先由钻取式采样头提取煤样，主臂抬起后所采得的煤样沿主臂内部通道进入制样部分。经细粒破碎机破碎后再进入缩分器缩分，有用的煤样进入集样瓶。

6 火车煤采样机的组成和工作原理是什么？

答：火车煤采样机能连续完成煤样的采取、破碎、缩分和集样，制成工业分析用煤样后余煤返排回车厢。火车煤采样机主要由采样小车、给煤机、破碎机、缩分器、集样器、余煤处理系统及大小行走机构组成。首先由钻取式采样头提取煤样，通过密闭式皮带给料机送入破碎机，破碎后进入缩分器，缩分后的煤样进入集样器，多余的煤样由余煤处理系统排入原煤车厢。

7 煤质在线快速监测仪的工作原理和特点是什么？

答：原煤中碳氢硫等组成的有机物以及碳都是可燃烧性物质，这些物质的原子量虽然不同，但是原子序数都比较低，平均值为 6 左右。煤灰中硅铝钙铁的氧化物以及盐类物质是代表着不可燃烧的物质，即灰分。这些元素的原子序数都比较大，灰分的平均原子序数大于12。可燃物质与灰分之间的平均原子序数相差大于 6，可以利用这个差异值的物质特性通过 γ 射线或红外线来检测灰分含量及热值。

煤质在线监测仪用射线穿透法来测试灰分值。根据穿透皮带煤层后探头获得射线剂量的大小，来计量确定煤中灰分值的大小，进而转换运算出煤的发热量数值。同时，固定碳对红外线的衰减还与煤的厚度有关，不能单从射线的衰减完全确定煤中固定碳的含量。因此，可采用超声波测厚仪或其他测厚仪测定煤层厚度，用以修正的射线的衰减最终求出煤中 C 元素的含量，从而计算出煤的固定碳含量。

对于 γ 射线监测仪应加强对放射源的防护和管理，防止丢失。若长期不用，应将射线关闭。

对于红外线（微波）监测仪应注意设备运行时不在设备附近长期逗留，不得处于微波喇叭正上方 5m 范围内。当设备停运或检修时，须将设备电源关闭方可靠近操作。

8 近红外水分分析技术的原理是什么？

答：近红外水分分析采用特定波段 1940nm 的近红外线射入样品中，样品所含有的水分子中的氢－氧键会吸收该波段红外线，并将剩余部分近红外线反射回测量探头，所反射回去的近红外线能量和样品中水分子吸收的近红外线能量成正比，根据能量的损失量就能计算出被测样品的含水率。近红外线测量技术是一种非破坏性、非接触式的实时测量技术。

第八章

输煤电气设备的控制及其检修

第一节 电动机的控制与保护

1 常用电动机有哪些类型？

答：电动机分为交流电动机和直流电动机两大类。交流电动机又分为异步电动机和同步电动机。而异步电动机又有单相和三相之分。

单相电动机的功率一般比较小，多用于生活用电器。三相异步电动机由于其转子构造不同，又分为两种：一种是三相鼠笼式转子电动机，也叫短路式转子电动机；另一种是三相绕线式转子电动机，也叫滑环式电动机。

2 三相异步电动机的工作原理是什么？

答：当三相异步电动机通以三相交流电时，在定子与转子之间的气隙中形成旋转磁场，电动机的转子以旋转磁场切割转子导体，将在转子绕组中产生感应电动势和感应电流。转子电流产生的磁场与定子所通电流产生的旋转磁场相互作用，根据左手定则，转子将受到电磁力矩的作用而旋转起来，旋转方向与磁场的方向相同，而旋转速度略低于旋转磁场的转速。

3 三相异步电动机绕组的接法有哪几种？其同步转速是由什么决定的？

答：三相异步电动机绕组的接线方式有星形接线法和三角形接线法两种。

三相异步电动机额定转速稍低于其同步转速，同步转速与其自身的磁极对数和电源频率有关，磁极对数为 p、电源频率为 f 的三相异步电动机，其同步转速为 $n=60f/p$。

4 电动机的启动电流为什么大？能达到额定电流的多少倍？

答：电动机刚启动时，转子由静止开始旋转，转速很低，旋转磁场与转子的相对切割速度很高，转子绕组的感应电流很大。根据变压器原理，定子绕组的电流也很大，所以启动电流很大，可达额定电流的 4～7 倍。所以一般情况下不允许对电动机进行频繁的启动，以防绕组过热老化，延长电动机的使用寿命。

5 电动机试运转时的主要检查项目有哪些？

答：电动机试运转时应主要做好以下工作：

（1）启动前检查电动机附近是否有人或其他物体，以免造成人身及设备事故。

（2）电动机接通电源后，如果电动机不能启动或启动很慢、声音不正常、传动机械不正常等现象，应立即切断电源检查原因。启动后注意电动机的旋转方向与要求的旋转方向是否相符，运行中有无杂音。

（3）启动多台电动机时，一般应从大到小有秩序地一台一台启动，不能同时启动。注意监视并记录启动时间和空载电流。

（4）检查电动机的轴向窜动（指滑动轴承）是否超过规定。

（5）测量电动机的振动是否超过限值。

（6）检查换向器、滑环和电刷的工作是否正常，观察其火花情况（允许电刷下面有轻微的火花）。

（7）检查电动机外壳有无过热现象，轴承温度是否符合规定。

（8）电动机应避免频繁启动，尽量减少启动次数。

6 电动机的运行维护项目主要有哪些？

答：电动机的运行维护项目主要有：

（1）电动机周围环境应保持清洁。

（2）检查三相电源电压之差不得大于 5%，各相电流不平衡值不得超过 10%，不缺相运行。

（3）定期检查电动机温升，使它不超过最高允许值。

（4）监听轴承有无杂音、定期加油和换油。

（5）注意电动机声音、气味、振动情况等。

7 电动机允许的振动值有何规定？

答：电动机允许的振动值，见表 8-1。

表 8-1 电动机允许的振动限值表

同步转速（r/min）	3000	1500	1000	750 以下
振动值（mm）	0.05	0.085	0.10	0.12

8 电动机允许的最大温升有何规定？

答：我国规定环境最高温度为 40℃时，电动机的定子最大允许温度是 100℃，滚动轴承最大允许温度是 80℃，滑动轴承最大允许温度是 70℃。

9 电动机运行中常见的故障及其原因有哪些？

答：运行中的电动机发生故障的原因分外因和内因两类。

外因主要有：电源电压过高或过低；馈电导线断线，包括三相中的一相断线缺相运行或全部馈电导线断线；启动和控制设备出现缺陷；周围环境温度过高，有粉尘、潮气及对电动机有害的蒸汽和其他腐蚀性气体使定子绕组绝缘低；电动机过载；频繁启停电动机；三相定子电流不平衡；绕组接地或短路等。

电动机发生故障的内因包括：

（1）机械部分损坏，如轴承和轴颈磨损，转轴弯曲或断裂，支架和端盖出现裂缝。

（2）铁芯损坏，如铁芯松散和叠片间短路。

（3）绑线损坏，如绑线松散、滑脱、断开等。

（4）旋转部分不平衡。

（5）绕组损坏，如绕组对外壳和绕组之间的绝缘击穿，匝间绕组间短路，绕组各部分之间以及与换向器之间的接线发生差错，焊接不良，绕组断线等。

（6）集流装置损坏，如电刷、换向器和滑环损坏，绝缘击穿，震摆和刷握损坏等。

10 电动机启动困难并有"嗡嗡"声的原因有哪些？

答：电动机启动困难并有"嗡嗡"声的原因有：电源有一相断路；一相保险熔断；△接法误接成Y接法并且带负荷启动；电压太低；带动的机械设备被卡住；定子一相或转子绕组断路；电动机绕组内部接反或定子出线首尾端接反；润滑脂太硬，轴承损坏；定转子摩擦；槽配合不当。

11 电动机启动时缺相或过载的故障如何快速区别判断？

答：电动机启动困难，"嗡嗡"直响，电流不返回，常见原因主要是缺相或过载。看电动机风叶能立即知道是什么原因，缺相启动时风叶左右微摆，没有单向转动的迹象；过载卡机时风叶不动或单向转动一点后立即卡死，或增速太慢。

12 电动机启动时保护动作或熔丝熔断的原因有哪些？

答：电动机启动时保护动作或熔丝熔断的原因有：定子绕组接线错误或首尾接反；定子绕组有短路或接地故障；负载过载或转动部分被卡住；启动设备接线错误，误把Y接法接成△接法，或把△接法接成Y接法重载启动；熔丝选择不合理、熔丝过小；启动设备操作不当，频繁启停；电源回路有短路；电源缺相或定子绕组一相断开。

13 电动机三相电流不平衡的原因有哪些？

答：电动机三相电流不平衡的原因有：

（1）三相电源电压不平衡。

（2）三相绕组并联支路断路。

（3）重绕定子线圈后，三相匝数不等。

（4）绕组有接地，单相匝间或相间短路，短路相的电流高于其他两相。

（5）绕组一相或部分接反。

（6）绕组绕径不符。

（7）设备触头或导线接触不良，引起三相绕组的外加电压不平衡。

14 电动机空载电流大的原因有哪些？

答：电动机空载电流大的原因有：电源电压过高；Y接法错接成△接法；电动机气隙较大；每组绕组个别极相组接反或个别元件绕反；安装不当转子产生轴向位移；绕组错接或并联；定子绕组匝数不够；节距变小；定转子相擦。

15 电动机绝缘电阻如何测量？阻值有何规定？

答：新安装或停运三个月以上的三相异步电动机，使用前都要用绝缘电阻表测量绕组的绝缘电阻，具体包括测量绕组对地的绝缘电阻和绕组间的绝缘电阻。

　　（1）测量绕组对地的绝缘电阻。测量电动机绕组对地的绝缘电阻使用绝缘电阻表（500V）测量，如图 8-1（a）所示。在测量时，先拆掉接线端子的电源线，端子间的连接片保持连接，将绝缘电阻表的 L 测量线接任一接线端子，E 测量线接电动机的机壳，然后摇动绝缘电阻表的手柄进行测量。对于新电动机，绝缘电阻大于 1MΩ 为合格；对于运行过的电动机，绝缘电阻大于 0.5MΩ 为合格。若绕组对地绝缘电阻不合格，应烘干后重新测量，达到合格才能使用。

　　（2）测量绕组间的绝缘电阻。测量电动机绕组间的绝缘电阻使用绝缘电阻表（500V）测量，如图 8-1（b）所示。在测量时，拆掉接线端子的电源线和端子间的连接片，将绝缘电阻表的 L 测量线接某相绕组的一个接线端子，E 测量线接另一相绕组的一个接线端子，然后摇动绝缘电阻表的手柄进行测量，绕组间的绝缘电阻大于 1MΩ 为合格，最低限度不能低于 0.5MΩ。再用同样方法测量其他相之间的绝缘电阻，若绕组对地绝缘电阻不合格，应烘干后重新测量，达到合格才能使用。

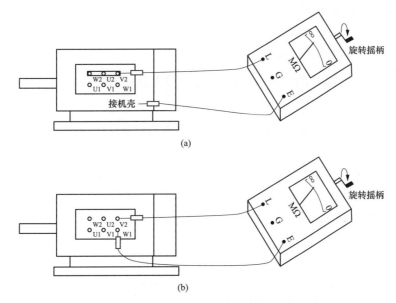

图 8-1　测量绕组对地的绕组间的绝缘电阻接线图
（a）测量绕组对地绝缘电阻接线图；（b）测量绕组间绝缘电阻接线图

16　绝缘电阻降低的原因有哪些？

答：绝缘电阻降低的原因有：
（1）电动机过热后绝缘老化。
（2）绕组上灰尘污垢太多，应进行清扫。
（3）潮气浸入或雨水滴入电动机内，应进行干燥。
（4）引出线或接线盒接头的绝缘不良损坏。

17　电动机过热的原因有哪些？

答：电动机过热的原因有：
（1）电源电压过高。

（2）电源电压过低。

（3）电网电压不对称。

（4）电动机过负荷。

（5）定子电流过大。

（6）电源缺相。

（7）△接法错接成丫接法。

（8）电动机三相电流不平衡。

（9）定、转子碰擦；电动机装配不好；轴承损坏；环境温度过高；电动机内部灰尘油垢太多；风罩或端盖内挡风板未装；风扇损坏或反装；通风道堵塞，通风不畅；电动机散热体封闭或缺少太多；电动机受潮后浸浇烘干不彻底；转子线圈松脱或笼条断等。

18 **电动机轴承盖发热的原因有哪些？**

答：电动机轴承盖发热的原因有：轴承损坏；装配不良，使轴承内外环不平行；轴承盖与轴相摩擦；润滑油脏污；缺油或加油太多；电动机与负载机械不同心；轴承质量差；轴承内外环跑套；轴承与油盖相磨；轴承与轴配合过紧。

19 **电动机异常振动的机械和电磁方面的原因分别有哪些？**

答：电动机异常振动在机械方面的原因一般有：

（1）电动机风叶损坏串轴或螺钉松动，造成风叶与端盖碰撞，它的声音随着碰击声时大时小。

（2）轴承磨损或转子偏心严重时，定子转子相互摩擦，使电动机产生剧烈振动。

（3）电动机地脚螺钉松动或基础不牢，固定不紧，而产生不正常的振动。

（4）轴承内缺少润滑油或钢珠损坏，使轴承室内发出异常的"丝丝"声或"咕噜"声响。

（5）电动机与被带机械中心不正。

（6）所带的机械损坏，转子上零件松动或加重块脱落，使转子不平衡。

电动机异常振动在电磁方面的原因一般有：

（1）在带负荷运行时，转速明显下降并发出低沉的吼声，是由于三相电流不平衡，负荷过重或缺相运行。

（2）若定子绕组发生短路故障、笼条端环断裂，电动机也会发出时高时低的嗡嗡声，机身有略微的振动。

（3）机座与铁芯配合松动。

20 **电动机发生绕组短路的主要原因有哪些？**

答：电动机发生绕组短路的主要原因有：

（1）电动机长期过载或过电压运行，加快了定子绝缘老化、脆裂，在运行振动的条件下使变脆的绝缘脱落。

（2）电动机在修理时，因粗心大意，损坏绕组的绝缘或在焊接时温度过高，把焊接引线的绝缘损坏。

（3）长期停运受潮的电动机，未经烘干就投入运行，绝缘被击穿而短路。

（4）双层绕组极间绝缘没有垫好，被击穿。

（5）绕组端部太长，碰触端盖或线圈连线和引出线绝缘不良。

21　电动机电流指示来回摆动的原因有哪些?

答：电动机电流指示来回摆动的原因有：负荷不均；绕线或转子电动机一相电刷接触不良；绕线式转子电动机的滑环短路装置接触不良；鼠笼转子断条；绕线式转子一相断路。

22　电动机滑环冒火花的原因有哪些?

答：电动机滑环冒火花的原因有：电刷牌号及尺寸不合适；滑环表面不平整；电刷压力太小；电刷在刷握内卡住；电刷偏心发生振动；电刷与滑环的接触面不好；电刷质量不好，或接触面积不够。

23　电动机引出线没有编号的怎样校对同名端?

答：在实际工作中，常常遇到电动机无引出线端子板或引出线没有编号这类情况，此时如果盲目接线，就会发生误接而造成事故。遇到这种情况，通常可用电池定相法或通电试验法进行鉴别，而对于已通电运转过的电动机，可用剩磁法进行判断。

（1）电池定相法。先用万用表的欧姆挡将六个引线头分成三组，然后将第一组的两个线头分别接于万用表毫安挡的正负极，将第二组的一个线头用手指按在干电池的负极上，用另一头触碰电池正极。如果万用表的指针偏向右侧，说明万用表的正极线头与干电池负极线头属同名端；如果指针偏向左侧，则说明万用表正极线头与干电池正极线头属同名端。做好记号后，将干电池接于第二组，用同样方法可判断其编号。

（2）通电试验法。先用万用表欧姆挡将六个引线头分成三组，然后将任意两组串联接在交流电源上，第三组上串联一只灯泡（15W 或 25W，大功率灯泡不亮），如图 8-2 所示。通电后，如果灯泡发光，表示串联的两组为首尾相连；如果灯泡不亮，表示尾尾相连或首首相连，用同样的方法可确定第三组的首尾端。

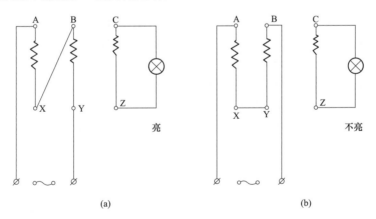

(a)　(b)

图 8-2　电动机同名端通电试验法
(a) 灯泡亮；(b) 灯泡不亮

（3）剩磁法。这种方法只适用于有剩磁的电动机。先用万用表的欧姆挡找出属于同组的两个接头，然后任意假设各组接头的首尾端，并将三个首端扭接在一起接于万用表（毫安挡）的一极上，将三个尾端扭在一起接于万用表的另一极，用手慢慢拨动转子。如果万用表指针指零，说明原假设正确；如果指针摆动，可将任一组倒头后再测，直到万用表指针指零为止。

24 三相异步电动机的拆卸步骤是什么？

答：在电动机的检修和维护保养中，经常需要将其拆卸和装配。在拆卸前应准备好各种工具，应先在线头、轴承、端盖、刷握等处做好标记，以便修复或维护保养后进行装配；在拆卸过程中应同时进行检查和测试。电动机的拆卸，一般应按以下步骤进行：

（1）切断电源，拆开电动机与电源的连接线或引线，并将电源线线头做好绝缘处理。

（2）拆卸胶带轮或联轴器（靠背轮）。在拆卸之前，如有顶丝（即支头螺钉），需先松开；拧松地脚螺栓和接地线螺栓。

（3）拆卸风罩和风扇。小型电动机的风扇可以不拆卸，与转子一起吊出。

（4）拆卸轴承盖和端盖。应先拆下后轴承外盖（有些小型电动机采用半封闭轴承，没有轴承端盖），再旋下后端盖的紧固螺栓，然后将前端盖的紧固螺栓卸下；对于绕线式转子电动机，先提起和拆除电刷、电刷架和引出线。

（5）拆卸前后轴承和轴承内盖。拆卸轴承时要细致、耐心，避免损坏本来可以使用的轴承而造成不必要的损失；即使报废的轴承，拆卸时也不能胡敲乱拉。否则，会碰伤轴。

（6）抽出或吊出转子。抽转子时，不要碰坏定子绕组和转子；如果电动机气隙较大，抽转子前应在转子与定子之间垫一层薄纸板；转子质量不大时，可以用手抽出；转子质量较大时，先在转子轴上套好起重用的钢绳，用起重设备吊住转子慢慢移出。

25 电动机内部检修的主要内容有哪些？

答：电动机内部检修的主要内容有：

（1）绕组部分。查看绕组端部有无积尘和油污，绝缘是否损坏，接线和引出线是否损坏，导线是否烧断。查看绕组的焊接处有无脱焊、假焊现象，绕组是否烧伤；若有烧伤，烧伤部位的颜色会变成暗黑色或烧焦，且有焦臭味。若烧坏一组线圈中的几匝线圈，说明是匝间短路造成的；若烧坏几个线圈，多半是相间或连接线的绝缘损坏引起的；若烧坏一相（多发生在三角形接线系统中），则是电源烧断一相引起的；若烧坏两相，则是一相绕组断路造成的；若三相全部烧坏，多半是长期过载或启动时卡住引起的，也可能是绕组接线错误造成的。

（2）铁芯部分。查看转子、定子铁芯表面有无擦伤痕迹。如果转子表面只有一处擦伤，而定子表面全部擦伤，多半是轴弯曲或转子不平衡造成的；如果转子表面一周都有擦伤痕迹，而定子表面只有一处擦伤，则是定子、转子不同心引起的（如机座和端盖止口变形或轴承严重磨损使转子下落）；如果定子、转子表面都有局部擦伤痕迹，则是上述两种原因共同引起的。

（3）风扇部分。首先查看风叶是否损坏或变形，转子端环有无裂纹或是否断裂，然后用短路侦察器检查导条是否断裂。

（4）轴承部分。查看轴承的内外套与轴颈和轴承室配合是否合适，以及轴承的磨损情况。

26　电动机解体检修后的测试有何要求？

答：大修后的三相异步电动机，一般应按以下几项基本要求进行测试：

（1）绝缘电阻和吸收比（系数）。绝缘电阻用绝缘电阻表测试，380V 电动机用 500V 绝缘电阻表，3～10kV 电动机用 1～2.5kV 绝缘电阻表。新嵌线的绕组，在耐压试验前的绝缘电阻一般规定为：低压电动机不小于 5MΩ；3～10kV 高压电动机不小于 20MΩ。测定大型电动机的绝缘电阻时应判断绝缘是否受潮，其吸收比 R_{60}/R_{15} 应不小于 1.3（R_{60} 为绝缘电阻表摇 60s 时的绝缘电阻，R_{15} 为绝缘电阻表摇 15s 时的绝缘电阻）。

（2）直流电阻。为了消除测量导线接触电阻的影响，直流电阻一般用双臂电桥测量，三相电阻的不平衡度应是满足 $(R_{max}-R_{min})/R_a < 5\%$，如果电阻相差太大，则说明焊接不良。

（3）空载试验。如果绕组数据改变，应做空载试验，检查三相空载电流是否平衡。若三相电流相差较大且有嗡嗡声，则可能是接线有误或存在短路现象。检修后的电动机，其空载电流一般较大，约为额定电流的 30%～50%；高速大型电动机，空载电流的百分值较小；低速小型电动机，空载电流的百分值则较大。

（4）定、转子之间各处的气隙与平均值之差不应大于平均值的 ±5%。

27　电动机在哪些情况下需先测试绝缘？

答：电动机在下列情况时需先测试绝缘：

（1）安装、检修完送电前。

（2）停运 15d 以上者；环境条件较差者（如潮湿、多尘等）；停运 10d 及以上者；备用状态电动机进入蒸汽或漏入雨水者。

（3）发生故障之后。

（4）淋水或进汽受潮之后。

28　三相异步电动机如何接线？星形和三角形连接有何区别？

答：三相异步电动机的定子绕组由 U、V、W 三相绕组组成，这三相绕组有 6 个接线端，它们与接线盒的 6 个接线柱连接，其接线盒示意图，如图 8-3 所示。在接线盒上，可以通过将不同的接线柱短接，来将定子绕组接成星形或三角形。

（1）星形接线法。要将定子绕组接成星形，可按如图 8-4（a）所示的方法接线。接线时，用短路线把接线盒中的 W2、U2、V2 接线柱短接起来，这样就将电动机内部的绕组接成了星形，如图 8-4（b）所示。

（2）三角形接线法。要将电动机内部的三相绕组接成三

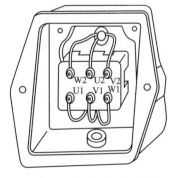

图 8-3　电动机接线盒示意图

角形，可用短路线将接线盒中的 U1 和 W2、V1 和 U2、W1 和 V2 接线柱按图 8-5 所示接起

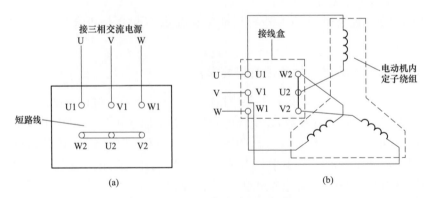

图 8-4　定子绕组星形接法示意图
（a）接线盒；（b）电动机内部绕组接成星形

来，然后从 U1、V1、W1 接线柱分别引出导线，与三相交流电源的 3 根相线连接。如果三相交流电源的相线之间的电压是 380V，那么对于定子绕组按星形连接的电动机，其每相绕组承受的电压为 220V；对于定子绕组按三角形连接的电动机，其每相绕组承受的电压为 380V。所以，三角形接法的电动机在工作时，其定子绕组将承受更高的电压。

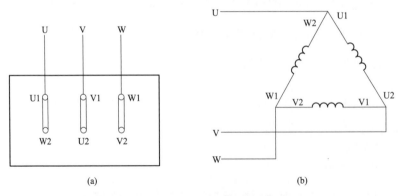

图 8-5　定子绕组三角形接法示意图
（a）接线盒；（b）电动机内部接线接成三角形

29 电动机的控制和保护方式有哪些？各有何优缺点？

答：电动机的控制和保护方式一般有以下几种：

（1）使用马达保护器（又名电动机保护器）来给电动机全面的保护。通过监测电动机的两相（三相）线路的电流值变化，可在电动机出现超时启动、过流、欠流、断相、堵转、短路、过压、欠压、漏电（接地）、三相不平衡、过热、轴承磨损、定转子偏心、外部故障、来电自启动、反时限等情况时，予以报警或保护。

其优点是：动作灵敏、保护全面。缺点是：造价较高，接线比较复杂，需要设置调整相关参数，对现场运行和维护要求比较高。

（2）使用具有复式脱扣器的断路器（常用塑壳式断路器）来控制和保护电动机。

其优点是：脱扣器本身就具有短路保护功能，不需要借助熔断器作为保护手段。因此，可避免电动机断相运行，同时还可间接地提高线路运行的安全性和可靠性。

（3）使用隔离开关、负荷开关、组合开关、接触器或电磁启动器控制电动机，由热偶继电器另设熔断器作为保护手段，熔断器和热偶保护的性质不同之处在于熔断器主要用于短路保护，热偶主要用于过载保护。

这种保护方式的缺点是：一旦熔断器一相熔断或接触不良，就会导致电动机缺相运行，从而烧毁电动机。

30　热过载保护指什么？

答：热过载保护可防止电动机由于过负荷运行而发热致使电动机损坏，同时该保护还可作为启动过程中闭锁的阻塞保护和 t_E 时间保护的后备保护。此保护起动后投入，保护根据等效电流与额定电流的比值作为判断依据，当时间满足时，热过载保护动作。

31　t_E 时间保护是指什么？

答：t_E 时间的具体定义是：在最高环境温度下，达到额定运行最终稳定温度的交流绕组，从开始通过堵转电流时计起，直至上升到极限温度的时间。t_E 时间应不小于转子堵转时热过载保护装置能够切断防爆电动机电源所需的时间。本保护为防爆电动机专用。

32　启动超时保护是指什么？

答：启动超时保护是为了防止电动机由于启动时间超过正常启动时间而导致过热损伤绝缘的保护。其还可以掌握负载启动条件的不正常变更。启动超时保护在电动机转子阻塞或负载转矩过高时有可能发生动作。控制器在电动机启动后自动监测三相电流，自动识别电动机启动状态，以限定电动机启动时间来达到保护要求。

33　欠电压保护和过电压保护是指什么？

答：欠电压保护是指识别系统的电压跌落，从而避免电动机在不允许的低电压条件下运行的保护。对于交流接触器启动的电动机回路，在 $40\%U_n \sim 65\%U_n$ 时释放吸持后的接触器。当检测到最大线电压小于整定值时欠电压保护启动。

过电压保护是指识别系统的电压过高，从而避免电动机不允许的高电压条件下运行的保护。过电压保护在电动机就绪和运行状态下投入，当检测到最大线电压大于整定值时，过电压保护启动。

34　中小型电动机的熔断器熔体选择标准是什么？

答：中小型电动机的熔断器熔体选择标准是：

（1）只有一台电动机时，一般熔体的额定电流应大于或等于电动机额定电流的 1.5～3.0 倍。如果电动机容易启动，容量较小或者启动时不带负载或负载很轻，倍数可取得小一些，熔体额定电流为 $I_e = I_q/(2.5\sim3.0)$；如果电动机容量大或者启动时带有重负载，启动困难，启动时间长或较频繁者，则倍数应取得大一些，熔体额定电流为 $I_e = I_q/(1.6\sim2.0)$。式中，I_q 为电动机的启动电流。熔体选定参考值，见表 8-2。

表 8-2 熔断器熔体选择参考值

电动机容量（kW）	2.8	4.5	7	10	14	20	28
熔体额定电流（A）	10～15	15～25	25～35	30～50	45～70	60～100	90～150

（2）一条线路有几台电动机运行时，总熔体的额定电流可按式（8-1）计算

$$I_r \geqslant (1.5 \sim 2.5)I_d + I_h \tag{8-1}$$

式中：I_r 为总熔体额定电流；I_d 为最大容量电动机的额定电流；I_h 为其余电动机额定电流的总和。

（3）连续工作的绕线式异步电动机熔丝为电动机额定电流的 1.0 倍。

（4）反复短时工作制的绕线式异步电动机熔丝为额定电流的 1.25 倍。

（5）降压启动连续工作制鼠笼式异步电动机熔丝为额定电流的 2.0 倍，全压启动连续工作制鼠笼式异步电动机熔丝为额定电流的 2.3～3.0 倍，全压启动短时工作制鼠笼式异步电动机为 3.5 倍。熔体的额定电流不得大于变压器或上一级配电盘的额定电流。否则短路时可能烧毁变压器。

35 如何用接触器实现电动机正反转连锁控制？

答：接触器连锁正反转控制线路的主电路中连接了两个接触器，正反转操作元器件放置在控制电路中，因此工作安全可靠。接触器连锁正反转控制线路，如图 8-6 所示。

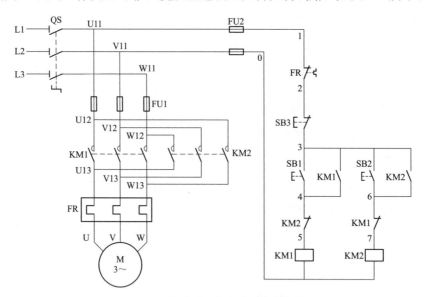

图 8-6 接触器连锁正反转控制线路图

电路工作原理如下：

（1）闭合电源开关 QS。

（2）正转过程。

1）正转连锁控制。按下正转按钮 SB1→KM1 线圈得电－KM1 主触点闭合、KM1 常开辅助触点闭合、KM1 常闭辅助触点断开→KM1 主触点闭合，将 L1、L2、L3 三相电源分别

供给电动机 U、V、W 端，电动机正转。KM 常开辅助触点闭合使得 SB 松开后 KM 线圈继续得电（接触器自锁）；KM1 常闭辅助触点断开切断 KM2 线圈的供电，使 KM2 主触点无法闭合，实现 KM1、KM2 之间的连锁。

2）停止控制。按下停转按钮 SB3→KM1 线圈失电－KM 主触点断开、KM1 常开辅助触点断开、KM1 常闭辅助触点闭合→KM1 主触点断开使电动机断电而停转。

（3）反转过程。

1）反转连锁控制。按下反转按钮 SB2→KM2 线圈得电－KM2 主触点闭合、KM2 常开辅助触点闭合、KM2 常闭辅助触点断开→KM2 主触点闭合将 L1、L2、L3 三相电源分别供给电动机 W、V、U 端，电动机反转。KM2 常开辅助触点闭合使得 SB2 松开后 KM2 线圈继续得电；KM2 常闭辅助触点断开切断 KM1 线的供电，使 KM1 主触点无法闭合，实现 KM1、KM2 之间的连锁。

2）停止控制。按下停转按钮 SB3→KM2 线圈失电－KM2 主触点断开、KM2 常开辅助触点断开、KM2 常闭辅助触点闭合→KM2 主触点断开使电动机断电而停转。

（4）断开电源开关 QS。

对于接触器连锁正反转控制线路，若将电动机由正转变为反转，需要先按下停止按钮让电动机停转，使接触器各触点复位，再按反转按钮让电动机反转。

36 如何实现电动机的限位正反转控制？

答：限位控制线路，如图 8-7 所示。可以看出，限位控制线路是在接触器连锁正反转控制线路的控制电路中接两个行程开关 SQ1、SQ2（也可以替换成接近开关或其他类似功能的开关）构成的。

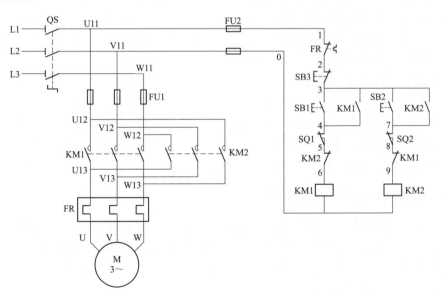

图 8-7　限位控制线路图

工作原理如下：

（1）闭合电源开关 QS。

（2）正转控制过程。

1）正转控制。按下正转按钮 SB1→KM1 线圈得电－KM1 主触点闭合、KM1 常开辅助触点闭合、KM1 常闭辅助触点断开→KM1 主触点闭合，电动机通电正转，驱动运动部件正向运动；KM1 常开辅助触点闭合，让 KM1 线圈在 SB1 断开时能继续得电（自锁）。KM1 常闭辅助触点断开，使 KM2 线圈无法得电，实现 KM1、KM2 之间的连锁。

2）正向限位控制。当电动机正转驱动运动部件运动到行程开关 SQ1－SQ1 常闭触点断开（常开触点未用）→KM1 线圈失电－KM1 主触点断开、KM1 常开辅助触点断开、KM1 常闭辅助触点闭合→KM1 主触点断开使电动机断电而停转－运动部件停止正向运动。

（3）反转控制过程。

1）反转控制。按下反转按钮 SB2→KM2 线圈得电－KM2 主触点闭合、KM2 常开辅助触点闭合、KM2 常闭辅助触点断开→KM2 主触点闭合，电动机通电反转，驱动运动部件反向运动 KM2 常开辅助触点闭合，锁定 KM2 线圈得电。KM2 常闭辅助触点断开，使 KM1 线圈无法得电，实现 KM1、KM2 之间的连锁。

2）反向限位控制。当电动机反转驱动运动部件运动到行程开关 SQ2－SQ2 常闭触点断开→KM2 线圈失电－KM2 主触点断开、KM2 常开辅助触点断开、KM2 常闭辅助触点闭合－KM2 主触点断开使电动机断电而停转-运动部件停止反向运动。

（4）断开电源开关 QS。

37 频敏变阻器的工作原理和使用特点是什么？

答：频敏变阻器是一种铁芯损耗很大的三相电抗器，铁芯由一定厚度的几块铁板叠成，使用时串接在绕线式电动机的转子回路中，电动机启动时频敏变阻器线圈中通过转子电流，使其铁芯中产生很大的涡流发热，增加了启动阻抗，限制了启动电流，同时也提高了转子的功率因素，增大了启动转矩。随着转速的上升，转子频率逐渐下降，使频敏变阻器的阻抗逐渐减小，最终相当于转子被短路，完成平滑启动过程。

频敏变阻器的优点就是能对频率的敏感达到自动变阻的程度，具有接近恒转矩的机械特性，减小了机械和电流的冲击，实现电动机平稳无级启动，而且其结构和控制系统均简单；价格低，体积小，耐振，运行可靠，维护方便。其缺点是功率因数低，需要消耗无功功率，启动转矩较小，启动电流偏大。所以，频敏变阻器多用于不要求调速、启动转矩不大，经常正反向运转的设备，如翻车机系统重牛和空牛牵引电动机的启动等场合。

38 软启动开关的工作特性有哪些？

答：降压软启动装置具有高级的启动与控制特性，能自动检测和保护普通鼠笼式三相异步电动机设备，动作灵敏可靠，用于恶劣的工作环境以及对于电动机的启动特性和可靠性要求较高的使用场合。可有效代替电动机的自耦变压器、Y-△、涡流制动、直流制动和其他类的电子或机械方式的降压启动装置。

软启动开关具有可调的平滑无级加速特性，从而消除启动电动机时对于拖动部件的过度磨损和冲击。具有可调的启动电压斜坡，可调的限流控制，以及抗振荡电路，减少了交流电动机启动时的冲击电流和电网压降。具有保护和诊断功能，能预防晶闸管短路、电源缺相、电流超限过载等能立即跳闸。系统中有一个紧急分流跳闸继电器，当它与分流继电器相连锁时可有效地防止电动机短路。能显示全部的操作运行状态和故障状态。

软启动开关具有节能、稳压、调节的功能，通过自动调节功率因数，可使电动机在最有效的条件下运转，根据检测到的功率因数自动减少加在电动机上的电源电压（当电动机在小于满负荷条件下运行时），较小的电流会使实际耗电下降，从而节省电能。也可以通过设定，在电网处于高峰电压时自动地保持从电网中吸取额定的电压。

在输煤设备上，软启动的应用可望代替液力偶合器的功能，可以更有效地改善皮带机设备的启动特性，减小对电网的启动冲击。对于皮带机因慢转聚煤后的再启动，同样具有一定的过负荷适应能力。在翻车机重牛、空牛或迁车台动力回路中改用软启动或变频器供电，在挂钩或停机制动前，靠前一级限位提前投入变频量，使电动机在启动或停机时能根据负荷增减速的特性时间，逐步缓慢增速或减速，将可有效减小对设备和车批的冲击力，减小对钢丝绳的损坏。

39　软启动开关的减速控制（软停机）功能是什么？

答：一般停机方式是在瞬间断开电源，电动机停转时间依赖于负载情况。在负载惯性较大的情况下停机时间较长，而对于中负载的情况下在停电的瞬间将会使电动机较快停止运转。在不希望电动机停电后立即停止运转时，可以选用减速停止方案以延长停机时间。减速停机可以给出非常平滑的减速停机特性，减小设备的撞击损坏程度。如重牛接车、翻车机本体对位、迁车台对轨等设备运转时采用软启动和软停机，能使系统简化，有效减少设备的机械损坏。

40　软启动开关过载保护时间是如何调整的？

答：过载保护装置设置了两个保护范围。高范围用于电动机的启动过程，可在200％～1000％之间调整，当达到全速后的延时范围可在1～10s之间调整。低范围用于全速运行后的过程，可在50％～200％之间调整，跳闸延时从0.25～3s可调，这个跳闸灵敏度时间可防止检测过载时的误动作。这些跳闸电流设定为10倍的满负载电流。当电动机或接线发生短路时，不管何时，只要电流超过10倍的满载电流将自动跳闸停机。

41　涡流离合器的工作原理是什么？

答：涡流离合器又称电磁转差离合器，输煤系统主要用于电动机与叶轮给煤机的传动调速，涡流离合器在电动机与机械之间同轴心相连，无滑环，空气自冷，卧式安装，装有固定的激励绕组。当激励绕组通入直流电时，所产生的磁力线便通过机座→气隙→电枢（装于电动机轴上）→气隙→齿极（装于输出轴上）→气隙→导磁体→机座形成一个闭合回路。在这个磁场中，由于磁力线在齿凸极部分分布较密，而在齿间分布较稀，所以随着电枢与齿极的相对运动，电枢各点的磁通就处于不断的重复变化之中。根据电磁感应定律，电枢中就感应电势并产生涡流，涡流和磁场相互作用而产生电磁力，使齿极和电枢作同一方向旋转（但始终保持一定的转速差）从而输出转矩。改变激磁电流的大小，就可以按需要调节输出转速。

涡流离合器机械侧的输出轴上装有测速同步发电机与晶闸管触发电路共同构成调速电气回路，通过调节激磁电流的大小来改变叶轮的转速，由于这种调速系统结构复杂，通用性不强，已逐渐被变频器取代。

42 变频器的调速原理是什么？

答：三相异步电动机的近似同步转速为：$n = 60f/p$，从上式可以看出，三相异步电动机的转速 n 与交流电源的频率 f 和电动机的磁极对数有关。通过改变电动机的磁极对数来调节电动机转速的方法称为变极调速；通过改变交流电源的频率 f 来调节电动机转速的方法称为变频调速。变频器通过改变交流电源频率来调节电动机转速。

43 变频器常用的两种变频方式是什么？

答：变频装置有两大类：一类是由工业频率（我国是 50Hz）直接转换成可变频率的，称为"交-交变频"。另一类就是"交-直-交变频"，原理是先把工业频率的交流整流成直流，再把直流"逆变"成频率可变的交流。

用交-交变频器输出的频率不可能高于输入电网频率，一般不超过电网频率的 $1/3 \sim 1/2$。因此，这种变频方法一般多用于低转速、大容量可调传动，如轧钢机、球磨机、水泥回转窑等。交-直-交变频器输出交流电压的频率可以高于输入交流电源的频率。因此，目前应用较广。

44 变频调速时为什么还要同时调节电动机的供电电压？

答：当频率下降时，如果电压不变，则磁通量将增加，引起电动机铁芯的磁饱和，从而导致过大的励磁电流，严重时会因绕组过热而损坏电动机。比如其极限情况频率降为零时，相当于给电动机线圈通上直流电，如果此时电压不变，将会产生严重的短路故障。因此，为了保持电动机的磁通基本不变，在改变频率时，也必须改变电压，即变压变频（variable voltage variable frequency，VVVF）。

45 变频器安全使用的注意事项有哪些？

答：变频器安全使用的注意事项有：

（1）印刷电路板上有高压回路，不得触摸。即使变频器处于停止状态，由于电源并未被切断，所以仍然有电。变频器长时间不用时，要切断电源。

（2）变频器及电动机的接地端子，务必要接地，接地电阻要求 10Ω 以下。

（3）在进行检查时，首先要切断电源，然后等放电灯熄灭后才能进行。

（4）输出频率在 60Hz 以上使用时，由于是高速运转，所以对电动机负载的安全性要特别加以检查。

（5）变频器工作时有高温产生，使用时要放置于金属等不燃物上，并要有良好的通风配置。

（6）要注意别让尘埃、铁粉等进入变频器。

（7）不得接入超过额定值的电源电压；不得将电源电压输入错接到其他端子上或将输入电压接到输出端子上；不得在变频器和电动机之间使用电磁接触器再来控制电动机的启停，应使用变频器操作面板上的运行开关或者控制输入端子来控制电动机的启动停止。否则将会造成变频器的损坏。变频器和电动机之间的电缆总长应在 30m 以内，否则应在中间配置电抗器。

（8）电源的容量应在变频器容量的 1.5 倍～500kVA 的范围内，当在超过 500kVA 的电源中直接使用，或在电源侧有移相电容切换的情况下，变频器的电源输入回路中就将会有很大的峰值电流流过，就有可能会损坏整流电路，在这种情况下，请根据变频器的容量，选择适当的改善功率因数的电抗器相应地接到变频器的输入侧。

（9）变频器的输出端，请勿接移相电容。变频器运转时，采用无熔丝断路器和热继电器，其规格应与电动机的规格相配合。

（10）几台电动机同时运行的情况下，不仅是电动机输出功率的总和，额定电流的总和也一定要在变频器的额定电流范围以内。

46　变频器的运转功能有哪些？

答：变频器的运转功能有：

（1）一般运行功能。带加/减速时间的一般运行功能；可将加/减速时间由 0～3600s 范围内任意设定。

（2）点动运行功能。垂直加/减速运行，用于定位时使用，可进行一般运行与点动运行的相互转换，点动频率可在 0～30Hz 之间设定，但若频率过高变频器将会出现过电流触发。

（3）自然停止。在变频器由运行转换为停车时，对电动机施加直流来启动制动作用，若在直流制动时输入正反转或点动运行指令，变频器将停止制动，转入运行状态。

（4）直流制动。直流制动有两种，一是定位直流制动，当在变频器运行时给出停车指令时，变频器开始制动并在频率降到 3Hz（可调）时滑行停车，可设定制动转矩和制动时间。二是紧急直流制动，在运行时给出紧急停车指令，制动立即开始（非滑行停车）。

47　ABB ACS550 变频器的接线端子和端子定义及说明是什么？

答：ABB ACS550 变频器的接线，如图 8-8 所示。

ABB ACS550 变频器 X1 端子定义及说明，见表 8-3。

48　变频器工作频率的设定方式有哪几种？

答：变频器在出厂时所有参数都进行了预置，用户可根据现场的负载及运行工况有选择地进行针对性的调整，并不需要将所有参数进行变化。变频器的工作频率设定方式有：

（1）旋钮设定。通过旋动面板上的旋钮（调节电位器）来进行调节和设定。属于模拟量设定方式。

（2）按键设定。利用键盘上的∧键（或△键）和∨键（或○键）进行增、减调节和设定，属于数字量设定方式。

（3）程序设定。在编制驱动系统的工作程序中进行设定，也属数字量设定方式。

49　变频器的频率设定要求有哪些？

答：变频器的频率设定要求有：

（1）设定基本频率。使电动机运行在基本工作状态下的频率叫基本频率，一般按电动机的额定频率设定。例如，国产的通用型电动机，基本频率设定为 50Hz。

（2）设定最大频率。最大频率即最大允许的极限频率。它根据驱动系统允许的最高转速来设定。例如日本富士 FRENIC-5000G9S 和 FRENIC-5000P9S 的最高频率分别是 50～400Hz 和 50～120Hz，实际使用中其最大频率不应大于电动机的额定频率。

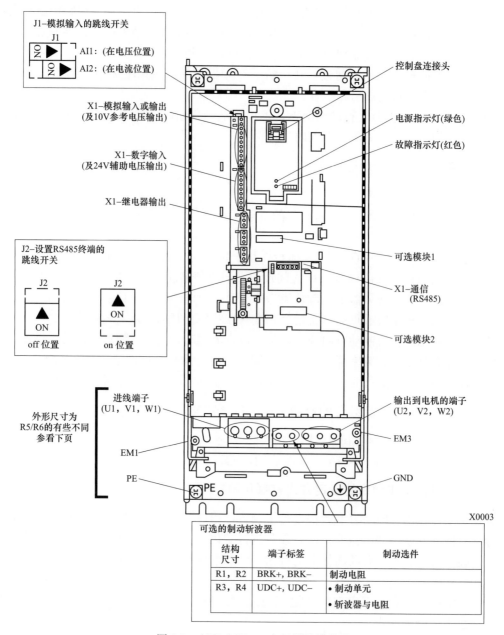

J1-模拟输入的跳线开关

AI1：(在电压位置)
AI2：(在电流位置)

控制盘连接头

X1-模拟输入或输出
(及10V参考电压输出)

电源指示灯(绿色)

故障指示灯(红色)

X1-数字输入
(及24V辅助电压输出)

X1-继电器输出

可选模块1

J2-设置RS485终端的
跳线开关

off 位置   on 位置

X1-通信
(RS485)

可选模块2

进线端子
(U1，V1，W1)

输出到电机的端子
(U2，V2，W2)

外形尺寸为
R5/R6的有些不同
参看下页

EM1

EM3

PE

GND

X0003

可选的制动斩波器

结构尺寸	端子标签	制动选件
R1，R2	BRK+，BRK−	制动电阻
R3，R4	UDC+，UDC−	• 制动单元 • 斩波器与电阻

图 8-8　ABB ACS550 变频器的接线图

（3）设定上限频率和下限频率。根据驱动系统的工作状况来设定。它可以是保护性设定，即变频器的输出频率不得超过所设定的范围；也可以用作程序性设定，即根据程序的需要，或上升至上限频率，或下降至下限频率。

50 变频器外接控制的设定信号方式有哪些？

答：在实际工作中，变频器常被安置在控制柜内或挂在墙壁上，而工作人员则通常在机械旁边或远方进行操作。这时，就需要在机械旁边或远方另设一个设定频率的装置，称为外

表 8-3   **ABB ACS 550 变频器 X1 端子定子及说明**

	X1		硬件描述
	1	SGR	控制信号电缆屏蔽端（内部与机壳连接）
模拟 I/O	2	AI1	模拟输入 1，可编程，默认[2]＝频率给定。分辨率 0.1%，精度±1%
			J1：AI1 OFF：0…10V（R_1＝312kΩ）
			J1：AI1 ON：0…20mA（R_1＝100Ω）
	3	AGND	模拟输入电路公共端（内部通过 1MΩ 电阻与机壳连接）。
	4	＋10V	用于模拟输入电位器的参考电压输出，10V±2%，最大 10mA（1kΩ≤R≤10kΩ）
	5	AI2	模拟输入 2，可编程，默认[2]＝不使用。分辨率 0.1%，精度±1%
			J1：AI2 OFF：0…10V（R_1＝312kΩ）
			J1：AI2 ON：0…20mA（R_1＝100Ω）
	6	AGND	模拟输入电路公共端（内部通过 1MΩ 电阻与机壳连接）
	7	AO1	模拟输出 1，可编程，默认[2]＝频率。0…20mA（负载＜500Ω），精度±3%
	8	AO2	模拟输出 2，可编程，默认[2]＝频率。0…20mA（负载＜500Ω），精度±3%
	9	AGND	模拟输入电路公共端（内部通过 1MΩ 电阻与机壳连接）
数字输入	10	＋24V	辅助电压输出 24V DC/250mA（以 GND 为参考）。有短路保护
	11	GND	辅助电压输出公共端（内部浮地连接）。
	12	DCOM	数字输入公共端[1]。为了激活一个数字输入，输入和 DCOM 之间必须≥＋10V（或≤−10V）。24V 可以由 ACS510 的（X1-10）提供或由一个 12…24V 的双极性外部电源提供
	13	DI1	数字输入 1，可编程。默认[2]＝起/停
	14	DI2	数字输入 2，可编程。默认[2]＝正向/反向
	15	DI3	数字输入 3，可编程。默认[2]＝恒速选择
	16	DI4	数字输入 4，可编程。默认[2]＝恒速选择
	17	DI5	数字输入 5，可编程。默认[2]＝斜坡选择
	18	DI6	数字输入 6，可编程。默认[2]＝未使用
继电器输出	19	RO1C	继电输出 1，可编程。默认[2]＝准备好
	20	RO1A	最大：250V AC/30V DC，2A
	21	RO1B	最小：500mW（12V，10mA）
	22	RO2C	继电输出 2，可编程。默认[2]＝运行
	23	RO2A	最大：250V AC/30V DC，2A
	24	RO2B	最小：500mW（12V，10mA）
	25	RO3C	继电输出 3，可编程。默认[2]＝故障（反）
	26	RO3A	最大：250V AC/30V DC，2A
	27	RO3B	最小：500mW（12V，10mA）

接设定装置。所有的变频器都为用户提供了专用于外接设定的接线端子。变频器的外接信号
方式通常有三种：

（1）外接电位器。电位器的阻值和瓦数，各变频器的说明书中均有明确规定。

（2）外接电压信号设定。各种变频器对外接电压信号的范围也各不相同，通常有：0～+10V、0～+5V、0～±10V、0～±5V 等。

（3）外接电流信号。所有变频器对外接电流信号的规定是统一的，都是 4～20mA。

为了加强抗干扰能力，所有的外接设定信号线都应采用屏蔽线。

51 变频器的常见故障原因及特点有哪些？

答：变频器的常见故障原因有：

（1）电动机不转，应检查的原因有：接线是否异常；输入端子是否有电或缺相；输入端子的电压是否正常；有无异常显示；是否指令自然停车；频率设定是否异常；正、反转开关是否都接通；电动机负载是否太重。

（2）电动机的转数不符或不稳，应检查的原因有：电动机的极数电压规格是否正常；频率设定范围是否正常；电动机的端子电压是否太低；负载是否太重或负载变化是否太大。

变频器的故障大多属于软故障，变频器故障停止输出时，将其显示出的故障代号与说明书列表中提供的内容相对照，可按其流程图逐一查找排除。如果确属硬件故障，再更换维修。变频器使用当中，良好的通风与很少的粉尘，能有效提高其使用寿命。所以，应特别注意内部电路板的定期吹扫。

52 变频调速在输煤系统的应用有哪些？

答：在输煤设备上以前采用的电磁调速（电磁滑差离合器调速）、降压启动、频敏电阻、涡流制动、直流制动等都可完全用变频调速的方法所代替，如叶轮给煤机、惯性振动给料机、翻车机、迁车台、调车机及重牛等调速设备均可选用变频器对普通鼠笼式三相异步电动机的速度（或出力）进行调整，而且从其调速平稳性、远方控制能力及维护方便性等方面来看均较以往所用的调速方式要好，所以在设计或改造旧设备时，应首选变频调速。

第二节 卸、储、输煤及辅助设备的控制保护

1 "O"型转子式翻车机系统的自动运行程序是什么？

答："O"型转子式翻车机系统的自动运行程序是：

（1）重牛抬头→小电动机接车并与列车连挂后停止→重牛大电动机牵引列车上摘钩平台就位后停止→重牛低头→重牛提销。

（2）摘钩平台升起→列车脱钩→摘钩平台落下→推车器推车。

（3）车溜进翻车机内定位→翻车机倾翻 175°→延时 3s 后返回→返回至原位后停止→定位器落下→推车器推车至前限停止→延时 3s 后返回原位→定位器升起。

（4）车溜进迁车台→脱定位钩→迁车台迁车至空车线对轨后停止→推车器推车至前限停止→延时 3s 后返回→迁车台脱定位钩→迁车台返回至重车线对轨后停止。

（5）空车铁牛在车辆溜过牛坑后→空牛推车至前限停止→延时 3s 后返回原位。

按以上循环自动翻卸整列列车，翻卸完成后自动循环停止。

2 翻车机卸车系统的控制方式有哪些?

答:翻车机卸车系统的控制方式有三种:

(1) 程序自动控制。是指卸车系统全线按工艺要求自动完成接车、牵车、摘钩、翻车、推车、迁车、空牛退车等全部动作过程。

(2) 手动集中控制。是为了设备的检修、调整和设备自动控制时恢复初始状态,由操作员分布操作单元设备的方式。

(3) 机旁操作。由操作员在各单元设备附近的操作箱操作所辖设备,一般机旁操作仅作为调试设备时使用,不作为正式操作的一种控制方式。

3 "O"型转子式翻车机系统投入自动时应具备的条件是什么?

答:"O"型转子式翻车机系统投入自动时应具备的条件是:

(1) 翻车机在原位,翻车机内无车;推车器在原位,定位器升起,光电开关亮。

(2) 重车铁牛油泵启动,重牛在原位,重牛低头到位,钩舌打开。

(3) 重车推车器在原位。

(4) 摘钩平台在原位,摘钩平台上无车,油泵启动。

(5) 迁车台与重车线对轨,推车器在原位,光电开关亮。

(6) 空车铁牛在原位,油泵启动。

4 前牵地沟式重牛接车和牵车的联锁条件是什么?

答:重牛接车和牵车的联锁条件是:

(1) 重牛接车。钩舌打开,摘钩平台在原位,重车推车器在原位,重牛抬头,启动重牛油泵。

(2) 重牛牵车。摘钩平台在原位,重车推车器在原位,重牛油泵启动,重牛抬头,钩舌闭合。

5 前牵地沟式重牛抬头或低头的联锁条件是什么?

答:重牛抬头或低头的联锁条件是:摘钩平台在原位,重车推车器在原位,重牛在原位。

6 摘钩平台升起的联锁条件是什么?

答:摘钩平台升起的联锁条件是:重牛低头,重车推车器在原位,翻车机在原位,翻车机推车器在原位,翻车机定位器升起,翻车机内无车,摘钩平台油泵启动,迁车台对准重车线、摘钩台始端的记四开关动作、光电开关无遮挡。

7 "O"型转子式翻车机本体倾翻的联锁条件是什么?

答:翻车机本体倾翻的联锁条件是:翻车机内的推车器在原位,定位器升起,翻车机的入口光电开关无遮挡,出口的光电开关无遮挡。

8 "O"型转子式翻车机内推车器推车的联锁条件是什么?

答:翻车机内推车器推车的联锁条件是:翻车机内定位器落下,翻车机在零件迁车台对准重车线，迁车台上无车，迁车台上的推车器在原位，迁车台上光电开关无遮挡。

9 迁车台迁车和返回的联锁条件是什么？

答：迁车台迁车：迁车台上的记四开关动作，迁车台上光电开关无遮挡。

迁车台返回：迁车台上对轨处的记四开关动作、光电开关无遮挡、迁车台推车器在原位。

10 迁车台推车器推车的联锁条件是什么？

答：迁车台推车器推车的联锁条件是：空牛在原位，空牛坑前光电开关无遮挡，迁车台与空车线对准。

11 空牛推车的联锁条件是什么？

答：空牛推车的联锁条件是：空牛坑记四开关动作（坑上无车），空牛坑前光电开关无遮挡，空牛油泵启动。

12 悬臂式斗轮堆取料机的控制内容和方式有哪些？

答：斗轮堆取料机主要控制以下对象：悬臂皮带的正反转控制、尾车堆料皮带的控制、尾车升降的控制、悬臂俯仰的控制、悬臂回转的控制、取料斗轮的控制及辅助设备的控制。

斗轮堆取料机的控制方式有两种：

（1）自动控制。是将斗轮堆取料机的所有与工作顺序控制有关的设备，按工作方式编好程序，通过选择运行方式开关，确定堆料还是取料，然后进行自动启动。

（2）手动控制。是将斗轮堆取料机的所有电气控制开关，集中到斗轮堆取料机的操作台上，由斗轮司机按照其工作方式以一定的启动顺序对设备进行单一的启动控制。

13 悬臂式斗轮堆取料机的联锁条件有哪些？

答：悬臂式斗轮堆取料机的联锁条件有：

（1）大车走动与夹轨器联锁。大车行走前，夹轨器必须松开。

（2）辅助油泵与回转油泵联锁。辅助油泵启动后油系统压力未达到 0.5MPa 时，回转油泵不能启动。

（3）斗轮电动机与悬臂皮带取料联锁。悬臂皮带启动后，斗轮电动机才允许启动；悬臂皮带停止运行，斗轮电动机联锁停止。

（4）悬臂皮带与堆料皮带联锁。堆煤时，悬臂皮带启动后，联锁煤场皮带启动；悬臂皮带停止运行时，联锁煤场皮带停止。

（5）堆料皮带与煤场皮带联锁。堆煤时，堆料皮带启动后，联锁煤场皮带启动；堆料皮带停止运行时，煤场皮带联锁停止。

（6）煤场皮带与悬臂皮带联锁。取煤时，煤场皮带启动后，联锁悬臂皮带启动；煤场皮带停止运行时，联锁悬臂皮带停止。

（7）斗轮事故联锁。斗轮机运行中系统发生异常时，发出事故音响，断开主控制回路。

14 斗轮机的电气控制系统有什么特点？

答：斗轮机的电气控制系统有以下特点：自成系统，相对独立；各机构协调运行，同台设备控制对象多；电气设备工作在振动大、粉尘多的恶劣环境下。

15 斗轮机微机程序控制系统有何特点？

答：斗轮机微机程序控制系统实现了用 PC 机取代继电器的逻辑控制。机上有三种操作方式：手动集中操作、自动 PC 机操作和部分设备机旁操作。手动集中操作和自动 PC 机操作全部通过 PC 执行，而机旁操作不通过 PC，只保留很少的继电器控制，供设备检修及试车用。全机有 I/O 口近 200 点，全部控制输出用交流 220V 模块直接驱动接触器。对于拨码开关输入、位置输入等用直流 24V I/O 模块，而各种信号指示灯和 LED 显示器等用直流 12V I/O 模块。机上和集中控制室经滑线通过 I/O 模块进行通信联系。

根据工艺要求，自动堆取料时可选择自动回转法或自动定点法两种方式。在堆取料前要通过操作台上的拨码开关进行有关数据设定，如前进终点、后退终点、走行点动距离、回转点动距离和俯仰点动距离的设定等。

16 斗轮机的供电方式有哪几种？

答：斗轮机供电包括软电缆供电和硬滑线供电。软电缆供电又分为拖动式、悬挂式、拖线车式、卷筒式四种形式。硬滑线供电又分为钢质滑线、铜质滑线、铝槽滑线（内触式）三类。斗轮堆取料机这种大型的移动设备的供电系统是十分重要的部分，大型的斗轮堆取料机多采用电缆卷筒供电方式。

17 电缆卷筒供电的特点是什么？

答：电缆卷筒供电是采用高度灵活的拖拽电缆和电动电缆盘通过滑环的接触进行输电，为使电缆从两侧引出，通过带导向盘的中央进缆装置导出电缆端头。

电缆卷筒供电方式适用于高压（50Hz 6kV 或 50Hz 10kV）或低压（50Hz 380V）的供电系统中。在采用高压供电电源时，能减少线路的电压降，以提高用电终端的电源质量，保证设备在其各种条件下能正常启动和运行。这种供电方式中，对电缆卷筒驱动电动机的控制是很关键的一个环节。在斗轮堆取料机上采用力矩电动机作为卷筒的驱动电动机。另外，电缆的中间转折处应在电缆外层加装防护套，以防电缆磨损接地。

18 装卸桥小车抓斗下降动作失常的原因是什么？

答：装卸桥小车抓斗下降动作失常的原因是：
（1）滑线接触不良，制动器不动作。
（2）操作回路整流器烧坏，控制回路断线。
（3）启动开关、接点引线烧坏，开关接点脱离。
（4）小车抓斗行程开关接点动作，开关没复位。

19 装卸桥小车行走继电器在运行中经常跳闸的原因有哪些？

答：装卸桥小车行走继电器在运行中经常跳闸的原因有：触头压力不够，烧坏或脏污；超负荷；滑线接触不良或轨道不平。

20 装卸桥小车电动机温度高并在额定负荷时速度低的原因是什么？

答：装卸桥小车电动机温度高并在额定负荷时速度低的原因是：

（1）绕组端头、中性点或绕组接头接触不良。

（2）绕组与滑环接触不良。

（3）电刷接触不良。

（4）转动电路接触不良。

21 交流制动电磁铁线圈产生高热的原因是什么？应如何处理？

答：交流制动电磁铁线圈产生高热的原因及处理为：

（1）电磁铁电磁牵引力过载，应调整弹簧的压力和重锤的位置。

（2）电磁铁可动部分与静止部分在吸合时有间隙，应调整制动器的机械部分，清除间隙。

22 叶轮给煤机载波智能控制系统的组成和功能有哪些？

答：叶轮给煤机载波智能控制系统由主机、就地控制站和电力载波通信部分组成。主机设在主控室，就地控制站安装在叶轮给煤机本体上，电力载波通信部分的两端分别在主机和就地控制站内。主机通过电力载波通信部分与就地控制站组成主从式通信控制网络，实现在主控室内控制与监视现场叶轮给煤机的运行。

叶轮给煤机载波智能控制系统通过电力载波对叶轮给煤进行远方控制，不必架设专用通信线路，用叶轮给煤机动力线作为信号传输媒介，对叶轮给煤机进行远距离实时监控。在主控室内，它既可自成独立系统，也可与程控系统连接，实现叶轮给煤机在煤沟中的自动控制、出力调整、故障报警、位置显示等功能。

在主机显示屏上可按选定运行方式控制叶轮给煤机的前行、后行或停止，并可调整叶轮转速；或显示叶轮给煤机的工作状态（包括叶轮实际转速、行走方向、行走位置等）。当叶轮给煤机工作中出现故障时，在主机显示屏上可显示故障类别（如叶轮故障、行走故障、位置变送故障、通信故障、极限相撞等）。两台及以上叶轮给煤机可同时运行，主机可根据其运行位置调整运行方向，不会撞车。叶轮转速调整采用变频器控制三相鼠笼电动机的方式，可大大减轻现场高粉尘环境对电动机的危害（相对滑差电动机），减少设备的故障率。

23 叶轮给煤机行程位置监测有哪几种方案？

答：叶轮给煤机行程位置监测方案有两种：

（1）电子接近开关断续显示式。叶轮给煤机行走时，其上的感应体接近到电子接近开关（第一个开关）的检测距离范围后，接近开关即可动作并送出一个开关量，使集控室模拟屏上相应的对象灯亮，从而给出了叶轮给煤机的行走位置。

（2）超声波测距式。叶轮给煤机上装有超声波发射装置，在叶轮给煤机行走区间的另一端处装有超声波接收装置，如果将行走区间的一端作为始步，则叶轮给煤机与零点之间的距离就反映了叶轮给煤机的相对位置。

系统可用变送器输出的 $4\sim20mA$ 模拟量连续地显示叶轮给煤机的相对位置，比用电子接近开关断续的单点显示更为逼真，而且维护量小，是一种较好的方式。

24 振动给煤机变频调速的主要特点是什么？

答：变频调速振动给煤机为变频无级调速，能在线连续调速调量。运行中调量方便，无需停机调整激振块或配煤挡板，可遥控，比电磁振动给煤机的噪声大大减小，效率高，功率因素高，故障率小。采用变频调速使振动电动机的工作电流大为降低，使电动机的寿命延长，具有完善的故障诊断、显示、报警和保护功能，调速范围宽，调整量准确方便，节电显著。

25　拉线开关的使用特点是什么?

答：带式输送机的事故开关一般都采用安装在机架两侧的拉线开关，拉线的一头拴于开关的杠杆上，另一头固定在开关有效拉动范围的机架上或另一开关的杠杆上。当输送机发生意外情况时，值班人员可在带式输送机全长的任一部位拉动钢丝绳，使开关动作，停止设备运行。当发出启动信号后，如果现场不允许启动，也可拉动开关拉绳，制止启动。开关拉线必须使用钢丝绳，以免拉伸弹性变形太大。拉线操作高度，一般距地面 $0.7\sim1.2\mathrm{m}$。

目前火电厂应用的拉线开关有自复位式和锁定式两种，其内部的开关有机械式的微动开关也有电子式的接近开关。

26　跑偏开关的安装要求是什么?

答：跑偏开关是在皮带严重跑偏的情况下发出跑偏信号报警或停机，防止由此而引起的撒煤撕皮带等故障，当输送带在运行中跑偏时，输送带推动跑偏开关的挡辊，当挡辊偏到一定角度时，一级（轻跑偏）开关先动作，发出报警信号，警示值班人员及时检查调整；如果皮带继续跑偏，则二级（重跑偏）开关动作，切断电源，使输送机停止运转。开关体侧面有一用来短接二级停机触点的按钮，使皮带机瞬间启动，便于调整皮带机恢复到正常工作位置。跑偏开关安装在带式输送机的头尾部和中部两侧，对于较短的带式输送机，仅在头部或尾部安装一对即可，距头部或尾部滚筒 $1\sim2\mathrm{m}$。跑偏开关的挡辊与皮带边沿的距离应符合机械要求。

27　落煤筒堵煤监测器的作用与种类有哪些?

答：落煤筒堵煤监测器一般安装在带式输送机头部或尾部煤筒转折点上部不受冲击的部位，用以监测落煤筒内料流情况。当漏斗堵塞时，料位上升，监测器发出信号并切断输送机电源，从而避免故障扩大。

堵煤监测器型式种类较多，常用的有侧压型、探棒型、漏损型和阻旋型等。

28　机械式煤流信号传感器的工作原理是什么?

答：机械式煤流信号发生器是利用杠杆原理进行工作的。当带式输送机空载运行时，摆杆处于垂直位置，此时检测器碰撞杆处于 0 位，其上的微动开关（无触点电子接近开关，干簧管和水银开关等）未动作，不发信号；有煤时，摆杆抬起并触动微动开关（或接近开关等）发出有煤信号（触点闭合）。

29　纵向撕裂信号传感器的使用特点是什么?

答：从煤源点到碎煤机落差较高的皮带机尾部，极易发生大块杂物撕皮带的现象，在这些落料点应该安装带缓冲钢板的专用缓冲架。大块多时，为进一步防止皮带纵向撕裂，可把落煤管出口侧壁做成活门，当有异物卡住时能及时顶开活门，推动接近开关发出信号及时停机。也有的纵向撕裂信号传感器是在输煤槽出口一层皮带下横向装一条拉线，当皮带纵向撕裂后有漏物触碰拉线时，带动微动开关动作，防止故障扩大。

30 皮带速度检测器的作用与种类结构有哪些？

答：皮带速度检测器检测输送机的实际速度，可用于多机联锁顺序启动或停机。当输送带速度过慢或停运时，监测器停止输出，切断本机电气回路，同时通过联锁系统停止其余设备运行。可防止煤堆积压皮带及堵塞落煤筒现象的发生。

皮带速度检测器的主要种类有：

（1）磁力式传感器。触轮随胶带运行时，永久磁铁随之旋转而产生诱导转矩，达到额定速度时，转臂推动触头动作，输出开关信号。

（2）磁感应式发生器。磁感应发生器是由永久磁头、绕组、开槽托辊、机体等组成。当带式输送机启动后产生感生电动势，当皮带机过载打滑时感生电动势也变小，当小到规定值时，速度继电器控制带式输送机停机。

（3）齿轮式速度传感器。由压带轮、齿轮叶片、磁铁及干簧管等组成。皮带的运动经压带轮带动齿状叶片转动依次通过干簧管与磁铁之间的间隙，使干簧管交替通断动作，发出脉冲信号。一般将带速动作值整定为带速降到90％时发轻度打滑信号；带速降到75％时发联锁停机信号。

（4）非接触式转速开关。是接近开关式速度传感器，由无触点接近开关和控制箱组成。皮带正常转动时带动从动滚筒端头的金属检测块每转一周通过接近开关一次，产生一个脉冲信号。若速度降低时脉冲次数减小，当转速降低到整定值后5s切断主电动机电源。转速开关与被测对象（设备）不接触，不受灰尘、油污、光线、天气等环境因素影响，动作安全可靠；功耗低，使用寿命长。

31 电子接近开关的特点与用途有哪些？

答：电子接近开关利用磁电感应原理或电容随介质变化的原理，来完成移动设备位置信号的传输，由于电子接近开关是固化密封结构，开关内无触点，开关与运动体不接触。其耐粉尘、水、汽及防锈防误能力比一般机械行程开关更好，而且它的调整距离比较灵活，易于安装，接线方便，所以大部分场合取代了机械式行程开关。

电子接近开关分有源式和无源式两种，其中有源式开关至少三根引线，接近体是普通铁块构架即可；无源接近开关是两根引线，使用时移动设备上应安装磁性块，感应距离都是5～10mm，使用可靠，都是PLC控制系统的可靠传感器。

32 常用的连续显示煤位装置有哪些种类？

答：常用的连续显示煤位的装置有：超声波式、电容式、光电式、射线式、射频导纳式、声呐式和称重式等。

33 超声波煤位仪的工作原理是什么？声波级别如何划分？

答：超声波煤位仪利用声波的反射原理，根据被测距离内发出声波和接收声波的时间差，计算出目标物位的距离，以此来确定煤位的高低。超声波探头是实现声电转换的装置，按其作用原理可分为压电式、磁致伸缩式、电磁式等多种，其中压电式最为常见，其核心部分是压电晶片，利用压电效应实现声电转换。

声波级别的划分为：

（1）声波。频率在 $16\sim20\,000\mathrm{Hz}$ 之间，能为人耳所闻的机械波，称为声波。

（2）次声波。频率低于 $16\mathrm{Hz}$ 的机械波，称为次声波。

（3）超声波。频率高于 $20\,000\mathrm{Hz}$ 的机械波，称为超声波。

34　超声波煤位仪的安装与使用要求有哪些？

答：超声波煤位仪探头反射面要对正煤位面，发射的超声波声柱要避开进煤口的煤流线和煤仓内的横梁等固定构件，安装位置不能靠近仓壁，最好装在煤仓顶部中心位置。煤位仪探头不必开盖调整，使用时可根据煤仓的实际情况调整显示箱里的电位器或设定开关，也可用编程器进行软调整。超声波煤位仪探头安装时离最高煤位点至少要有 $0.8\mathrm{m}$ 的距离，否则煤位太高时将无法测准。

35　超声波煤位仪的维护保养有哪些特点？

答：超声波煤位仪探头的发射面上应定期用软刷清除灰尘杂物。一般小故障主要有电源指示灯不亮，可检查保险供电是否良好；显示煤位值不正确，可检查调整该定值，如有其他故障可找专业人员修理。

36　射频/导纳煤位检测仪的工作原理是什么？

答：射频/导纳煤位检测是从电容式煤位检测技术上发展起来的。它同时测量阻抗和容抗，而不受挂料的影响。在测量煤位时，射频/导纳技术检测被测介质的两种基本特性，一个是介电常数，另一个是电导率。电容式由于被测介质黏附在传感器上而产生误差。但导纳式产品通过同时检测电容和电阻可以消除这种误差。

导纳的物理意义是阻抗的倒数，实际过程中很少有电感，因而导纳实际上就是指电容与电阻。

为了准确地测量煤位，需要有适当频率的射频，其频率范围一般为 $15\sim400\mathrm{kHz}$。因此，这种测量煤位的技术称之为射频/导纳技术。

37　阻旋式煤位控制器的原理与应用是什么？

答：阻旋式煤位控制器的旋翼由一个小力矩低速同步电动机驱动。旋翼未触及物料时，以 $1\mathrm{r/min}$ 的速度不停地转动，一旦触及物料时，旋翼的转动受到阻挡（连续堵转将不影响同步电动机的性能），于是电动机机壳产生转动并驱动微动开关发出报警信号或参与其他控制。当旋翼阻力解除后，自行恢复运转。

38　阻旋煤位器的使用特点与安装注意事项有哪些？

答：阻旋煤位器相对于超声波煤位计、射频/导纳煤位计而言，价格低廉，更适用于简单的、中小煤仓的点位控制。但这种装置不能用于对连续煤位的动态检测，所以在对大型煤仓的煤位检测上又有一定的局限性。一般原煤仓当中每个犁煤器下用一个阻旋煤位器作为高煤位信号，原煤仓中心用一个超声波煤位计作为煤位高低显示和低煤位信号控制。

安装注意事项有：物料必须能自由地流向或流开旋翼和转轴，不应有冲击。应防止加煤时使旋翼和转轴受到大块煤的冲击。必要时，应加保护罩或使安装位置偏离煤流。尽量下垂安装，水平安装可能造成旋轴变形。

39 电阻式煤位计的结构原理及特点是什么？

答：煤位电极是利用电极与煤接触前后电阻值的改变来测煤位的，有煤时发送信号，无煤时断开信号，煤位电极一般用钢丝绳加一小重锤吊在煤仓内，根据不同煤位的要求，其钢丝绳长度各不相同，从而较为直观地显示出煤位高低。

电阻式煤位计的特点是：结构原理简单，价格便宜，一个电极只能显示一个煤位。

40 移动重锤式煤位检测仪的结构和工作原理是什么？

答：移动重锤式煤位检测仪由电动执行机构、计算机控制器和显示仪组成。

工作时计算机控制电动执行机构下放重锤，重锤碰到煤时又立即返回，测量周期小于20s，根据重锤落放的长度来测量煤位高低，测量分辨率30mm。其特点是重锤的各种运动全由计算机控制，对意外情况有自适应和自恢复功能。

第三节　输煤的集控与程控

1 输煤系统的控制方式有哪几种？

答：输煤系统的控制方式有三种：就地手动控制、集中控制和程序控制。

（1）就地手动控制方式是在就地单机启停设备的运行方式，常用于设备检修后的调整、设备程序控制启动前的复位及集中控制、程序自动控制发生故障时的操作。就地方式时设备的集控程控无效，设备互不联锁。

（2）集中控制方式一般作为程序控制的后备控制手段，当因部分信号失效，程序控制不能正常运行时，采用集中控制方式进行设备的启停运行控制，集中控制系统中有完善的事故联锁功能和各种正确的保护措施，也可解除联锁单独控制。

集控软手操控制方式是运行值班员在集控室操作台上位机上对部分设备联动操作或一对一操作。

（3）计算机程序控制方式是上煤、配煤系统中正常的、主要的控制方式。在程序控制时，由运行值班员发出控制指令，系统按预先编制好的上煤、配煤程序自动启动、运行或停止。

2 输煤系统工艺流程有哪几部分？各有哪些设备？

答：输煤系统工艺由卸煤、上煤、配煤和储煤四部分所组成。

（1）卸煤部分为系统的首端，主要作用是接卸外来煤。卸煤机械有水路来煤的卸船机，铁路来煤的翻车机、螺旋卸车机、链斗卸车机、底开门车以及汽车卸煤机、装卸桥等。

（2）上煤部分是系统的中间环节，主要作用是完成煤的输送、筛分、破碎和除铁等。上煤机械一般有带式输送机、筛煤机、碎煤机、磁铁分离器、给煤机和除尘器等。

（3）配煤部分为系统的末端，主要作用是按运行要求配煤。配煤机械有犁式卸料机、配煤车、可逆配煤皮带机等。

（4）储煤部分为系统的缓冲环节，其作用是掺配煤种并且调节煤量的供需关系，储煤机械一般为斗轮堆取料机、装卸桥、储煤罐（筒仓）等。

3 输煤控制系统与被控设备的协同关系如何？

答：影响输煤系统的自动控制的因素之一是被控对象的稳定性，要想保证控制系统的稳定性，则必须保证机械设备的完好。在机械设备完好的情况下，一般不要在控制系统中重复或过多地设置保护装置。在控制系统中装设的信号和保护装置是必要的，保护装置装设过多，会使整个控制系统很复杂，不仅给运行值班员的监控增加负担，同时会给检修维护人员带来大量的检修或维护工作量，有的甚至引起系统的误动作。所以，在保证机械稳定的情况下，控制系统的信号越少越好。

4 输煤控制中常用的传感器和报警信号有哪些？

答：常用的传感器有：事故拉线开关、皮带跑偏开关、皮带打滑、电动机过载故障跳闸、高煤位信号装置、煤仓计量信号装置、落煤筒堵煤信号装置、煤流信号装置、速度信号装置、皮带纵向划破保护装置、碎煤机测振报警装置、碎煤机轴承测温装置、犁煤器限位开关、挡板限位开关、音响报警装置等。当这些信号动作时，模拟图中对应的设备发生闪烁，同时音响信号发出声音报警。

5 输煤系统各设备间设置联锁的基本原则是什么？

答：输煤系统各设备间设置联锁的基本原则是：在正常情况下，按逆煤流方向启动设备，按顺煤流方向停止设备。单机故障情况下，按逆煤流方向立即停止相应设备的运行，其后的设备仍继续运转，从而避免或减轻了系统中堵煤和故障扩大的可能性。

6 输煤系统设置的安全性联锁主要有哪些？

答：输煤系统设置的安全性联锁主要为：

（1）音响联锁，即输煤皮带机音响信号没有接通或没有响够程序设定的时间，则不能启动相应的设备。

（2）防误联锁，即输煤皮带启动的顺序错误时不能启动相应的设备。

（3）事故联锁，即当系统中任何一台机械设备发生事故紧急停机时，自动停止事故点至煤源区间的皮带机。

7 集中控制信号包括有哪些？

答：集中控制信号包括：工作状态信号、位置信号、预告信号、事故信号和联系信号等。

（1）工作状态信号是反映设备工作状态，如设备的正常启动、停机、事故停机等状态，一般用灯光显示，事故状态可加音响。

（2）位置信号是反映行走机械所处的空间位置，如移动皮带、叶轮给煤机行走所处位置、挡板切换位置、犁式卸料器起落位置等，一般用灯光显示。

（3）预告信号是反映系统发生异常状态，如煤斗低煤位、落煤管堵煤等，一般用光显示。

（4）事故信号是现场设备发生故障时的报警信号。

（5）联系信号是集控室与值班室之间的通信联系，如启动时集控室向运煤系统各处发出的警铃信号等。

8 输煤设备保护跳闸的情况有哪些？

答：输煤设备保护跳闸的情况有：设备过载保护跳闸；落煤筒堵煤保护跳闸；皮带撕裂或皮带打滑保护跳闸；现场运行值班人员发现故障时操作事故按钮（或拉线开关）停机；除铁器保护跳闸；操作保险熔断跳闸；系统突然全部失电跳闸；皮带严重跑偏跳闸；电气设备接地跳闸。

遇到上述情况时，集控室值班人员应首先判断故障点发生在哪一部分，并将程序控制方式退出，通知现场值班人员进行全面检查，消除故障，而后操作正常的启动程序，恢复运行。

9 输煤系统的弱电用电系统有哪些等级？各用在何处？

答：输煤系统的弱电用电系统一般有：

（1）交流 36V，用于电缆沟道内的照明系统。

（2）直流 48V，用于集控室内直流控制系统。

（3）直流 24V，用于 PLC 机的直流控制系统和信号系统。

（4）直流 12V，用于 PLC 机制直流信号显示系统。

（5）直流 5V，用于微机及 PLC 工作电源供电系统。

10 指针式电流表的监测要点有哪些？

答：指针式电流表用来监测皮带机或其他设备的负荷量，其指示值应与实际运行值相符（可与钳形表就地实测值比较），双电动机驱动的设备负荷分配应正常，如发现电流差异常时，应检查负载情况和液力偶合器、摩擦片离合器等的缺油情况。电流表指针应摆动平稳，复位良好，电流表应定期校验。

11 集控值班员在启动皮带时的注意事项有哪些？

答：集控值班员在启动皮带时的注意事项有：

（1）在启动皮带时，各皮带不能同时启动，各皮带的启动间隔以其他皮带的电流已由启动电流下降到正常电流后 4～6s 为好。

（2）在正常情况下，鼠笼电动机在冷态下允许启动 2～3 次，每次启动间隔不小于 5min。

（3）在正常情况下，鼠笼电动机在热态下允许启动 1 次。

（4）正常启动时，启动电流是其额定电流的 4～7 倍，时间不超过 8s。

（5）正常运行时，电流不超过其额定电流。

12 皮带机启动失灵原因有哪些？

答：皮带机启动失灵的原因有：联锁错位；停止按钮、拉线开关按下后未复位；开关触点接触不良；热偶动作后未复位；电气回路故障。

13　输煤设备在运行中温度和振动的控制标准是什么？

答：输煤设备在运行中温度和振动的控制标准是：

（1）输煤机械的轴承应有充足良好的润滑油，在运行中振动一般在 0.05～0.15mm、滚动轴承温度不超过 80℃、滑动轴承不超过 60℃，无异音、无轴向窜动。

（2）减速机运行时齿轮啮合应平稳、无杂音，振动应不超过 0.1mm，窜轴不超过 2mm，减速机的油温应不超过 60℃。

（3）碎煤机运行中应无明显振动，振动值不应超过 0.1mm。如有强烈振动应查明原因消除振动。

（4）液压系统的各液压件及各管路连接处不漏油，油泵转动无噪声，振动值不超过 0.03～0.06mm。

14　什么是集散控制系统？有什么特点？

答：集散控制系统（total distributed control system）是以微处理器为基础的集中分散型控制系统。集散控制系统是一类分散控制集中管理的共用控制、共用显示的开放的仪表计算机控制系统。

分散控制指控制可以分散在各控制装置或现场设备；集中管理指操作人员主要集中在控制室操作整个生产过程。共用控制指各种控制回路是共用一个或几个分散过程控制装置；共用显示指显示装置既显示生产过程的流程，也显示用于操作的仪表面板，在一个显示画面上可获得多个设备或过程的运行状态等；开放指系统能够与其他系统友好地连接，实现信息共享，系统内部的设备，例如变送器和执行器等可以互操作和互换；仪表计算机控制系统指控制系统既包含仪表，也包含计算机及有关通信系统，其目的是用于生产过程的控制和管理。

集散控制系统能被广泛应用的原因是它具有优良的特性。与模拟电动仪表比较，它具有连接方便、采用软连接方法使控制策略更改容易、显示方式灵活、显示内容多样、数据存储量大等优点。与计算机集中控制系统比较，它具有操作监督方便、危险分散、功能分散等优点。

15　集散控制系统的基本结构有哪些？

答：集散控制系统由分散过程控制装置、操作管理装置和通信系统三大部分组成。图 8-9 所示为集散控制系统的基本结构。

16　什么是现场总线控制？与传统点对点控制相比有何特点？

答：现场总线的技术基础是一种全数字化、双向、多站的通信系统，是应用于各种计算机控制领域的工业总线。

与传统的点对点控制方法相比，现场总线控制系统具有下列特点：

（1）性能价格比高。系统综合成本及一次性安装费用减少，设计、安装、调试、维护费用大幅度降低，维护和改造的停工时间减少。

（2）系统性能提高。现场总线控制系统具有可靠的数据传输，快速的数据响应，强大的抗干扰能力，使系统性能提高。

（3）强大的自诊断和故障显示功能。能够迅速诊断出总线节点的故障、电源故障、现场装置和连接件的断路、短路等故障，并能实现故障定位。

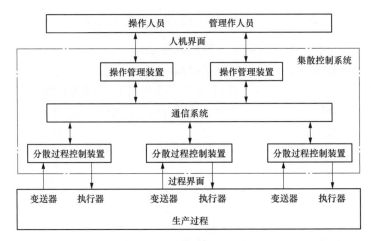

图 8-9　集散控制系统的基本结构框图

（4）提高系统测量和控制精度。采用数字信号避免信号衰减和变形，提高系统测量和控制精度。

（5）系统可靠性提高。具有 IP67 的防护等级，具有防水、防尘、抗振动的特性，可以直接安装于工业设备。有本安和冗余产品，可直接用于本安和高可靠性的应用场合。

17　什么是 Ovation 系统？它有什么特点？

答：Ovation 系统是采用了高速度、高可靠性、高开放性的通信网络，具有多任务、多数据采集的控制能力的集散控制系统。Ovation 系统利用分布式、全局型的相关数据库完成对系统的组态。全局分布式数据库将功能分散到多个可并行运行的独立站点，而非集中到一个中央处理器上，不因其他事件的干扰而影响系统性能。

系统特点为：

（1）高速、高容量的网络主干采用商业化的硬件。

（2）基于开放式工业标准，Ovation 系统能将第三方的产品很容易地集成在一起。

（3）分布式全局数据库将功能分散到多个独立站点，而不是集中在一个中央处理器中。

18　Ovation 系统由哪些部分组成？

答：Ovation 系统由三大部分组成：

（1）网络部分。Ovation 分散控制系统网络由互为冗余网、数据交换站以及操作员站、工程师站、历史站、控制器等各节点构成。

（2）工作站。根据站的使用功能不同分为几种不同功能站，包括：数据库服务器、工程服务器、操作员站、历史报表站以及其他功能站。

（3）控制器。作为控制中心，控制器采用了冗余的方式达到最大的可靠性、安全性。控制器采用与 PC 兼容的实时操作系统以及标准的 PC 结构和无源的 PCI/ISA 总线接口。

19　Ovation 系统中的工作站的作用是什么？

答：Ovation 系统中的工作站的作用是：

（1）操作员站：完成系统的日常操作。

（2）工程师站：组态工具。

（3）服务器：数据库服务器。

（4）历史/报表站：历史数据收集及报表组态和生成。

（5）OPC站：第三方系统数据连接。

20　什么是组态？

答：组态（configuration）是用集散控制系统本身所提供的功能模块或控制算法组成所需的系统结构，完成所需功能。操作站的显示组态是用集散控制系统提供的组态编辑软件组成所需的各种操作显示画面。为完成某些特定功能，采用集散控制系统提供的组态语言编写有关程序也属于组态操作的范围。

集散控制系统的组态内容有：系统组态、画面组态和控制组态。系统组态完成组成系统的各设备间的硬件连接，是用软件方式描述集散控制系统的硬件构成。画面组态完成操作站的各种操作画面、画面之间的连接等。控制组态完成各分散过程控制装置和控制器的控制结构连接、参数设置等。趋势显示、历史数据压缩、数据报表打印及画面拷贝等组态内容常作为画面组态或控制组态的一部分，也可分开单独进行组态。

21　可编程序控制器的组成与各部分的功能是什么？

答：可编程序控制器的组成与各部分的功能是：

（1）中央处理器（CPU）。是核心部件，执行用户程序及相应的系统功能。

（2）存储器。存储系统程序、用户程序及工作数据。

（3）输入/输出部件（I/O）。是可编程控制器与现场联系的通道，它将来自现场装置的信号（如接近开关、电流传感器等）转换成CPU能够处理的信号电平和格式，或将内部信号传输给外部继电器后，驱动执行元件动作。

（4）电源部分。向PLC系统各部分供电。

（5）编程器。用于用户程序的编制、编辑、检查和监视。

22　什么是可编程序控制器（PLC）？其有何特点？

答：可编程序控制器（programmable logic controller，PLC），是以计算机微处理器为基础，综合利用计算机技术与自动控制技术，把电气控制中复杂庞大的继电器配电柜内的控制电路转化为计算机内部的可编程逻辑软件程序；是一种对工业机械设备进行实时控制的专用计算机。它按照用户程序存储器里的指令程序安排，通过输入（IN）接口采入现场信息，执行逻辑或数值运算后，进而通过输出（OUT）接口去控制各种执行机构动作，完成相应的生产工艺流程。目前PLC集成化功能较高，已广泛应用于各种生产机械的过程控制中，被认为是构成机电一体化产品的重要装置。

PLC系统的主要特点是：应用灵活，扩展性好；操作方便；标准化的硬件和软件设计通用性强；控制功能强；可适应恶劣的工业应用环境。

23　什么是编程器？什么是编程语言？

答：编程器是一个带键盘和显示器的装置，用来编制和输入用户程序，对用户程序进行编辑和调试，用于监控时有必要的自诊断功能。

编程语言是可编程序控制器的软件，它是一种用来编制计算机能够识别的程序语言。目前常用的 PLC 编程语言有以下四种：梯形图编程语言、指令语句表编程语言、功能图编程语言、高级编程功能语言。

24 什么是上位连接和上位机？有何功能？

答：上位连接就是计算机与 PLC 之间的连接，可 1 台计算机与 1 台 PLC 连接，也可 1 台 PLC 与多台计算机或多台计算机与多台 PLC 连接，它们之间通信过程只能由计算机控制，PLC 总是被动的。

与 PLC 上位连接的计算机叫上位机，也称工业控制计算机（工控机），上位机具有编程、修改参数、数据显示、系统管理等方面的功能。而不直接参与设备的控制过程，这正好可实现计算机与可编程序控制器之间的功能互补。

利用上位机对程控系统进行监控和管理，能对 PLC 中的大量数据进行巡回采集、记录、故障报警及控制操作，并以图表或报表的形式进行实时显示和打印。并可对整个生产过程进行集中监视检测，并向下位机 PLC 发出特殊操作命令。

25 什么是存储器？PLC 常用的存储器有哪些？

答：存储器是计算机中用来存储二进制代码状态的信息存储块，可分为易失和非易失两种。易失的存储器意味着在电源断电时，存储在存储器中的信息数据丢失掉。为此常用锂电池作为该存储器的备用电源，保存住已有的信息。非易失的存储器意味着电源断电时，不会丢失存储器中所存的信息。

PLC 常用的存储器有：

(1) 随机存储器（CMOSRAM）。

(2) 可擦可编程只读存储器（EPROM）。

(3) 电可擦可编程控制器（EEPROM）。

26 PLC 系统中的输入/输出模块有什么特点？

答：输入（IN）/输出（OUT）模块是现场设备和 PLC 之间的接口装置，简写为 I/O 模块。模块的编程地址可由硬件（装在模块旁的 DIP 开关）或软件设定。开关量 I/O 模块的电压规格有 12V DC、24V DC、48V DC、115/230V AC/DC 和 5V/10～50V DC（高密度）。输入模块每个回路的输入电流约 20mA。输出模块的输出电流为 0.5～4A，一般指电阻性负载，在 40℃ 以下的环境下使用，若超过 40℃ 时，要降低容量使用。在 I/O 模块的每个电路中均装有 LED 指示灯，以显示每个回路的通断状态，在输出模块中还装有快速熔断器。

PLC 输入/输出电路中采用光电耦合器件能实现现场与 PLC 主机的电气隔离，提高抗干扰性；避免外电路出故障时，外部强电侵入主机而损坏主机；实现了现场信号与 PLC 的逻辑电平转换；凡是输出模块接电感性负载的，一定要根据输出电路形式，在负载两端并接 RC 吸收装置（100Ω、0.022μF）、二极管或氧化锌压敏电阻，以保护模块免遭过电压击穿。

27 PLC 的输入/输出继电器的作用及区别是什么？

答：PLC 的输入继电器是接收来自外部的开关信号，输入继电器与 PLC 输入端子相连，并且有许多常开和常闭触点，供编程时使用。输入继电器只能由外部信号驱动，不能被程序驱动。

PLC 的输出继电器是用来传递信号到外部负载的器件，输出继电器有一个外部输出的常开触点，它是按程序执行结果而被驱动的，内部有许多常开、常闭触点供编程时使用。

28 **PLC 梯形图编程语言的特点是什么？**

答：梯形图编程语言习惯上又叫梯形图。梯形图是一种最直观、最易掌握的编程语言，是由电气控制系统中常用的继电器、接触器等在逻辑控制回路上简化了的符号演变而来的。梯形图编程语言的特点是：

（1）PLC 梯形图中的继电器、定时器、计数器等接点和线圈都不是物理部件，都是存储器中的存贮位，相应位为"1"状态，表示继电器线圈受电使动合触点闭合（或动断触点断开），梯形图左边的母线不接任何电源，线路中没有真实的物理电流，所有电路图只是电气逻辑关系的一种形象表示。PLC 梯形图中，某个编号的继电器线圈只能出现一次，而继电器常开、常闭触点在编制用户程序时可无限次地被引用。运行状态时，按梯形图排列的先后顺序从上到下，自左至右逐一处理，PLC 是以扫描方式按此顺序执行梯形图，因此不存在几条并列支路同时动作的情况。

（2）梯形图编程语言的格式。梯形图中每个网络由多个梯级组成，每个梯级由一个或多个支路组成，最右边的元素必须是一个输出元件，只有在一个梯级编制完成后才能继续后面的程序编制。PLC 梯形图从上至下按行绘制，每一行元素从左至右排列，并且把并联触点多的支路靠近最左端。输入触点不论是外部按钮、行程开关、还是继电器触点，在梯形符号上只用常开触点或常闭触点表示，而不计其物理属性。在梯形图中每个编程元素应按一定规则加标字母数字串。用户根据梯形图按照 PLC 规定的符号，从上到下、自左至右顺序编出指令语句表，然后通过编程器，将指令语句表输入到 PLC 的主机内。

29 **PLC 应用程序的编写步骤是什么？**

答：PLC 应用程序的编写步骤是：

（1）首先必须充分了解被控对象的生产工艺、技术特性及对自动控制的要求。

（2）设计 PLC 控制系统图，确定控制顺序。

（3）确定 PLC 的输入/输出器件及接线方式。

（4）根据已确定的 PLC 输入/输出信号，分配 PLC 的 I/O 点编号，PLC 的输入/输出信号连接图。

（5）根据被控对象的控制要求，用程序组态语言（如梯形图、功能流程图等）设计编写出用户程序。

（6）用编程器或微机将程序送到 PLC 中。

（7）检查、核对、编辑、修改程序。

（8）程序调试，进行模拟试验。

（9）存储编好的程序。

30 **PLC 的扫描周期和响应时间各是什么？二者的关系是什么？**

答：PLC 的扫描时间是指 PLC 系统从过程控制开始，顺次扫描输入现场信息，顺序执行用户程序，输出控制信号，每执行一遍所需的时间称为扫描周期。PLC的扫描周期通常为几十毫秒。

PLC的I/O响应时间是指从输入信号发生变化到相应的输出单元发生变化所需要的时间。一般I/O响应时间大于一个扫描周期且小于两个扫描周期。

31 PLC系统日常维护保养的主要内容有哪些？

答：PLC系统日常维护保养的主要内容有：主回路电压是否正常；柜内保持清洁卫生，减少灰尘对电路的影响；各模块接线螺钉有无松脱；模块状态要定期检查，确保模块工作正常；柜内元件要经常检查，以保证元件的正常使用；网络通信是否正确；接地系统连接检验；柜内元件散热是否良好。

32 PLC系统运行不良的原因有哪些？

答：PLC系统运行不良的原因有：
(1) 电源电压低，电源接触不良，电源里混入了大量干扰杂波。
(2) 控制回路（PC程序等）与机械节拍不配，控制回路上误发信号或接头不良。
(3) 设备接触不良，CPU存储盒内的保持电池电压低下，由于高压干扰杂波使PC劣化。
(4) 由于监控操作人员的失误造成程序变化。
(5) 由于大的干扰杂波，将程序存储器内容改变。
(6) 投入电源时，模块、存储器等拔出或脱落。

33 什么是操作信号？什么是回报信号？什么是失效信号？

答：操作信号指某一程序动作之前，所应具备的各种先决条件，当操作信号满足时经逻辑判断后，就发出指令执行。

回报信号指被控对象完成该项目操作之后，返回控制装置的信号。

失效信号是指程序指令发出后该返回信号未返回和不该返回时误返回的信号。

34 输煤机械监测控制保护系统的功能有哪些？

答：电厂输煤行业的设备战线长、环境较差，由于对关键设备温度、转速以及振动等非电参数指标监测不及时，造成的设备故障较多。输煤机械监测控制保护系统对关键设备（如电动机、减速机、大型轴承座等）进行实时状态监测和保护，实现了对设备保护的自动化控制，达到降低员工劳动强度、保证设备安全可靠经济运行的目的。

输煤机械监测控制保护系统包括过程控制、计算机编程设备、PLC控制系统、人机接口、通信网络、工业现场总线、传感采集单元等，从计算机技术，控制过程到可视化监测，保证了自动化的统一性。克服计算机、PLC、控制人员监控于开环控制之间的种种界限制约。

输煤机械监测控制保护系统通过传感器对设备状态进行实时采集，在PLC的CPU中进行数据处理，通过操作员终端，操作、维护和监控人员能够在显示器上跟踪过程活动、编辑实际值、控制设备运行，也可形成对设备的闭环控制。同时操作人员可以得到提示报警，还可将单用户系统扩展为多用户系统。系统可将所有状态（正常、非正常、故障）信息报告给操作人员，同时被加入状态列表档案中。当设备超出正常工作状态时形成报警。根据不同的发生情况，报警可以被分成：

（1）过程报警。它是指在自动过程中发生的事件，如过程信号超出极限等，根据超限的多少还分成警告与报警，包括上限警告/下限警告；上限报警/下限报警。各标准值可按所列经验值设定也可以按使用要求加以修正。

（2）硬件报警。它是指由于自身的元器件上发生的故障，自动化部分的大多数设备都具有先进的故障自诊断功能，工业现场总线产品甚至可以对每一个输入/输出设备进行检测，并有相应的故障指示，可以准确地发现故障位置，这些报警信息通过系统总线传送到操作员终端，上层的监控网络可以随时获取现场的设备信息，进行监视和控制。

现场模块全部采用接插件连接，总线可以根据实际需要（站数、距离、性能、兼容性等）设计相应的拓扑结构。可采用抗干扰性好、传输距离长、保护性强的光缆，也可以采用成本较低、连接方便的双绞屏蔽电缆。

35　输煤程控正常投运的先决条件主要有哪些？

答：输煤程控正常投运主要取决于以下三个方面：

（1）主设备（被控对象）的可靠性。机械设备都必须达到一定的健康水平，机械故障要少。皮带不能严重跑偏，上料应均匀，移动行走设备（如叶轮给煤机、配煤小车等）犁煤器等配煤设备应灵活可靠。煤中三大块不能太多、太大，落煤筒不能严重黏煤，三通挡板能准确到位等。

（2）外部设备的完善性。执行机构要灵活；传感元件要可靠；重要部位的传感器要双备份，抗干扰能力要强，特别是犁煤器的抬、落信号及原煤仓的高、低煤位信号均应准确可靠，能将现场被控设备的运行状况和受控物质（煤）的各种状况准确地传送到集中控制室，供值班人员掌握。堵煤、跑偏、撕裂、拉线等保护信号应准确可靠。

（3）程控装置的可靠性。输煤系统尽可能简单、明了、清晰，系统过于复杂，交叉点过多，形象上体现为上煤方式灵活多样，实际上对自动控制非常不利，反而使电气故障处理更为复杂。程控要正常投运，要有良好的检修运行管理体制，领导层要重视，在运行中对一些薄弱点不断地改进与完善，提高可控性和完善性，而不应随便退出某些保护与联动。

36　输煤程控包括哪些控制内容？

答：输煤程控包括的控制内容有：自动启停设备（包括皮带机、碎煤机、除铁器、除尘器、挡板等的控制）；集中或分别自动卸煤（翻车机等卸煤系统的控制），自动上煤（斗轮机等煤场机械的控制）；自动起振消堵；自动除大铁；自动调节给煤量；自动进行入炉煤的采样；自动配煤；自动切换运行方式、自动计量煤量等。

37　输煤程控的主要功能有哪些？

答：输煤程控的主要功能有：

（1）程控启停操作及手动单控操作。设备在启动前，对要启动的给、输、配煤设备进行选择（包括各交叉点的挡板位置）来决定全系统的启动程序。再根据选定的程序运行方式，按所发出的启动指令进行启动。在启动前，可通过监视程序流程或模拟屏显示确定程序正确与否，如有误可及时更改。需要停止设备运行时，将控制开关打在停机的位置。运行的设备经过一定的延时之后，便可按顺煤流的顺序逐一停止。

（2）程序配煤和手动单独操作。通过预先编制的配煤程序，使所有的犁煤器按程序要求抬犁或落犁，依次给需要上煤的煤仓进行配煤。当遇机组检修、输煤设备检修、个别煤仓停运时，程序控制按照设置的"跳仓"功能自动跳仓，犁煤器将自动抬起、自动停止配煤。

（3）设备状态监视。对皮带的运行状态进行监视，对原煤仓煤位、犁煤器的状态进行监视，对设备的历史过程进行记载。

（4）故障音响报警。设备在运行中发生皮带跑偏、落煤筒堵煤、煤仓煤位低、皮带撕裂、电动机故障跳闸、现场故障停机时，程控 CRT 发出故障报警信号，模拟系统图上对应的设备发出故障闪光，同时电笛发出故障音响信号。

38 输煤程控的基本要求有哪些？

答：输煤程控的基本要求有：

（1）输煤设备必须按逆煤流方向启动，按顺煤流方向停运。

（2）设备启动后，在集控室或微机的模拟图中有明显的显示。

（3）在程序启动过程中有任何一台设备启动不成功时，按逆煤流方向以下设备均不能启动，且系统发出警报。

（4）在设备正常运行过程中，任一设备发生故障停机时，其靠煤源方向的设备均联锁立即停机。

（5）要有一整套动作可靠的外围信号设备，能够将现场设备的运行状况准确地送到微机中，以便值班员能够准确地掌握现场设备的运行工况。

（6）在采用自动配煤的控制方式中，锅炉的每个原煤仓都可以设置为检修仓，以便跳仓配煤。

（7）各原煤仓上犁煤器的抬落信号均应准确可靠。

（8）各原煤仓内的高低煤位信号均应准确可靠。

39 输煤程控系统的主要信号有哪些？

答：输煤程控系统对皮带机、挡板、碎煤机、除铁器、除尘器、给煤机、皮带抱闸、犁煤器等设备进行控制，各设备相关的主要信号有以下三种：

（1）保护信号。有拉线、重跑偏、纵向撕裂、堵煤、打滑、控制电源消失、电动机过负荷、皮带停电等。

（2）监测报警信号。有运行信号、高低煤位信号、煤位模拟量信号、皮带轻跑偏信号；挡板 A 位、B 位、犁煤器抬位、犁煤器落位、犁煤器过负荷跳闸、煤仓高煤位、低煤位、控制电源消失信号、振动模拟量、温度模拟量等。

（3）控制信号。主系统启动信号、停止信号、音响信号；除尘器启停、除铁器启停、给煤机启停、犁煤器抬起信号和落下信号等。

输煤设备程控操作的正常投运要求以上信号必须准确可靠。

40 输煤程控的自诊断功能的作用及意义是什么？

答：程控系统的各种模块上设有运行和故障指示装置，可诊断 PLC 的各种运行错误，一旦电源或其他软、硬件发生异常情况，故障状态可在模块表面上的发光二极管显示出自诊断的状态，也可使特殊继电器、特殊寄存器置位，并可对用户程序作出停止运行等程序的处理。

由于 PLC 系统具有很高的可靠性，所以发生故障的部位大多集中在输入输出部件上。当 PLC 系统自身发生故障时，维修人员可根据自诊断功能快速判断故障部位，大大减少维修时间；同时利用 PLC 的通信功能可以对远程 I/O 控制，为远程诊断提供了便利，使维修工作更加及时、准确、快捷，提高了系统的可靠性。

程控系统可将每台设备的电流值定期取样记忆，形成历史曲线，保存一个月或更长时间随时调用，特别是设备过流启停故障分析时特别有用。

41　输煤程控 PLC 系统的硬件组成和软件组成有哪些？

答：为简化程序，加快运行速度，减少设备费用，除 PLC 主站外，在被控设备比较集中的地方，可设立几个远程站来完成设备数据的采集与传送。其硬件组成还包括有：工程师站（兼历史站）、操作员站（兼数据采集站和语音报警）和通信站。各站之间采用以太网双数据总线。

软件组成包括有：运行系统软件、专业的 PLC 编程软件和制表软件等。

42　数据采集站的功能是什么？

答：数据采集站，主要完成与可编程控制器 PLC 接口信息的数据交换工作，定时扫描，将 PLC 输入输出信息数据经过分析及时地写入到系统实时数据库中，为监控系统提供了最实时的信息，保证监控系统的正常运行。该程序同时嵌入到两个操作员站，被称为虚拟 DPU 站，两个站的程序互为备用。按照设置一个作为主站，一个作为备用站；主站意外退出运行状态，备用站会自动作为主站运行。主站还作为时钟站定时向其他站发布时间，校正系统时钟。

43　工程师站的功能是什么？

答：工程师站由工程浏览器将系统的组态功能统一管理，把与工程有关的文件和组态生成程序，通过工程浏览器构架组合到一起，主要用于对应用系统进行功能编程、组态、组态数据下装，也可作为操作员站起到运行监视的作用，使系统面对使用者更规范、更清晰。

44　历史站的功能是什么？

答：可记录规定的工程测点状态及工程值，记录报警事件，记录时间为一个月。历史站上保存了整个系统的历史数据，可完成对历史数据的收集、存储和发送。当操作员站通过历史网络向历史站发出历史数据申请时，历史站将历史数据发送给操作员站。历史站主要记录模拟量点、开关量 I/O 点和通过 PLC 程控判断的设备故障测点。制表程序也同时运行，并按生成的定义进行记录。采用人工召唤打印方式，还可以选择将打印的报表存盘，以备查询。系统制表可记录一天中各班的各炉上煤量、总上煤量及翻车机情况的日报表和月报表、各班主要运行设备的时间累计日报表等。

45　操作员站的功能是什么？

答：操作员站提供给操作人员丰富的人机界面窗口，能灵活、方便、准确地监视过程量并完成相应的操作，信息量注重覆盖面大。主要有以下功能：

（1）充分利用画面空间，将所有有关的信息量反映其中。模拟图画面中的设备及其连线都是活的，按其规定的颜色或文字提示所处的状态和环境。鼠标点击要操作的设备或按钮，弹出窗口图可对控制对象进行操作。

（2）按设备分类制作报警窗口。可配备多媒体语音报警系统，不但能及时地播出报警信息，还可以根据自选的报警优先级进行报警。全部报警采用当前报警及历史报警显示，并可按报警优先级、数据类型、特征字进行筛选。当前报警还可以使用点确认和页确认使语音报警消失。

（3）可以从操作员界面上直接调出各测点或人工输入测点名称，来显示其状态和工程值的趋势或历史曲线。可自动记录模拟量点、开关量I/O点和通过PLC程控判断的设备故障测点及操作事件和报警事件等，打印成表格，并自动保存一个月或更多的信息，已备查询。

（4）制表程序同时运行，并按生成的定义进行记录打印或存盘。

46 操作员站的应用程序及任务有哪些？

答：操作员站的主要程序有：通信程序、趋势收集程序、成组装载程序、命令行状态程序、语音报警程序、数据采集程序、历史数据处理程序和制表程序等。

其主要任务是：操作；数据采集和报警提示。

47 通信站的功能是什么？

答：可以双向通信，接收或发送外系统的实时数据，实现和远程计算机的数据交换。可以将远程外系统服务器中数据库的经济计算数据引入本系统，或及时将系统发出的信号送到远程系统执行。

48 输煤程控的控制方式有哪几种？

答：输煤系统设有自动（程控）、手动（单操）和就地三种控制方式。

（1）程序自动控制即顺序控制方式，是在上位机模拟图中的操作面板上进行的正常的运行方式。

（2）手动控制是在设备的手操器窗口图上进行操作，是电脑系统方式下的集中控制方式，通过PLC机实现联锁保护。较早的手动集中控制是通过集控台上的各开关按钮完成操作，由普通继电器等完成联锁保护功能。

（3）就地方式是在就地操作箱上操作，设备之间没有联锁关系，只做检修设备及试运行之用，不作为正常运行方式。在紧急情况下，可以打到就地操作，此时集控人员将对该设备不能控制。

（4）现场的除尘器、除铁器等辅助设备就地启动盘上均有"联锁－非联锁"转换开关。正常运行时，此开关均应打到联锁位置。此时，除铁器和除尘器与相应皮带机联锁启、停。一般这些辅助设备的联锁可在现场直接与皮带主设备硬联锁，但这将不便于集控人员对其进行实时监控与操作。

49 给煤量的自动调节是如何完成的？

答：自动调节给煤量是通过远程调节变频器的频率来改变给煤机的振动频率完成煤量调

节的。可由集控值班员人工调整，也可以由 PLC 根据皮带电流或煤量完成给煤量的自动调节。

50　皮带机联锁的注意事项有哪些？

答：皮带机联锁的注意事项有：

（1）皮带机联锁的原则是按所选择的流程，逆煤流方向延时逐台启动；顺煤流方向延时逐台停机。

（2）在运行设备中，当任一设备发生事故跳闸时，立即联跳逆煤流方向的设备，碎煤机不跳闸；当全线紧急跳闸时，碎煤机也不停运。当碎煤机跳闸时，立即联停靠煤源方向的皮带。

（3）皮带发生重跑偏时，延时 5s 停运本皮带，并联跳逆煤流方向的设备，而碎煤机不停。

（4）电动挡板和犁煤器启动到规定时间而机械设备未到位时，就会发报警信号。

51　现场设备转换开关的位置有何要求？

答：正常情况下，现场所有皮带的程控转换开关均应打到"程控"位，"就地"位只作为检修调试设备或紧急情况下应急使用，不作为运行方式。现场转换开关打到就地位置时，所有计算机操作无效，设备失去联锁。

现场的除尘器、除铁器就地启动盘上均有"联锁-非连锁"转换开关。正常运行时，此开关均应打到联锁位置。此时，除铁器与相应皮带联锁启、停；除尘器与下一条相应皮带联锁，因为除尘器主要是处理下一级皮带机输煤槽内的粉尘。

52　主要工程测点包括哪些种类？如何调用？

答：工程测点主要记录有模拟量、开关量、传感器坏、退出扫描、人工输入、停止报警、通信超时测点、硬件地址、采样值、工程值、状态值、中文描述等。

可采用直接写点定义名称（英文名称）或从有活参数的系统图或模拟图中拖拽的方法调用相应的点记录。还可以选择开始点序号、站号、特征字筛选测点。

53　程控系统挡板报警的原因有哪些？

答：程控系统挡板报警的原因有：挡板操作控制电源消失；挡板电动机过负荷动作；挡板甲或乙侧有堵煤信号；挡板停电。

54　程控系统犁煤器报警的原因有哪些？

答：程控系统犁煤器报警的原因有：犁煤器操作控制电源消失；犁煤器过负荷动作；犁煤器停电。

55　程控计算机系统断电或死机时有何应急措施？

答：程控系统的 PLC 一般最少有两套电源，一套运行，一套备用。突然断电或非正常关机，多数情况下开机后仍可正常工作；如遇微机工作当中因任务太多而发生冲突死机，可按微机面板上的"RESET"键重启计算机，一般均可解决。

第九章

输煤环境综合治理设备及其检修

第一节　防尘抑尘设备

1　粉尘的性质有哪些？

答：粉尘的性质有：

（1）粉尘的成分。其成分与产生粉尘的物料成分基本相似，但各种成分的含量并非完全相同。一般是物料中轻质易碎的成分散出来要多些，质重难碎的成分散出来的要少些，但相差不大。

（2）粉尘的形状和粒度。粉尘的大小和形状及粉尘的物理化学活泼性，对人体的危害影响很大。其中粒度 $0.5\sim5\mu m$ 的粉尘对人体的危害最大。尘粒的形状与粉尘本身的结构组成、产生的原因有关。例如，由于物料破碎而生成的粉尘多有棱角，在各转运点由于落差等原因产生的粉尘多为片状和条状。

（3）粉尘的润湿性。粉尘粒子能否被液体润湿和被润湿的难易性称为粉尘的润湿性。它取决于粉尘的成分、粒度、生成条件、温度等因素。悬浮在空气中粒度小于 $5\mu m$ 的尘粒，很难被水润湿或与水滴凝聚。因为微小尘粒与水滴在空气中均存在环绕气膜现象，尘粒与水滴在空气中必须冲破环绕气膜才能接触凝聚。为了冲破环绕气膜，尘粒与水滴须有足够的相对速度。

（4）粉尘的爆炸性。悬浮于空气中的煤尘属于可燃粉尘。当其浓度达到一定范围时，在外界的高温火源等作用下，能引起爆炸。因此，煤尘是具有爆炸危险性的粉尘。煤尘只有在一定的浓度范围才能发生爆炸。一般煤尘的爆炸下限为 $114g/m^3$，挥发分大于 25% 的煤粉，爆炸下限可达 $35g/m^3$。粉尘的爆炸性不仅与其浓度有关，同时与粉尘的粒度和湿度等也有关系。

2　粉尘对人的危害机理是什么？

答：燃煤电厂输煤皮带转运点粉尘外逸，不断排向室内，使室内"飘尘"严重超标。粉尘越细在空气中停留时间越长，被人们吸入的机会就越多，小于 $5\mu m$ 的粉尘就叫"吸入性粉尘"。因其表面积（m^2）大，表面活性强，极易吸附二氧化硫等有害气体或金属离子，这些粉尘对人身危害极大；大于 $10\mu m$ 的粉尘，几乎全部被鼻腔内的鼻毛、黏液所截留；$5\sim10\mu m$ 的尘，绝大部分也能被鼻腔、喉头器官、支器官等呼吸道的纤毛，分泌黏液所截留，这部分粉尘会由咳嗽、打喷嚏等保护性条件反射而排出体外；最终 $0.5\sim5\mu m$ 的粉尘，容易穿透肺叶，深入肺泡中，黏附在肺叶上使人患职业病。除 $0.4\mu m$ 左右的一部分能在呼气时排出之外，绝大部分都滞留在肺泡中形成纤维组织，导致呼吸机能障碍等各种疾病，矽肺就是其中之一，还能引起消化系统、皮肤、眼睛以及神经系统的疾病。

3 输煤系统防尘抑尘的技术措施主要有哪些？

答：从经济实用性来讲，输煤系统煤尘综合治理应贯彻以抑尘为主和七分防三分治的方针。由于输煤系统多数是转动设备，扬尘点十分分散，因此给煤尘治理工作增加了难度，但如果措施得当，效果是比较明显的。主要防尘措施如下：

（1）应用格栅式导流挡板。煤的冲击部位（如头部的落料点及尾部煤管内的折转处冲击点）安装导流挡板，可以减小诱导气流，降低噪声。由于格栅内经常充满着煤，煤在冲击该部位时产生了煤磨煤的现象，缓冲了煤流速度，也从根本上解决了这个部分的磨损问题。格栅可以用 50mm 的扁钢制成 $100mm\times100mm$ 的方格，但在布置时应考虑倾斜角度的调整，避免发生堵塞现象。

（2）为了保证落煤管系统的密封性能，应安装可靠灵活的锁气器，落差不高的落煤管入口处也应加挡尘帘（可垂直吊在管内倾斜段）。为了防止漏泄和堵塞造成尾部滚筒卷煤扬尘，落煤管的角度应尽量垂直和加大落煤管的直径。

（3）采用新型的多功能导煤槽。输煤系统在运行中，在落煤管内所产生的正压气流，会从导煤槽出口排出。当导煤槽密封不严或皮带出现跑偏时，都会造成大量的煤尘飞扬和外逸。多功能导煤槽具有料流聚中，密封性能好和防尘、降压的功能，而且大大减小了维护工作，基本上消除了因料流不正造成的皮带跑偏撒煤现象。

（4）煤干时在皮带机头部转向托辊下部向皮带表面喷水，可有效地防止回程皮带表面粉尘的飞扬。安全自调型皮带清扫器不会伤及皮带，摩擦系数低、清煤净。

（5）由于犁煤器的锁气器挡板大部分不能使用。煤下落到原煤斗时产生较大量的含尘气流外溢是煤仓层的主要尘点之一。解决办法是在犁煤器落料斗的下方安装导流挡板。导流挡板的作用为：一是将降低煤流的下落速度并将煤流导向煤斗的侧壁。二是用导流挡板把冲出煤斗的含尘气流尽量避免从落料斗冒出。三是用弯型煤斗加装耐磨吊皮，既密封，又可减小维护量。四是在犁煤器上方加装吸尘罩集中吸尘。

（6）密闭式带式输送机。密闭式带式输送机能有效地防止撒煤和煤尘飞扬问题。该机实现全封闭，对在煤尘飞扬较大的部位（如煤仓层）可以加以改进后选用。

（7）为了防止尾部滚筒卷煤扬尘，应首先保证空段清扫器有效。可在滚筒表面抛料的位置斜装一个"人"形排料扳，也可以少量喷水。

（8）煤源喷水加湿，使水分达到 $4\%\sim8\%$，扬尘会明显减少。

（9）增设干雾抑尘系统。该系统可产生直径在 $1\sim10\mu m$ 的水雾颗粒，对悬浮在空气中的粉尘——特别是对直径 $5\mu m$ 以下的可吸入颗粒进行有效的吸附，使粉尘受重力作用沉降，从而达到抑尘作用。

4 输煤现场喷水除尘布置的使用要求有哪些？

答：喷水除尘与加湿物料抑尘意义不同，喷水主要以水雾封尘为目的，每个尘源点加水量一般不大，以能消除该处粉尘为主，设计时靠近煤源点的皮带多装喷水头，靠近原煤仓的尘源点可少装喷头，使用时要合理投运，以免造成燃煤含水量太高。

5 微雾抑尘装置的抑尘原理是什么？

答：微雾抑尘装置是由压缩空气驱动的声波振荡器，通过超声波将水高度雾化，"爆炸"

图 9-1 微雾对煤尘的吸附

成成千上万个 $1\sim10\mu m$ 大小的水雾颗粒，如图 9-1 所示。压缩气流通过射嘴共振室将水雾颗粒以柔软低速的雾状方式喷射到粉尘发生点，粉尘聚结而坠落，达到抑尘目的。

6 微雾抑尘装置产生的微雾颗粒的特性有哪些？

答：微雾抑尘装置产生的微雾颗粒的特性有：

（1）微雾的粒径等级为 $10\mu m$，与颗粒大小相近粉尘的碰撞、凝聚概率最大。

（2）微雾在一定的时间内自身带极性，与粉尘吸引、黏合、凝聚的概率远远大于普通雾滴。

（3）微雾通过超声波射嘴时，经过超声波震荡和二次爆炸后初速快，其有效射程达到 3m 以上，有效提高粉尘的碰撞率，对重点区域进行微雾封锁和覆盖。

7 微雾抑尘装置的组成结构是什么？工作流程是什么？

答：微雾抑尘装置从结构上分为：空压机、储气罐、微雾一体机、分配箱和超声波射嘴。

微雾抑尘装置的工作流程，如图 9-2 所示。

8 落煤管和导煤槽的防尘结构有哪些？

答：输煤皮带落煤点产生的煤尘，首先被封闭在弧形导煤槽内，然后再在煤尘速度较小的地方设置吸尘罩。为降低落煤点产生的诱导风压，在导煤槽上可设置循环风管，把导煤槽中风压最大的地方与落煤管中空气最稀薄的地方连接起来，循环风管的截面积根据输煤量估算，每 100t/h 输煤量取 $0.05m^2$ 截面积。另外，在导煤槽出口加双层装挡帘、改用迷宫式导煤槽皮子、在落煤管出口处加装缓冲锁气器或在倾斜落煤段加装吊皮帘等结构都可以加强皮带机尾部落煤点的密封性，使导煤槽少冒粉尘 $20\%\sim30\%$，吸尘风量可减小 50%。极大地提高除尘器的使用效果。

9 输煤现场湿式抑尘法的主要技术措施有哪些？

答：煤在转运过程中起尘量的大小，与煤含水量的大小有关。喷水加湿可使尘粒黏结，增大粒径及质量，进而增加沉降速度，或黏附在大块煤上，减小煤尘飞扬。当煤的水分达到 8% 以上时，一般可以不装除尘装置。因此，在翻车机、卸煤机、卸船机、贮煤场、斗轮机、

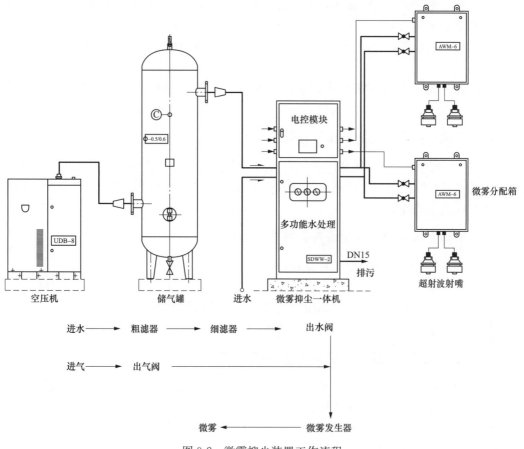

图 9-2 微雾抑尘装置工作流程

叶轮给煤机、1 号皮带机头部等煤源皮带机上，重点采用湿式抑尘法。喷头投入量的多少，也就是加水的多少，可根据煤的含水量和上煤量的大小自动调整。在扬尘点布置的常规喷雾装置，只能抑制部分煤尘。为了提高抑尘效率，减少用水量，目前有两种新技术可行：一是超音芯喷嘴（干雾装置）和雾化系统，耗水量仅为常规的 1/10，除尘效率可以达到 90%。二是磁化水喷雾装置。是把水经过磁化处理后，由于磁场能量的作用，使聚合大分子团的 H_2O 变成单散的 H_2O，比重变轻，表面积增大，从而提高了煤尘的亲水性能，提高了除尘效率，减少了用水。以上两种方式的喷雾装置可以布置在头部和导煤槽的出口。其水雾可覆盖全部扬尘面，基本上可以解决这些部位的扬尘问题。

10 自动水喷淋除尘系统的控制种类和原理是什么？

答：在皮带机头尾部的喷头有以下几种自动喷淋方式：

（1）与煤流信号联锁，有煤时喷水，无煤时延时数秒停水，煤流装置和喷头不能离得太远，最好在 5m 以内，否则应加装延时投停功能。

（2）用带压式水门直接控制喷水管路的开闭，有煤时皮带压紧转轮，靠旋转力打开水门。

（3）用粉尘测试仪实时测试尘源点的粉尘浓度，现场粉尘超过 5～8mg/m³ 时，通过电脑控制系统开启相应的喷头电磁阀，这就实现了粉尘浓度的在线监测与控制，甚至可以根据现场粉尘浓度的大小决定打开系统中的几个位置的电磁阀喷水除尘。避免了手动控制时有无煤全皮带喷水，以及常规自动控制时干湿煤都喷水等的种种弊端，节约了用水，减少了蓬煤、堵煤现象。

（4）用红外线光电管安装在皮带头部监测煤流，可通过控制器后控制相应的喷头电磁阀。

11 粉尘快速测试仪的工作原理是什么？

答："粉尘快速测试仪"是利用激光作为测量光源，采用先进的微电脑控制和数据处理技术，对作业环境同时进行粉尘浓度和分散度的快速测定。能与计算机系统共同配合对现场进行粉尘在线监测并控制。

12 输煤系统常用的除尘设备有哪些种类？

答：输煤系统常用的除尘设备种类有：
（1）湿法除尘。水浴式除尘器、水激除尘器、水膜除尘器、喷水除尘器、泡沫除尘器。
（2）干法除尘。袋式除尘器、高压静电除尘器、旋风除尘器。
（3）组合除尘。灰水分离式除尘器、旋风水膜除尘器、荷电水雾除尘器等。

13 输煤现场机械除尘法的主要技术措施有哪些？

答：一般落差较小，诱导风量小于 $5000m^3$ 的转运站，建议不设机械除尘装置，采用湿式抑尘的措施来解决。使系统更简化、更经济、更实用，也降低了治理的投资费用。

对煤尘污染较大又设人值班的场所，如碎煤机室、煤仓层及其他扬尘较大的部位，可以考虑设置除尘装置。以下两种效果较好：

（1）改进型水激式除尘机组。该装置是在 CCJ/A 型的基础上做了较大的改进，一是将经常发生堵塞的直流式排污，改进为虹吸方法；二是将电极式水位控制改为浮球式自动控制水位，简化了电气系统；三是将 S 通道改为不锈钢材质；四是在入口增加了磁化水喷雾装置以进一步提高除尘效率；五是对处理风量较大的风机配备了软启动开关，并向智能型发展，基本上可以实现免操作、免维护。

（2）静电除尘器的主要优点是：除尘效率高，特别是对 $5\mu m$ 以下的尘粒更有效。还具有压力损失小、能耗低、安装容易、占地面积小、维护量小的特点。目前投入率低的原因是在产品质量结构设计上问题较大，其控制部分为落后的分立原件，芒刺线要一年一换。竖管内壁易腐蚀和结垢，从而产生反电晕，降低除尘效率。近几年已生产新一代电除尘装置，由分立元件改为微电脑控制，本体结构（电场部分）改为不锈钢结构，绝缘子备有干燥用的热风机，基本上克服了原有的弊端。

14 碎煤机室的除尘系统有哪些特点？

答：碎煤机下口鼓风量大，破碎粉尘多，其防尘、除尘系统主要有以下特点：
（1）应尽量调整碎煤机的挡风板，使其内部循环良好，鼓风量尽可能最小。要在出口落料斗内加装挡帘或循环风管，在碎煤机入料口的斜落料管也可加装吊皮帘，以减少诱导风量。

（2）要确保下层皮带的密封性，可在输煤槽前后加 2～3 道挡帘。

（3）下料皮带除尘器的风量应足够大，一般出力 1000t/h 的碎煤机大约需要 10 000m³/h 的除尘器效果良好，不足时可以在一个输煤槽设置 2 台除尘。在输煤槽出口应加 2～3 道喷雾封尘。

15　除尘通风管道的结构有何要求？

答：除尘通风管道应力求简洁，吸尘点不宜过多，一般不超过 4 个。为防止煤尘在管道内积聚，除尘系统的管道应避免水平敷设，管道与水平面应有 45°～60°的倾角。若不可避免地要敷设水平管时，应在水平段加装检查口。管道一般采用 3mm 的钢板制作。

16　水膜式除尘器的结构原理是什么？

答：水膜式除尘器的喷嘴设在筒体上部，将水雾切向喷向器壁，使筒体内壁始终覆盖一层很薄的水膜并向下流动。含尘空气由筒体下部切向引入，旋转上升，由于离心力作用而分离下来的粉尘甩向器壁，为水膜所黏附，然后随排污口排出。净化了的空气经设在筒体上部的挡水板，消除水雾后排出。这种除尘器的入口最大允许含尘浓度为 1.5g/m³。当超过此值时，可在此除尘器前面增加一级除尘器。

17　水激式除尘器的结构和工作原理是什么？

答：水激式除尘器由通风机、除尘器、排灰机构等部分组成。工作时打开总供水阀后，自动充水至工作水位，启动风机。含尘气体由入口经水幕进入除尘器，气流转弯向下冲击于水面，部分较大的尘粒落入水中，然后含尘气体携带大量水滴以 18～35m/s 的速度通过上下叶片间 "S" 形通道时，激起大量的水花，使水气充分接触，绝大部分微细的尘粒混入水中，使含尘气体得到充分净化。净化后的气体由分雾室挡水板除掉水滴后，经净气出口由风机排出。由于重力的作用，获得尘粒的水返回漏斗，混入水中的粉尘，靠尘粒的自重自然沉降，泥浆则由漏斗的排浆阀定期或连续排出，新水则由供水管路补充。入口水幕除起除尘作用外兼起补水作用。这种除尘器水位高低对除尘效率影响较大，水位太高，阻力加大，使风量减小；水位太低，水花减少，尘汽直排，使除尘效率下降；水位高出 "S" 通道上叶片下沿 50mm 高为最佳。

18　水激式除尘器的维护检修内容是什么？

答：水激式除尘器的维护检修内容是：

（1）除尘系统工作时，应使通过机组的风量保持在给定的范围内，且尽量减少风量的波动。应经常注意观察孔和各检查门的严密性。

（2）根据机组的运行经验，定期冲洗机组内部，消除积尘及杂物。

（3）除尘工作时，不允许在水位不足的条件下运转，更不允许无水运转。

（4）应经常保持水位自动控制装置的清洁，发现自动控制系统失灵时应及时检修。当发现溢流箱底部淤积堵塞时，可打开溢流箱下部的管帽，并由截止阀接入压力水配合清洗。

（5）当风机停止运行后，吸尘管路上的蝶阀也随之关闭（电动或手动）；如果吸风管上没有安装蝶阀，除尘机组停运一个星期以上，再运行时，将煤尘用水清理干净再投入运行。

（6）运行前应检查通风管道上的过滤网，如有杂物，及时清理，保证气流畅通。如发现叶片由于磨损或腐蚀等原因有所损坏时，应及时修理或更换。

19 袋式除尘器的工作原理和机械清灰过程是什么？

答：袋式除尘器是利用气体通过布袋对气体进行过滤的一种除尘设备。由主风机、反吹风机、摆线针轮减速机、顶盖、反吹风回转装置、过滤筒体、花板、滤袋装置、灰斗、卸灰装置等组成。按其过滤方式可分为内滤和外滤两种；按清灰方式可分为机械振打式和压缩空气冲击式。

工作原理如下：含尘气流经除尘器入口切线方向进入壳体的过滤室上部空间，大颗粒及凝聚尘粒在离心力作用下沿筒壁旋入灰斗，小颗粒尘悬浮于气体之中，弥漫于过滤室内的滤袋之间，从而被滤代阻留；净化气体则通过滤袋内径花板汇集于上部清洁气体室，由主风机排出。

随着过滤工况的进行，滤袋外表面积尘越积越厚，滤袋阻力逐渐增加，当达到反吹风控制阻力上限时，由差压变送器发出信号，自动启动反吹风机及反吹旋臂传动机构，反吹气流由旋臂喷口吹入滤袋，阻挡过滤气流，并改变袋内压力工况，引起滤袋实质性振击，抖落积尘。旋臂转动时滤袋逐个反吹，当滤袋阻力降到下限时，反吹清灰系统自动停止工作。

这种袋式除尘器为机械脉冲清灰方式，清灰时，反吹风机连续供高压风，由回转脉动吹振阀控制，反吹风脉动式地进入反吹管到滤袋，使滤袋突然扩张，由于反吹气流脉动式进入滤袋，兼有反吹和气振的作用，反吹气流既对滤袋进行反吹，又使滤袋产生振动，保证有效地吹洗滤袋。采用梯形扁袋在圆筒内布置，结构简单、紧凑，过滤面积指标高，在反吹作用下，梯形扁袋振幅大，只需一次振击即可抖落积尘，有利于提高滤袋寿命。用除尘器的阻力作为信号，自动控制回转反吹清灰，视入口浓度高低调整吹灰周期，较定时脉冲控制方式更为合理可靠。

20 袋式除尘器更换滤袋的程序是怎样的？

答：袋式除尘器更换滤袋程序是：

(1) 打开检修门，放松滤袋框架的吊架螺母，使滤袋框架下降至能从检修门抽出即可。

(2) 拉出滤袋框架，抽出不锈钢丝弹簧网框，解开滤袋和框架的固定绳，取出滤袋。

(3) 换上新滤袋，将滤袋和框架扎紧，在各扁袋中插入不锈钢丝弹簧网框。

(4) 将滤袋框装入吊架，细心地逐渐推入过滤室内。

(5) 紧固滤袋框架的吊架螺母，使滤袋框架和清洁室压紧密封即可。

21 电除尘器的工作原理是怎样的？它可以分为哪几种？

答：电除尘器的工作原理是含有粉尘颗粒的气体，在接有高压直流电源的阴极（又称电晕极）和接地的阳极之间所形成的高压电场通过时，由于阴极发生电晕放电，气体被电离。带负电的气体离子，在电场力的作用下，向阳极运动，在运动中与粉尘颗粒相碰，使尘粒带以负电荷，在电场力的作用下，所有尘粒向阳极运动，尘粒到达阳极后，放出所带电子，沉积于阳极板上，得到净化的气体排出除尘器外。

电除尘器按气流方向可分为：立式和卧式两种。输煤系统中应用的卧式静电除尘器可直接装在输煤槽内，槽体外表是阴极，中心拉一阳极接线。

22 高压静电除尘器的常见故障及原因有哪些?

答:输煤系统静电除尘器最常见的故障是绝缘故障。绝缘故障分为绝缘套管故障和绝缘子故障两类。其他常见故障有闪络时冒灰、电源故障、清灰不利和二次飞扬、振打时闪络、除尘器水平段积灰、电晕线上挂有杂物等。

(1)除尘器外部的所有高压引线都须套上聚四氟乙烯绝缘套管,而内部的高压引线视具体情况而定。如果该高压引线离开收尘极板的距离不大于极距或不兼作电晕线时,也应套聚四氟乙烯绝缘套管。高压引线的绝缘套管一旦被击穿,就会发生闪络或短路跳闸。

(2)诱发绝缘子故障的主要因素是水分,即绝缘子的潮湿。另一个原因是绝缘子长度不够,其端部的高压导线与收尘极板之间的空气被击穿。实验表明,干燥的煤尘绝缘性能良好,堆积在绝缘子上一般不会引起短路。但是一旦绝缘子上沾水、积有湿灰、结露、结霜,就会使绝缘性能大大下降,引起闪络或短路。

(3)闪络时排放口冒灰,这种现象比较普遍,因为从闪络到电场恢复正常工作只需要几秒钟时间。目前还没有较理想的消除办法。但可以设法提高除尘器的闪络电压,以减少闪络。清灰不利是由于没有安装合适的振打电磁铁或控制回路故障。应安装足够数量的振打电磁铁并保持电源回路良好。克服回收粉尘的二次飞扬,一般可在拱形密闭罩出口安装雾化喷水以增加回收粉尘的湿度。防止电晕线上挂有杂物的方法是将除尘器的拱形罩及其电晕线位置提高。

23 旋风除尘器的结构和工作原理是什么?

答:含尘空气从入口进入后,沿蜗壳旋转180°,气流获得旋转运动的同时上下分开,形成双涡旋运动,组成上下两个尘环,并经上部洞口切向进入煤尘隔离室。同样,下旋涡气流在中部形成较粗、较重的尘粒组成的尘环,浓度大的含尘空气集中在器壁附近,部分含尘空气经由中部的洞口也进入煤尘隔离室。其余尘粒沿外壁由向下气流带向尘斗。煤尘隔离室内的含尘空气和尘粒,经除尘器外壁的回风口引入气体,尘粒被带向尘斗。含尘空气在回风附近流向排风口时,又遇到新进入的含尘空气的冲击,再次进行分离,使除尘器达到较高的除尘效率。

24 荷电水雾除尘器的原理是什么?

答:荷电水雾除尘技术克服静电除尘和喷水除尘的弊端,消除了静电除尘器煤尘爆炸隐患及处理高浓度粉尘可能出现的高压电晕闭塞,反电晕及高压电绝缘易遭破坏和喷水除尘不能彻底治理输煤系统的大量粉尘等问题。采用水电结合的办法更有效地进行除尘。这是一种以荷电水雾除尘为主,以静电除尘为辅的综合除尘技术,设置有荷电水雾收尘区和静电场收尘区,含尘气体通过各收尘区进行净化。

尘气进入除尘器首先处于荷电水雾区。粉尘在此被捕集沉降到输送皮带表面上可使物料表面湿润,同时成为下级电场的良好尘极。虽有少量粉尘未接触水雾,但由于设备本体内充满水雾粒子,湿度大可充分避免煤尘爆炸。进入除尘器的粉尘粒子处于水雾粒子包围之中,只要接触水雾粒子的球形电场即被吸附,且粉尘粒子在进入除尘器的过程中,由于摩擦等因素带有微量异性电荷相吸的机理,进一步克服了环流现象和水滴表面张力大,难以湿润粉尘的不利因素。

第二节　含煤废水的回收及处理

1 含煤废水处理包括哪些设备？其工作原理及流程是什么？

答：含煤废水经煤水预沉池预沉淀后，经过自吸泵提升，进入含煤废水处理系统。含煤废水处理系统包括的设备有：电子絮凝器、离心澄清反应器、中间水箱、中间水泵、多介质过滤器。

工作原理：首先含煤废水经带液位控制的含煤废水提升泵送入电子絮凝器，废水在其中经过絮凝后进入离心澄清反应器，利用澄清装置特殊结构快速沉降，污物通过排污阀排除，清水溢流到中间水箱（此时水质达到较好标准），然后再经过中间水泵把水送入多介质过滤器进行过滤（过滤器采用自源反洗、排渣）达标后，送入回用水池。煤水预沉池上设刮泥机，可将初步沉淀的煤泥刮送至沉淀区域，再由门式抓斗起重机输送至运输车辆上外运。

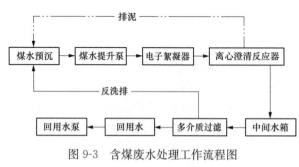

图 9-3　含煤废水处理工作流程图

含煤废水处理工作流程，如图 9-3 所示。

2 电子絮凝器的工作原理是什么？

答：电子絮凝器的工作原理：给多组并联的极板接通直流电，在极板之间产生电场，使待处理的水流入极板的空隙。此时通电的极板会发生电化学反应，如阳极（铁、铝阳极板）失去电子后发生氧化反应，生成较强氧化剂，强氧化剂来分解水中污染物从而形成金属阳离子，生成金属氢氧化物胶体絮凝剂，这类新生态氢氧化物的活性高、吸附能力强。阴极上得到电子后发生还原反应，同时在电解过程中阴极和阳极上分别会析出氢气和氧气，生成分散度极高的微小气泡（俗称电气浮）与原水中的污物结合生成较大絮状体，最后达到废水回用目的。

3 离心澄清反应器的结构是什么？

答：离心澄清反应器包括：上为圆柱形下部为圆锥形的筒体，圆柱形筒体的中心安装有内筒，内筒的上端沿内筒边切线方向安装入水口，圆柱形筒体沿上口边缘安装有泛水弯，出水口安装在接近圆柱形筒体上口处，圆锥形筒体的圆锥顶端安装有排污口，排污口上安装有排污电动阀。

4 抓斗起升开闭机构主要由哪些部件组成？

答：抓斗起升开闭机构是卸船机最主要的机构，由驱动装置（卷筒）、钢绳、滑轮组、安全检测装置等组成。

5 抓斗起重量检测装置（负荷限制器）的作用是什么？

答：当起升吊荷超过安全工作负荷的某定值时，使那些引起卸船机工作状态恶化的工作机构的运行停止，而只有那些使卸船机恢复到安全工作状态的操作才得以进行。司机室有起重量检测装置的事故信号显示和音响报警，起重量检测装置的误差不大于5%。

6　恒压供水系统的工作特点是什么？

答：恒压供水系统采用 PLC 控制技术，通过压力传感器将管网出口的水压信号反馈到可编程序控制器，经控制器运算处理后，控制变频器输出频率，调节电动机转速，使系统管网压力保持恒定，以适应用水量的变化。同时对系统具有欠压、过压、过流、短路、失速、缺相等保护功能和自诊断功能。避免了启动电流对电网的冲击，节能可达30%～50%。

以两台水泵为例，运行情况如下：开始时系统用水量不多，只有1号泵在运行，用水量增加时，变频器频率增加，1号泵电动机转速增加，当频率增加到50Hz最高转速运行时，如果还满足不了用水量的需要，这时在控制器的作用下，1号泵电动机从变频器电源切换到工频电源，而变频器启动2号泵电动机。在这之后若用水量减少，变频器频率下降，若降到设定的下限频率时，即表明一台水泵就可以满足要求，此时在控制器的作用下，1号泵工频电动机停机。当用水量又增加，变频器频率增加到50Hz时，2号泵又按以上方式与1号泵协同作用，如此循环往复，使出口恒压运行。系统供水压力调节范围从零至泵组最大工作压力连续可调，适用于输煤生产集中时间冲洗和喷水的场合。

7　输煤排污系统有何要求？

答：输煤系统产生的煤尘散落在输煤走廊及转运栈桥等处的设备、地板、墙壁上，每班需要清扫。大多数的电厂均采用水冲洗，这种方法既能得到较好的清扫效果，又能减轻值班人员的劳动强度。因污水中含有大量的煤泥和煤渣块，所以各处的排污净化设施应注意以下要求：

（1）被冲洗的地面必须有不小于1：100的坡度，以便及时排水，减少地面余积和二次清扫工作量。

（2）各个排水地漏管的入口必须有完好合格算子，筛算开孔不得大于8mm，以防大量煤泥落入后堵管堵泵。

（3）各处排水管都应倾斜布置，斜度不得小于5：1000，尽量少用水平走向，以防沉积煤泥堵管。

（4）各段集水坑的污水用离心渣浆泵排到输煤综合泵房沉煤池，沉煤池可用磁化污水、机械净化或加药净化等方法加速煤泥的沉淀与脱水，并可使污水二次利用。沉煤池应设置三个，其中两个池轮换沉淀净化，一个池作为净化后的贮水池。

（5）污水泵的选型及泵坑沉煤池的容积和结构，应适合现状。当沉煤池内水位达到高水位时，应及时自动或手动启动渣浆泵，完成污水处理或循环利用。室外管道及设备应有冬天防冻裂措施，要定期清挖沉淀池内的余泥。

8　离心式排水泵的工作过程是什么？常用的有哪几种？

答：离心式排水泵工作时泵壳中充满水，当叶轮转动时，液体在叶轮的作用下，做高速旋转运动。因受离心力的作用，使内腔外缘处的液体压力上升，利用此压力将水压向出水管。与此同时，叶轮中心位置液体的压力降低，形成真空，在大气压的作用下使坑水迅速自然流入填补，这样离心水泵就源源不断地将水吸入并压出。底阀严密与否是排污泵能否正常投入运行的关键。

输煤系统常用的离心泥浆泵有立式和卧式两种，其中立式泥浆泵是高杆泵，其电动机在水面以上，泵体在水中，工作可靠，适应性强，扬程高，故障少。

9 泥浆泵适用于什么范围？其使用要点有哪些？

答：泥浆泵一般适用于泥沙质量比小于 50% 的混浊液体。

使用时应注意：

（1）因其所输送的介质含有泥沙，对机件的磨损较大，所以在泵壳内装有防磨护板，叶轮选用优质耐磨材料制成，并且将易损件加厚。

（2）现场使用泥浆泵时，为了减小泵的磨损，避免较大的煤块和杂物以及过多的煤粒进入泵中，在集水坑污水进口处一般都装有算子。以便污水通过算子时滤去大块的煤和杂物，只有部分颗粒沉入池底，池内较浑浊的水用泥浆泵排出。

10 立式泥浆泵的检修工艺及质量标准有哪些？

答：立式泥浆泵的检修工艺及质量标准有：

（1）按顺序将电动机、机座、轴承箱拆开，拆下泵体。

（2）松开调整螺母，卸下叶轮（如果叶轮和护板配合过紧，不可用手锤硬打，可用火焰加热后卸下），检查叶轮、护板和轴套的磨损情况，严重时应更换。

（3）抽出传动轴，清洗轴承，检查其损伤及轴变形情况。轴的径向跳动中间不超过 0.05mm，两端不超过 0.02mm，否则要对泵轴进行校直或更换。

（4）新更换的叶轮两端面对叶轮轴线的跳动量不得大于 1.5mm。间隙要均匀，无摩擦现象，用手盘轴转动时应能灵活转动。

（5）各部密封件应完整无损，出水管处引至室外的胶管不得有弯折现象。

（6）轴承润滑要良好，加油量符合标准。防砂盘要压紧油封，顶丝要拧紧。

（7）各部连接螺栓、螺母要拧紧，不可松动。试车前，应首先试验电动机转向是否正确。

11 污水泵常见的异常现象及原因有哪些？

答：污水泵常见的异常现象及原因有：

（1）启动后不排水。原因有：水泵转向不对、吸水管道漏气、泵内有空气、进水口堵塞、排水门未开或故障卡死、排水管道堵死、叶轮脱落或损坏等。

（2）污水泵异常振动。原因有：轴弯曲或叶轮严重磨损、转动部分零件松动或损坏、轴承故障、地脚螺钉松动等。

12 污水泵的检修内容与要求有哪些？

答：污水泵的检修内容与要求有：

（1）污水泵泵体应不倾斜，基础螺钉及结合螺钉应紧固无松动。运行中轴承温度不应大于 75℃。

（2）如污水泵开启后不吸水，应检查泵管入口处有无杂物堵塞并清理。

（3）各种水泵启动后应无摩擦声或其他不正常声音，抽水应正常。

（4）电动机引线及电缆线无破损，无接触不良现象。

13 输煤自动排污控制系统的使用与维护要求有哪些？

答：输煤系统中现场水冲洗后的污水和煤泥集中在沉淀池中进行回收再利用，应该实现自动排污控制，其一次传感器应实用可靠，控制部分设有定时继电器，设定了准确的排污时间。当泵池中的液位达到检测高度时，传感器探头电极中有微弱电流通过，控制电路驱动继电器吸合，排污泵启动，排污开始。液位低于检测高度时，电动机断电，排污结束。如因堵泵不出水，水位不降时，应根据设定的时间停泵。

要求控制箱安装在水泵附近墙壁上容易操作的部位，探头固定在泵池顶部，不影响其他操作，不允许电极碰触其他导电部位。池内沉淀物应及时排除。

第十章

燃煤检修和安全技术管理

第一节　燃煤检修技术管理

1　燃料生产设备有何特点？

答：作为火力发电厂的附属专业，燃料专业所辖的设备既多又杂，它承担着输送供应全厂燃煤、燃油的任务。燃料生产设备的现代化水平目前已随着现代科学技术的发展而有了很大的提高，且早已实现了燃料系统的程序控制，技术也在逐渐成熟，科技含量也随之逐渐地增加，燃料生产现场的环保要求也在不断地提高，对燃料设备的检修提出更高的要求。

2　燃料生产设备的检修有何特点？

答：燃料生产设备在运行方式上大部分是间断运行，在燃料系统的设计中遵循单套满足运行出力，一套备用、一套运行的原则。所以，和主机设备比较，其自成系统，具备相对的独立性，也正是由于其具备相对的独立性，故在检修上相对具备更灵活、更自由的检修时间。

3　燃料生产设备检修的原则有哪些？

答：首要原则就是要保障设备的安全运行。要对相应的管理制度进行制定，对检修项目和检修间隔进行调节，制定的设备点检周期要合理，设备状态检修标准的编制要合理、科学，而且要加强分析和检测设备状态。

4　设备检修人员有何要求？

答：设备检修人员应当严格遵守各工种的安全操作规程。维修较大的项目，必须制定安全技术措施。安装检修工作由项目负责人统一指挥并设安全负责人。

5　设备检修完毕后要做好哪些工作？

答：设备检修完毕后检修人员应当清点工具和清理工作现场，不得将杂物或工具遗留在设备内，经检查确认一切合格后，方可通知有关部门送电试车。

6　输煤系统冬季作业措施有哪些？

答：冬季由于气候寒冷，遇湿煤易使皮带及滚筒严重黏煤，或使室外滚筒与机架冻结在一起，引起皮带磨损、打滑、过载、跑偏等故障发生，所以要求输煤栈桥必须有稳定的供暖系统。对容易冻结和黏煤的地方应及时检查清理。

值班员必须熟悉输煤系统的采暖及供水系统，在冬季运行时要及时注意掌握供暖系统的压力变化和气温的变化，以便及时调整，使栈桥温度维持在较为稳定的范围内；同时要注意暖汽不足的部分区域内的供水系统，低温时应提前切断其供水并尽量排空管内积水，严防管道大面积冻裂。

室外储煤场有冻结层时，斗轮机取煤时司机要及时将取上的大块击碎或将大块从皮带上搬开。冻煤层增大了斗轮的取煤阻力，司机必须严防斗子过载或损伤皮带机部件。翻车机车底冻煤应有妥善的措施进行人工处理，不得与卸车作业同时进行。

室外液压系统和润滑部件要提前换油并完善加热保温装置。栈桥地面及收缩缝不得有漏水结冰现象，否则要及时处理并做好防护措施。

各下煤筒和原煤仓容易蓬煤影响出力，每班必须及时检查并处理，发现大块或异常堵煤应立即停机。室外皮带上的积雪在上煤前必须刮扫干净，严防堵塞头部下煤筒。

7 输煤系统夏秋季作业措施有哪些？

答：夏秋季是多雨季节，值班员应注意建筑物不得有漏水淋在设备之上；现场各处的防洪退水设施应完好有效；露天设备的电气部分及就地开关必须有防止雨水进入的有效措施；每班必须及时检查并处理各下煤筒和碎煤机、筛煤机内的积煤，严防湿煤堵塞；煤场取煤时要注意避开底凹积水部位，推煤机要合理引渠退水，不得将一层一层的湿煤推到取料范围内，煤堆坡底离斗轮机轨道要有不小于 3m 的距离，防止雨水冲刷或煤堆溜坡埋住道轨。

夏季时值班员要注意设备的温升，严防设备过热损坏。

🏭 第二节　燃煤安全技术管理

1 现场的消防设施和要求有哪些？

答：生产现场应备有必要的消防设施，主要有消防栓、水龙带、灭火器、砂箱、石棉布和其他消防工具。重点防火部位应设火警自动报警器和自动喷水装置。禁止在生产现场存放汽油、煤油、机油及液压油等易燃物品；检修现场必须做到工完料尽场地净，严禁乱扔棉纱、破布和废弃的油料，生产现场的安全通道应随时畅通。

2 现场急救要求有哪些？

答：发现有人触电后，应立即断开有关设备的电源并进行急救，急救方针是迅速、就地、准确、坚持。

所有工作人员都应学会触电、窒息急救法、心肺复苏法，并熟悉有关烧伤、烫伤、外伤、气体中毒等急救常识。

3 在临时用电中，如何使触电者脱离电源？

答：如开关距离触电地点很近，应迅速地拉下开关或刀闸切断电源；如开关距离触电地点较远，可用绝缘手钳或装有干燥木柄的铁锹等把电源侧的电线切断。必须注意电线不能触及人体。当导线搭在触电人身上或压在身下时，可用干燥的木棒、木板、竹竿或其他带有绝缘柄的工具迅速地将电线挑开，千万不能用任何金属棒及潮湿的东西去挑电线，以免救护人员触电。如果触电人的衣服是干的，而且并不是紧缠在身上时，救护人员可站在干燥的木板上或用衣服、干围巾、帽子等把自己的一只手严格绝缘包裹，然后用这只手（千万不能用两只手）拉住触电人的衣服，把触电者拉脱带电体，但不要触及触电人的皮肤。

4 运行中的皮带上禁止做哪些工作？

答：皮带在运行中不准进行任何维护工作，不得人工取煤样或捡拾杂物，不得清理滚筒黏煤和皮带底部的撒煤。严禁在运行中清扫、擦拭或润滑机器的旋转及移动部分。严禁从皮带下部爬过，严禁从皮带上传递工具。跨越皮带必须通过通行桥。禁止在未停电的备用皮带上站立、越过或传递各种工具。

5 落煤筒或碎煤机堵煤后的安全处理要求有哪些？

答：堵煤后的安全处理要求有：

（1）捅煤时应使用专门的捅条并站在煤筒上部或平台检查孔上部向下捅，在检查孔处向上掏煤或用大锤振动时，不得站在检查孔正面。捅上部积煤时应先由上部检查孔向下捅，不得进入落煤筒内向上捅。

（2）进入碎煤机或落煤筒内捅煤时必须切断相应上下设备的电源，挂好标志牌，设专人在上部煤斗和检查口监护，严防其他人员向斗内乱扔杂物。碎煤机要有防止转子转动的措施。作业人员的安全防护器具必须齐全合格。

（3）用高压水冲洗的方法处理堵煤时，不得启动下级皮带将煤泥灌到原煤仓内。

6 防止输煤皮带着火有哪些规定？

答：防止输煤皮带着火的规定有：

（1）停止上煤期间，也应坚持巡视检查，发现积煤、积粉时应及时清理。

（2）煤场发生自燃现象时应及时灭火，不得将带有火种的煤送入输煤皮带。

（3）燃用易自燃煤种的电厂应采用阻燃输煤皮带。

（4）应经常清扫输煤系统、辅助设备、电缆排架各处的积粉。

（5）胶接皮带时烘烤灯具应远离胶料。

7 避免在什么地方长时间停留？

答：应避免靠近或长时间停留在可能受到机械伤害、触电伤害、烧伤烫伤或有高空落物的地方。输煤现场的危险地方主要有运转机械的联轴器切线方向、转运站的起吊孔下、栈桥底下及机房墙根处、铁道旁、配电间、汽水油管道和法兰盘、阀门、栏杆上、靠背轮上、安全罩上、设备的轴承座上、检查孔旁等等。

8 发现运行设备异常时应怎样处理？

答：设备异常运行可能危及人身安全时，应立即停止设备运行，在停止运行前除必需的运行维护人员外，其他人员不准接近该设备。

9 通过人体的安全电流是多少？安全电压有哪几个级别？

答：通过人体的安全电流是交流电流为小于 10mA，直流小于 60mA。

安全电压有 4 个级别，分别是：36、24、12、6V。

10　使用行灯的注意事项有哪些？

答：使用行灯的注意事项有：

（1）行灯电压不准超过 36V，在特别潮湿或周围均属金属导体的地方工作时，行灯的电压不准超过 12V，如下煤筒内、碎煤机内和水箱内部等等。

（2）行灯电源应由携带式或固定式的降压变压器供给。

（3）携带式行灯变压器的高压侧应带插头，低压侧带插座，并且二者不能互相插入。

（4）使用时行灯变压器的外壳须有良好的接地线。

11　检修前应对设备做哪些方面的准备工作？

答：检修前应对设备做如下准备工作：

（1）在机器完全停止以前不准对设备进行检修工作。

（2）修理中的机器应做好防止转动的安全措施，如切断电源、风源、水源、汽源，所有有关闸板、闸门等应关闭，并在上述地点都应挂上警告牌。检修转动部位时必须采取相应的制动措施。

（3）检修负责人在工作前必须对上述设备进行检查，确认无误后方可进行开工。

12　遇有电气设备着火时如何扑救？

答：遇有电气设备着火时：

（1）应立即将有关设备的电源切断，然后进行救火。

（2）对可能带电的电气设备应使用干式灭火器、二氧化碳灭火器或 1211 灭火器等灭火，不得使用泡沫灭火器灭火。

（3）对已隔绝电源的开关、变压器，可使用干式灭火器、1211 灭火器等灭火，不能扑灭时再用泡沫式灭火器。不得已时可用干砂灭。

（4）对注油的设备应使用泡沫灭火器或干砂等灭火。地面上的绝缘油着火，应用干砂灭火。

（5）扑救有毒气体的火灾（如电缆着火等）时，扑救人员应使用正压式消防空气呼吸器。控制室和配电室应备有防毒面具并定期进行试验，使其经常处于良好状态。

13　使用灭火器的方法和管理规定有哪些？

答：使用灭火器的方法是：

（1）拔掉保险销。

（2）按下压把。

（3）向火焰根部喷射。

使用灭火器的管理规定是：

（1）禁止随意挪动。

（2）故意损坏负法律责任。

（3）救火使用后必须报告管理部门。

第二篇
燃油部分

第十一章

燃油系统检修基础

第一节 燃油基础知识

1 石油是怎样形成的？燃油的种类有哪些？

答：远古时代的动植物和水中生物的遗体，因地壳的运动被埋在地层深处，在缺氧和高压条件下经过长期变化就形成石油。我国燃料油按照馏分性质分为以下 9 种：液化石油气；航空汽油；汽油；喷气燃料；煤油；柴油；重油；渣油和特种燃料。

2 重油是由哪些油按不同比例调制而成的？

答：燃料重油是由裂化重油、减压重油、常压重油和蜡油等按不同比例调制而成的。

3 重油的凝固点如何测定？

答：当油温降到某一值时，重油变得相当黏稠，以致盛油试管管口向下倾斜 45°，油表面在 1min 之内，尚不表现出移动倾向，此时的温度称为该油的凝固点。

4 轻柴油有哪几个牌号？

答：轻柴油按凝固点分为 0、+20、−10、−20 及 −35 等五个牌号。

5 锅炉用油应符合哪几项要求？

答：锅炉用油应符合如下要求：
（1）保证燃油流量，以满足负荷需要。
（2）保证炉前燃油有稳定的燃油压力和温度，上下压力波动应小于或等于 0.1MPa。
（3）防止油中含有杂质，保证来油混油器的正常投运。
（4）来油必须经过必要而充分的脱水。

6 燃油的组成元素有哪些？

答：燃油是由多种元素组成的多种化合物的混合物，主要元素包括：碳、氢、氧、氮、硫五种元素及灰分和水分。其中，碳含量占总量的 84%～87%，氢含量占总量的 11%～14%，硫、氧和氮含量一般都小于 1%，有的种类含硫量可能达到 2.5%～5%。灰分和水是油中的杂质，通常占到总量的 0.05%。

7 燃油中含硫过大有何危害？

答：硫在石油中大部分以机械硫化物的形态出现，可以燃烧，但燃烧产物除对锅炉设备有腐蚀作用外，还对环境和人的身体有害。此外，油中硫化物大部分具有毒性和腐蚀性，在存储、输送和炼制过程中影响设备使用寿命。因此，硫是一种有害成分，含量越少越好。

8 什么是燃油的发热量？

答：1kg 油完全燃烧后产生的热量称为油的发热量，用符号 Q 表示，单位为 MJ/kg 或 kcal/kg。

9 什么是燃油的比热容？

答：1kg 油温度升高 1℃ 所需的热量称为油的比热容，用符号 c 表示。燃油的比热容通常为 $2094J/(kg \cdot ℃)$。

10 什么是凝固点？燃油的凝固点与哪些因素有关？

答：物质由液态转变为固态的现象称为凝固。发生凝固时的温度称为凝固点。

燃油的凝固点与其化学成分有关。随着燃油中含蜡量的增加，燃油的凝固点随之升高；而燃油中胶状物含量越多，凝固点越低。

11 燃油的沸点有何特点？

答：液体发生沸腾时的温度称为沸点。燃油是由各种不同的碳氢化合物和其他物质组成的。因此，没有一个恒定的沸点，而只有一个沸点范围，它的沸点从低温开始直到高温是连续的。

12 什么是燃油的黏度？

答：黏度是表示油对其本身的流动所产生的阻力的大小，是用来表征油的流动性的指标，它对燃油的输送、雾化、燃烧有直接的影响。黏度的大小可用动力黏度、运动黏度、条件黏度来表示。

动力黏度（又称绝对黏度）：即两个面积为 $1cm^2$，相距 1cm 的两层液面，以 1cm/s 的相对速度运动时所产生的内摩擦力。用符号 η 表示，单位为 Pa·s。

运动黏度：指液体的动力黏度与其密度之比，用符号 ν 表示。

条件黏度：就是采用某种黏度计，在规定的条件下所测得的黏度。

13 燃油的黏度与哪些因素有关？

答：燃油的黏度与下列因素有关：

（1）油的组成成分及其含量。油的黏度随组成成分的分子量增大而升高。

（2）温度。油温升高，黏度降低；反之，黏度增大。

（3）压力。当压力较低时（1～2MPa），对黏度的影响可忽略不计，但当压力升高时，黏度随压力的升高而发生剧烈的变化。

14 黏度与温度的变化关系是怎样的？

答：油温对黏度的影响不是均衡的，一般说来，油温在 50℃ 以下变化，对油的黏度影响很大；温度在 50～100℃变化时，对油的黏度影响较小；而油温在 100℃以上变化时，对油的黏度影响就更小。另外，黏度随温度变化关系还与油的化学组成有关，不同的油种，黏温特性就不同，渣油的黏度随温度的变化较大，而含蜡的重油黏温曲线比较平坦，即当温度变化时，黏度变化较小。

15 燃油中的机械杂质是指什么？

答：机械杂质是指存在于油品中所有不溶于溶剂（如汽油、苯）的沉淀状物质，这些物质多数是沙子、黏土、铁屑粒子等。

16 什么是燃油的闪点和燃点？

答：油加热到某一温度表面有油气发生，油气和空气混合到某一比例，当明火接近时即产生蓝色的闪光，此温度称为闪点。

当油温升高到某一温度时，表面上油气分子趋于饱和，与空气混合且有明火时，即可着火，并保持连续燃烧，此时温度称为燃点（着火点）；燃点一般比闪点高 20～30℃。

17 什么是燃油的自燃点？

答：油在规定加热的条件下，不接近外界火源而自行着火燃烧的现象叫自燃。发生自燃时的温度叫燃油的自燃点。燃油的自燃点随油压的改变而改变，受压越高，其自燃点越低。

18 什么是燃油的爆炸浓度极限？

答：当油蒸气（或可燃气体）与空气混合物的浓度达到某个范围时，遇到明火或温度升高就会发生爆炸，这个浓度范围就称为该燃油的爆炸浓度极限（界限）。

19 燃油的静电特性是什么？

答：燃油很容易与空气、钢铁等摩擦时产生静电，静电荷在它们的表面上积聚和保持相当长的时间。燃油的流动速度越快，所产生的电压越高。燃油的这种特性称为燃油的静电特性。

20 油系统内所有管道设备为何要有良好的接地措施？

答：在一定的静电作用下，绝缘物（如油层）被击穿，就会导致放电而产生火花，将油蒸气引燃。静电压越高，其击穿能力越大，燃油起火的危险性就越大。为了使产生的静电荷连续放掉而不累积起来，并把产生的静电荷带走。所以，要求油系统内所有的管道、油罐均需装有良好的接地措施。

🏭 第二节 燃油系统知识

1 电厂的燃油系统包括什么？

答：电厂的燃油系统包括从卸油站到储油罐，再由储油罐经过滤、升压、加热，输送到锅炉房，并经油枪雾化进入锅炉燃烧的油管路及设备组成的系统。

2 燃油主系统主要由哪几部分组成？

答：燃油主系统主要由四部分组成：

（1）卸油设备。包括卸油站台、卸油管道及阀门、卸油泵。

（2）燃油泵房内设备。包括供油系统设备、污油泵及污油处理装置、室内管道沟内的管道、阀门等。

（3）油罐区。包括罐体及油罐上部的呼吸阀、安全阀及管道、阀门等。

（4）炉前油系统。包括布置在锅炉房内供、回油管道及蒸汽系统的所有管道、阀门。

3 燃油系统的附属系统有哪些？

答：燃油系统的附属系统包括：蒸汽加热、吹扫油污、消防系统、工业冷却水及排水、污油水处理系统等。

4 燃油系统采用什么方式卸油？

答：燃油系统采用离心油泵配合蒸汽引虹卸油。为增加卸油的可靠性，在卸油系统中设有压力油罐泵管，用于排除离心泵及入口管路中的空气。

5 燃油系统防冻有哪些措施？

答：燃油系统防冻措施有：

（1）对易冻结的燃油、卸油、储油及供应系统采用加热设施；对污油池、储油罐装设管排式加热器；对卸油站台装设加热装置；对卸油母管装设伴热蒸汽管；在供油泵出口装设加热器。

（2）对长距离输送管路应加装伴热管，并将来、回油及蒸汽管三者保温，以保证加热效果。

（3）冬季对燃油泵房加装暖气。

6 燃油系统所用蒸汽参数有何规定？

答：油罐内储油采用压力不大于 0.6MPa、温度不高于 210℃的蒸汽加热。油温最高不超过 50℃。采用蛇行管表面加热器。

7 燃油蒸汽管道为何必须装有截止门和止回阀？

答：一般燃油泵房的蒸汽汽源都由厂用蒸汽母管供给，为防止蒸汽管道系统中窜入燃油，串联管道的蒸汽总管道都装有关断截止阀和止回阀。

8 燃油系统加热器有哪几种？各适用于哪些场合？

答：常用的燃油系统加热器有：管排式和内插物表面式两种。

管排式加热器常安装于储油罐、污油池或污油箱中，均设置在容器底部。内插物表面式加热器常安装于供油、卸油系统中，常布置两台，一台运行，一台备用。

9 管排加热器的检修内容有哪些？

答：管排加热器的检修内容有：

（1）其补偿方式应符合图纸规定，疏水坡度应与母管疏水坡度协调。

（2）管排无腐蚀泄漏，管内无积垢。

（3）加热器固定装置完好。

（4）检修完后，进行 1.25 倍工作压力试验应合格。

10　燃油系统的整体布置是怎样的？

答：拱顶钢油罐采用地上布置。燃油系统中从燃油泵房至锅炉房供油管、回油管、加热蒸汽管布置在厂区管沟内。在综合管沟中的供、回油管与蒸汽管道保温在一起，不另设蒸汽伴热管。油区防火采用单独的泡沫灭火系统。

11　燃油系统设备包括哪些？

答：燃油系统设备包括：

（1）阀门。闸阀，起关断作用，一般不做压力或流量调整。流动阻力小。截止阀，作用和闸阀相同，但要求严密性较高。止回阀，升降式垂直瓣止回阀装在垂直管道上，升降式水平瓣止回阀装在水平管道上，底阀装在泵的垂直吸入管端。

（2）细滤油器。为钢制罐体，内有滤芯，滤芯外部包网孔为 $80\sim100$ 孔/cm^2 的滤网。作用是在供油泵前布置，以便过滤燃油中携带的细小杂质。

（3）粗滤油器。与细滤油器结构基本相同，只不过其滤芯外包的滤网要粗，大约在 36 孔/cm^2。作用是布置在卸油泵前，防止油罐车内的较粗的杂质进入油罐内。

（4）卸油软管。布置在卸油平台上部，每个卸油车位布置一根卸油软管。作用是卸油罐车时将软管伸入油罐内卸油。

（5）污油池。位于库区院内。作用是用于储存燃油系统中的冷却水退水、吹扫污油水、加热蒸汽的疏水、油罐放水及其他工作排放的油污水。

（6）隔油池。为分级溢流式。作用是利用重力原理对污油中的油水进行分离。

（7）集油池。用来储存由隔油池分离出的净油，存满后由污油泵打回储油罐。

（8）油水分离器。污油经隔油池粗分离后，引入油水分离器进行细分离，分离出的净油进入集油池，水由地井排走。

12　燃油系统质量检验的规定有哪些？

答：燃油系统质量检验的规定有：

（1）按照燃油系统图的设备管道技术规范，应特别注意燃油可能漏入蒸汽系统的环节，燃油管道的吹扫、伴热及防凝是否存在问题。

（2）管道上的阀门不宜使用铸铁阀门，阀门安装前应经 1.25 倍工作压力的水压试验合格，管内要清扫干净，清除铁皮和杂物。

（3）直埋管道焊口部位的防腐工作应在 1.25 倍工作压力水压试验合格后进行，经验收后方可埋填。

（4）系统设备管道的防静电设施试验工作应符合设计规定。

（5）在燃油系统进行动火工作必须编制措施并经有关部门审核批准。

13　燃油系统第一次投入前应进行哪些试验？

答：燃油系统第一次投入前应进行的试验为：

(1) 燃油系统的管道必须经过 1.25 倍工作压力实验，最低试验压力不得低于 0.4MPa。

(2) 燃油系统管道应进行清水冲洗和蒸汽吹洗，并提前调整阀芯和孔板。吹洗时应有经过批准的技术措施，吹洗次数应不少于 2 次，直至吹扫介质清洁合格，清洗后应清除死角积渣。

(3) 燃油系统应进行全系统油循环试验，油泵的分部试运工作可结合在一起进行。试验时应有批准的技术措施，循环时间应不少于 8h。循环结束后应清扫过滤器办理试验合格证。油循环试验中应同时进行下列试验工作：

1) 油泵的事故按钮试验。

2) 油泵联锁、低油压自启动试验。

14 油泵的串联运行和并联运行是指什么？

答：当一台泵不能达到所要求的扬程时，需要将泵串联起来共同工作，以便增加扬程。串联运行后的总扬程应等于两台泵在同一流量时的扬程之和。

为了满足流量的需要，把两台或两台以上的油泵并联起来向一条公共的压力管路联合供油，称为并联运行。

15 油水分离器运行中常见的故障及原因有哪些？如何处理？

答：油水分离器运行中常见的故障、原因及处理为：

(1) 压力表超过 0.25MPa。原因是：排水门未开；安全门故障；聚合器堵塞。处理：打开排水门；调整安全门压力在 0.25MPa；清洗或更换聚合器。

(2) 泵进水不好。原因是：进水截止门未开；泵前过滤器堵塞；过滤器密封差；泵前管路漏气坏。处理：打开进水门；清洗过滤器；紧固过滤器，确保密封；检查漏气处并进行密封。

(3) 泵出口水质多为泥沙。原因是：油污水在污水池中静止时间太短；污油水进水管口距池底太近；粗滤网损坏。处理：应确保静止 8～10h；应使入口管取水口距池底有一定距离，应不少于 200mm；更换入口滤网。

(4) 排油电磁阀关闭不严密。原因是：阀座处有杂物淤塞；电磁阀中的滑阀卡涩。

(5) 自动排油打不出油。原因是：上、下液位传感器电极对地短路；印刷线路板有故障。处理：手动排油；打清水半小时，并检查电极棒绝缘电阻；检修或更换印刷板。

(6) 泵漏水过多。原因是：盘根磨损。处理：紧固两只调节螺母、压紧盘根，使滴漏小于 6 滴/min。

16 燃油设备防腐的措施有哪些？如何进行？

答：燃油设备防腐的措施有：

(1) 涂层防腐。

1) 定期在金属储油罐的内壁喷涂防腐涂层，如环氧树脂层或生漆层。

2) 定期将暴露在大气的输油管线及油泵等设备喷涂防锈漆。

3) 设置在地表面的输油管线，要清除积水，防止浸泡，以免涂层剥落。

4) 油库设备中的活动金属部件，如输油管线的阀门等，要涂抹上防锈脂或润滑脂，防止水分从阀门螺杆渗入而引起腐蚀。露天阀门要安装防护罩，防止雨水冲掉防锈脂层。

5）设置在码头常被溅湿的输油管线及设备，除了在表面喷涂抗腐防锈涂层外，还要再涂刷防锈脂或黏附性较好的防护用润滑脂。

6）埋没在地下的输油管线及储油容器，由于直接与泥土中的水分、盐、碱类及酸性等物质接触，应在外表面涂上防锈漆，再喷涂沥青防腐层。

（2）阴极防腐。

1）防屏防腐。防屏防腐的原理是让阳极的金属腐蚀掉，保护阴极金属材料不被腐蚀。在要保护的金属油罐及输油管线的外表连接一种电位低的金属或合金（护屏材料），由于在原电池中电位低者为阳极，电位高者为阴极。因此，油罐及管线转变为阴极而得到防腐保护，作为阳极的护屏材料则被腐蚀。这种方法较适用于储油罐、油船及地下输油管线的防腐。一般采用的护屏材料有锌、铝、镁及其合金。

2）外加电流的阴极防腐。外加电流阴极防腐方法，是把被保护的金属管线及储油罐接到直流电源的负极上，在外加直流电流的作用下，管线及储油罐转变为阴极得到防腐保护，接电源正极的废钢材被腐蚀。这种方法适用于地下储油罐、地下管线和海水直接接触的码头输油管及油轮等。一般采用的阳极材料有废旧钢铁、石墨高硅铁、磁性氧化铁等，这些材料被消耗完后，随时可更换。

17 燃油设备定检项目有哪些？

答：燃油设备定检项目有：

（1）油泵运行 8000～12 000h(350～500d) 应大修，运行 2000～4000h 需小修，各泵附件也随之检修。

（2）油罐每三年进行一次罐内定检。

（3）加热器每两年大修一次。

（4）滤油器每年清理一次。

（5）油管每三年防腐一次。

（6）每月检查一次油泵事故按钮及联动。

（7）每月检查一次热工报警。

（8）每年雷雨季节，检查避雷针及接地装置，并测量接地电阻。

（9）炉前油系统随炉大、小修进行。

第十二章

卸、储、供油设备及其检修

第一节 卸油设备及其检修

1 卸油系统设备包括哪些?

答：卸油系统设备包括油：卸油管；喷射式除气器；真空泵；卸油母管；滤油器；卸油泵；辅助卸油泵以及零位油罐等。

2 卸油设施应符合哪些要求?

答：卸油设施应符合的要求有：

（1）卸油站台应有足够的照明。

（2）卸油站台长度应根据电厂容量等因素确定，一般为 4~10 节车厢的长度。

（3）卸油区内铁道必须用双道绝缘与外部隔绝，油区轨道必须互相用金属导体跨接牢固，并有良好的接地装置，接地电阻小于或等于 5Ω。

（4）钢制卸油母管应按图纸规定的坡度安装。

（5）加热器及管道应按图纸预留膨胀量，安装后 1.25 倍工作压力试验合格。

（6）卸油鹤嘴的起落，转动要灵活，密封良好。

（7）卸油装置范围内的其他设备及管道的布置不得妨碍油罐车及机车的通行。

（8）加热蒸汽温度小于或等于 250℃，保温完整。

（9）卸油设备管道系统连接处密封应保持完整，严禁漏油、漏气。

（10）调车信号、通信和闭锁装置应良好，站台进出油罐车、声光信号应保持良好。

3 卸油装置及卸油管道的质量检验有何规定?

答：管道穿过混凝土罐壁处，应装有套管。如无套管时，应有相应的密封和补强措施。钢制卸油母管应有符合规定的坡度，应检查加热器或加热管道是否留有足够的热膨胀补偿。系统安装完毕后，应做 1.25 倍工作压力的水压试验并合格。卸油装置范围内的设备、部件及管道的布置，不得妨碍油槽车的通行。卸油软管的起落、转动应灵活，密封应良好。

4 离心式油泵的性能参数有哪些?

答：离心式油泵的性能参数有：流量、扬程、功率、效率、转速、比转速、汽蚀余量、吸上真空高度。

5 离心式油泵有何特点？

答：离心式油泵流量与压力的稳定性好，其特点有：

（1）除特殊结构的离心泵外，无自吸能力。

（2）启动前泵须灌油排空并关闭出口阀，一般用出口阀调节流量。

（3）转速范围大，可达很高转速。

（4）流量与压力范围较大。

（5）效率高。

6 离心式油泵的结构和工作原理是怎样的？

答：离心式油泵主要由叶轮、轴及轴套、平衡装置、导叶、泵壳、密封环、轴封、轴承等部件组成。

离心油泵启动前，先向泵内灌油，使入口管及泵壳内全充满油。启动后，泵壳内的油在叶片的带动下也做旋转运动。因受离心力惯性力作用，油的压力升高，从叶轮中心被甩到叶轮的边缘。同时，叶轮中心处油的压力降低。若叶轮中心处形成了足够的真空，在大气压力作用下，油罐中的油源源不断地流向低压的叶轮中心，已被叶轮甩向外缘的油流入外壳，并将一部分动能转变为压力能，然后沿出口管道流出。在运行过程中，只要叶轮中心处的真空不被破坏，离心油泵将不断地把油吸入和排出。

7 离心式油泵振动的原因主要有哪些？如何预防？

答：离心式油泵振动的原因及预防措施为：

（1）叶片油力冲击引起的振动。当叶轮叶片旋转经过蜗壳隔舌或导叶头部时，产生油力冲击，形成有一定频率的周期性压力脉动，它传给泵体、管路和基础，引起振动和噪声。

防止措施：适当增加叶轮外周围与舌部或导叶头部之间的距离，以缓冲和减少振幅。组装时将各动叶出口边相对于导叶头部按一定节距错开，不要互相重叠。

（2）汽蚀引起的振动。汽蚀主要发生在大流量工况下，会引起泵的剧烈振动，并随之发出噪声。

防止措施：避免运行中单泵超出力运行，提高入口压力，避免油温过高等。

（3）在低于最小流量下所发生的振动。油泵在低于设计最小流量下运行时，将会发生不稳定工况，流量忽大忽小，压力忽高忽低，不断发生相当剧烈的波动。并且导致管路的剧烈振动，随之发出喘气一样的声音。

防止措施：油泵在运行时不应低于所规定的最小流量，通常油泵的最小流量介于额定流量的 15%～20%。当泵的流量低于最小流量时，应保证再循环装置的投入。

（4）中心不正引起的振动。中心不正的原因主要有机械加工工艺不良，安装时找正不好，在出入口管上承载过载负荷，轴承磨损，联轴器的螺栓配合不良，基础下沉等。

防止措施：提高机械加工工艺质量，安装质量。更换磨损轴承等。

（5）转子不平衡引起的振动。在运行中由于局部磨损或腐蚀，以及局部损坏或堵塞异物等原因，均可造成转子的质量不平衡。在旋转时产生的振动，甚至是破坏性的，其大小决定于转速的大小。

防止措施：对低速泵只需静平衡，而对高速油泵，必须做动平衡。

（6）油膜振荡引起的振动。对于高速油泵的滑动轴承，在运行中必然有一个偏心度。当轴颈在运转中失去稳定后，轴颈不但围绕自己的中心高速旋转，而且轴颈本身还将绕一个平衡点涡动，涡动的方向与转子的转动方向相同。轴颈中心的涡动频率约等于转速的一半，称为半速涡动。如果在运行中半速涡动的频率恰好等于转子的临界转速，则半速涡动的振幅因共振而急剧增大。这时转子除半速涡动外，还受到时断时续、忽大忽小的频发性瞬时抖动，这种现象就是油膜振动。

防止措施：在设计时尽可能使临界转速在工作转速的 1/2 之上；还可对轴承选择适当的长颈比和合理的油路布置方案，以提高轴颈在轴承内的相对偏心率，增大稳定区，避免在工况变动的时候出现油膜振荡。

（7）转速在临界转速下引起的振动。临界转速下的振动，实际是共振的问题。泵转子不论怎样精确加工，它的质量中心与转子中心不可能完全一致，并且由于转子本身的重量，使轴具有一定的挠度，这个挠度更使偏差增大。由于这些因素的存在使转子转动时产生一定频率的振动。当泵的转速与转子固有的振动频率一致时，泵的转子就发生共振，即为临界转速下的振动。泵转子的固有振动频率的存在是产生临界转速的内因，而泵的转速则是它的外因。

防止措施：对于一台泵来说，泵轴的直径设计得越粗、长度设计得越短，泵轴固有振动频率越高，产生临界转速的转速越高。通常将单级泵的轴设计成刚性轴，多级泵的转子设计成柔性轴。

8 离心油泵的机械损失和容积损失是什么？

答：油泵的轴承、轴封以及旋转的叶轮盖板外侧和流体摩擦所消耗的功率称为机械损失。

当油泵叶轮转动时，间隙的两侧产生了压力差，又由于泵的转动部件和静止部件之间存在间隙，使得部分已由叶轮获得能量的流体从高压侧通过间隙向低压侧泄漏，这种损失称为容积损失。

9 离心油泵的轴封装置有何作用？常用的轴封有哪几种？

答：离心油泵的轴封装置是用来减少泵内高压力的液体向泵外泄漏，和防止外界的空气漏入泵内。它是保证油泵安全、经济运行不可缺少的部件之一。

常用的轴封有：填料密封、机械密封和浮动环密封等。

10 离心油泵的大修项目有哪些？

答：离心油泵的大修项目有：

（1）检查、清洗、更换轴承和轴承箱，并换油。

（2）检查轴封磨损情况，清洗、更换磨损部件。

（3）检查、更换、调整平衡盘及平衡板。

（4）检查叶轮及泵体密封环磨损情况，进行修复或更换。

（5）检查导叶及衬板磨损情况，修复或更换。

（6）检查轴的磨损腐蚀，测量弯曲度。

（7）调整叶轮窜动间隙。

（8）检查、冲洗、疏通各连接管路。

（9）打压、检查各级泄漏情况。

（10）紧固地脚螺栓，找中心。

11 离心油泵的小修项目有哪些?

答：离心油泵的小修项目有：

（1）检查轴承磨损情况，轴承箱清洗，换油。

（2）检查平衡盘（板）磨损情况，测量窜动量。

（3）检查机械密封磨损情况。

（4）检查疏通各部冷却水管。

（5）检查紧固地脚螺栓，并找正。

12 离心油泵的检修要点和质量标准有哪些?

答：离心油泵的检修要点有：

（1）检查轴承，应无凹槽、麻点、裂纹、气孔、法兰、脱皮、锈斑等缺陷。

（2）滚珠（柱）与内环，转动灵活，无杂音、保持其完整。

（3）用塞尺测量轴承间隙，应符合标准。

（4）轴承内环与轴应为过渡配合，外环与轴承箱内孔为过渡配合。

其质量标准为：新轴承径向间隙为 $0.02\text{mm}<L<0.05\text{mm}$，最大小于或等于 0.10mm。

13 离心油泵轴的检修要点和质量标准有哪些?

答：离心油泵轴的检修要点为：

（1）在车床上用百分表检查弯曲度、椭圆度、回锥度，若数值超标，应换轴或直轴。

（2）装配时，各配合处应符合工艺要求，不得松动。泵体密封环与泵壳配合不得松动，叶轮密封环不得松动，各骑缝丝应齐全，不松动。

其质量标准为：轴弯曲度小于或等于 0.05mm，轴向椭圆度和圆锥度小于或等于 0.03mm。

14 油泵电动机在何种情况下必须测绝缘?

答：油泵电动机在下列情况下必须测绝缘：

（1）油泵停运达 15d 及以上，或环境条件较差（如潮湿、多尘等）停运 10d 及以上。

（2）电气设备检修后。

（3）设备运行中发生跳闸后。

（4）备用电动机浇水、受潮后。

（5）其他需要测绝缘的情况。

第二节 储油设备及其检修

1 储油罐按顶部构造分为哪两种？各有何特点？

答：储油罐按顶部构造可分为拱顶油罐与浮顶油罐两种。

拱顶油罐顶部与罐壁是硬性连接，储油高度只能达到连接处，拱顶内不得储油。其优点是：结构简单，便于备料和施工，但容量大于 10 000m³ 的拱顶油罐，由于拱顶体积大，会增加燃油的蒸发损耗，建造消耗钢材也较多。

浮顶油罐的顶部由金属制成，在油面上随液面升降而浮动，由于液面与浮顶之间基本不存在油气空间，油品不能蒸发，基本上消除了油品蒸发损耗，同时起到一定的防火作用。

2 拱顶油罐内外有哪些附件？各有何作用和要求？

答：拱顶油罐内外的附件、作用和要求有：

（1）表面式油罐加热器。置于油罐内部，使用压力不大于 0.6MPa，温度不高于 210℃ 的饱和蒸汽，以提高油温，保证供油品质。

（2）安全阀。位于拱顶外部，当呼吸阀失灵时，用来调节油罐内部空间气体的压力。

（3）防火器。位于拱顶，防止火焰由罐顶部的呼吸阀及安全阀进入罐内引起爆炸。

（4）呼吸阀。位于拱顶外部，使罐内油气和外部大气连通平衡，防止油气大量聚集。

（5）浮标油位计和最高、最低信号。油位计浮子在罐内油面上，可随油面升降，平衡重锤指针在罐外部，浮子和重锤用绳经固定架和顶端滑轮相连，用于监视卸、储、供油的计量。

（6）烟雾自动灭火器。位于罐中心位置，随油面升降而自动升降。作用是有烟雾时自动灭火。

（7）放油（水）管道、截止阀。位于罐外部下边。作用是定时进行油罐的底部放水，防止供油带水，保证燃油质量。

（8）消防安全装置。位于罐壁上部，油罐着火时用于通入泡沫灭火装置。设有泡沫消防泵、蒸汽消防设施、挡油堤、消防通道等。

（9）着火报警器、避雷针及接地线。接地电阻小于或等于 5Ω。

（10）其他设施及管、阀接口。指检查孔，排渣孔，内部梯子以及供油、回油、卸油、蒸汽等管道阀门，分层测温装置，测量油温油量的监视孔，防火式照明，经过标定的容积表等等。

（11）油罐油孔用有色金属制成，油位计的浮标同绳子接触的部位应用铜料制成。

（12）油罐上所用的一切仪表宜采用无电源式表计。

（13）油罐出油管应高于罐底 400～500mm，并选用钢质阀门。

（14）低位布置的回油管宜引至罐体中心并上扬，以防来、回油短路。

3 储油罐建造时对其基础有何具体要求？

答：油罐基础的优劣，直接影响到油罐质量及使用寿命，甚至会影响整个油库的正常作业。基础建筑时，最下开挖的基槽底面上用素土夯实，往上是灰土层、砂垫和沥青防腐层。油罐建成后应进行 72h 的注水试验，地基下沉应均匀，否则应延长注水时间。

4　储油罐及其附件质量检验的内容是什么？

答：对金属油罐要着重检查罐体是否有裂纹渗漏缺陷。油罐检验标准与检查应符合以下要求：

（1）管排式加热器疏水管其坡度应与母管疏水坡度协调，并应经 1.25 倍工作压力水压试验合格。

（2）低位布置回油管宜引至罐体中心并上扬，以防和供油短路。

（3）检查孔和量油孔的开闭应灵活，结合面上的胶圈垫应紧固严密。

（4）油位测量装置的浮子应经严密性试验合格，浮子的两根导向轨应相互平行并在同一垂直面内，联结浮子的钢丝绳接头应牢固，浮子上下应无卡涩。

（5）油位标尺应表面平整，标度准确，色泽鲜明，指针上下无卡涩。

（6）防火器、呼吸阀和安全阀的通流部分应畅通。呼吸阀面应严密，并无黏住现象。

（7）与罐体相连接的管道，应在罐体沉陷试验合格后方可安装。

5　储油罐检修前应做哪些准备工作？

答：储油罐检修前应做的准备工作为：

（1）提前联系，有计划地燃用待检修的油罐存油。

（2）根据设备缺陷情况及运行状况，确定罐体和油罐附件的检修项目，并准备好工器具及专用消防器材。

（3）提前组织检修人员学习有关注意事项，并提前准备备品配件及材料。

（4）办理工作票和危险因素控制卡、布置安全措施，确认无误后方可开工。

6　储油罐定检的周期是多长？罐内如何检查？

答：储油罐应根据其具体运行情况确定，但至少三年要进行一次罐内定检。

检查罐内时应注意检查罐体内壁有无腐蚀、泄漏及变形；检查内部各附件的情况，看有无腐蚀、松动、泄漏等现象，放水有无堵塞；检查罐底，并测量罐壁厚度。

7　储油罐附件检修后应达到什么标准？

答：储油罐附件检修后应达到的标准为：

（1）各阀门应符合质量要求。

（2）管排式加热器管子应无渗漏，无严重锈蚀，内壁无严重结垢。

（3）油标浮子位置正确，且严密性试验合格，上下运动无卡涩。

（4）检查孔、量油孔开关灵活。

（5）阻火器的铜丝网应清洁畅通，呼吸阀、安全阀应畅通，无黏滞现象。

（6）防静电及避雷针应完好。

（7）测温及油位高、低限报警应完好、准确。

第三节　供油设备及其检修

1　供油系统包括哪些设备？

答：供油系统是指油罐来油经滤油器、供油泵、加热器送往锅炉房的燃油系统（包括回油管路及设备）。

主要设备有：加热器、供油泵、滤油器、供油管道、蒸汽加热吹扫管道、阀门和相关的温度、压力、流量表计等。

2　供油泵为什么要采用平衡装置？

答：因为叶轮前后两侧油压的不同造成指向吸入侧的轴向推力，并作用在叶轮上。燃油离心泵运行时，轴向推力将会使转子发生轴向窜动，造成转子与定子之间的摩擦甚至撞击。因此，必须采用平衡装置消除这一轴向推力。

3　供油泵常用的平衡装置有哪几类？

答：供油泵常用的平衡装置类型有：

（1）单级泵采用双吸式叶轮，残余的轴向推力用轴承平衡。

（2）在叶轮后轮盘上开平衡孔。

（3）对于多级泵可采用对称布置叶轮的方法，残余的轴向推力需要推力轴承承受。

（4）采用平衡盘，这种方法可以使泵的转子自动的处于平衡状态下运行。

（5）采用平衡鼓，同时使用推力轴承。

4　油泵电动机过热的原因有哪些？如何处理？

答：油泵电动机过热的原因及处理为：

（1）转速高于额定转速。处理：检查电动机及电源。

（2）油泵流量大于允许流量，超红线运行。处理：关小出口门，降低流量。

（3）电动机或油泵发生机械磨损。处理：检查油泵或电动机。

（4）油泵装配不良，转动部件与静止部件发生摩擦。处理：停泵，手动盘车，找出摩擦和卡涩部位处理。

（5）电动机运行中缺相或电流不平衡。处理：应更换或修理电动机。

5　油泵机组发生振动和异音的原因有哪些？如何处理？

答：油泵机组发生振动和异音的原因以及处理为：

（1）装配不当（泵与电动机转子中心不对或联轴器结合不良）；泵转子不平衡。处理：检查联轴器的中心变化情况以及叶轮。

（2）叶轮局部堵塞。处理：检查、清洗叶轮。

（3）零部件损坏（泵轴弯曲，转动部件卡涩，轴承磨损）。处理：停泵解体检查，更换零件。

（4）入口管和出口管的固定装置松动。处理：紧固。

（5）油罐油位过低或安装高度太高，发生汽蚀现象。处理：倒换油罐或采取措施以减小安装高度。

（6）地脚螺钉松动或基础不牢固。处理：紧固地脚螺钉，如基础不牢固，应加固或修理。

6 油泵填料发热有何原因？如何处理？

答：油泵填料发热的原因及处理为：

（1）填料压得过紧或四周紧度不够均匀。处理：应放松填料盖，调整好四周间隙。

（2）密封水中断或不足。处理：应检查密封水管是否堵塞，密封环与水管是否对准。

7 油泵轴封装置正常工作的注意事项有哪些？

答：油泵轴封装置正常工作的注意事项有：

（1）填料函要有足够的深度，至少能填 6～7 道填料。

（2）冷却水道必须保持畅通无阻。

（3）在填料函外端冷却水达不到的部位，不要加装填料。要使填料压盖伸向填料函里面，使压盖上另通的冷却水能直接浇在轴套上，填料不能压得太紧。

（4）选用合适的填料材料。

（5）轴套材料应耐热耐磨，高强度。

（6）采取正确的安装和调整工艺。

8 供油泵大修时应做好哪些安全措施？

答：供油泵大修时，必须严格执行工作票制度，并做好以下安全措施：

（1）检修泵退出备用，解开联锁装置。

（2）电动机停电（拉下断路器、隔离开关，取下熔丝），并挂"禁止合闸"警示牌，在操作开关上悬挂"禁止操作"警示牌。

（3）关严泵出入口门，并上锁。

（4）开启检修泵底部排污门，放尽泵内余油。

（5）开启泵入口蒸汽吹扫门及污油门，对泵体进行吹扫。

（6）待泵体吹扫干净后，关严蒸汽吹扫门，并上锁。

（7）关闭轴承及压兰冷却水门。

（8）上述各阀门全部挂"有人工作，禁止操作"警示牌。

（9）待泵体消压冷却后，工作负责人及许可人共同检查无误后，方可办理开工手续，开始工作。

第十三章

燃油泵、燃油部件及其检修

第一节　燃油泵及其检修

1　Y 型泵的类型有哪几种？

答：Y 型泵的类型有：悬臂式；两端支承式；多节多段式。

2　Y 型油泵的结构和工作原理是什么？

答：Y 型油泵主要由四部分组成：壳体部分；转子部分；轴承部分；密封环部分。

Y 型油泵是利用叶轮旋转时产生的离心力使油获得能量，通过叶轮后，其压能和动能都得到升高，从而输送到高处或远处。

3　Y 型油泵机械密封的质量标准有哪些？

答：Y 型油泵应采用机械密封，其质量标准应符合下列要求：

（1）应仔细检查填料函的各部尺寸与所用机械密封型号规格相符，填料孔与轴的不同心度不大于 0.2mm。

（2）机械密封应予组合，用色印检查动、静工作面，其接触面积不小于 50%，并应呈环状。

（3）弹簧紧力应按技术规定调整，调整后应将顶丝紧固。

（4）静密封圈应装配严密，不得偏斜和窜位。

（5）平衡机械密封，其平衡孔应不偏斜，轴的径向晃动应不大于 0.04mm。

4　Y 型泵的检修及质量要求有哪些？

答：Y 型泵的检修及质量要求有：

（1）检查轴承内、外环及滚珠（柱），若发现有裂纹、蚀斑、起皮、麻点等缺陷时，应更换。

（2）检查轴套外表面磨损到原厚度的 1/3，或有明显的沟痕时应更换。

（3）轴套与轴的配合间隙为 0.018～0.08mm。

（4）检查测量轴的弯曲度应不超过 0.1mm，轴颈椭圆度与圆锥度应小于或等于 0.03mm，且表面无毛刺、麻点、沟痕，轴上螺纹完整，无滑扣现象。

（5）检查、测量轴与轴承配合量应小于 0.01mm。

（6）联轴器、轴与键的配合，两侧无间隙，顶端应留有 0.35～0.6mm 间隙，联轴器与轴的配合为 K8/h7 级配合。

（7）轴承外环与外壳配合为 K8/h7 级配合。

（8）推力轴承与端盖的轴向间隙为 0.1～0.2mm。

（9）盘根箱内表面无磨损，盘根错开 90°～180°，松紧适当，并有再紧余量。

（10）叶轮外圆晃动小于或等于 0.3mm；组装后叶轮的总窜动量应为 4～5mm。

（11）冷却水各阀门管路应严密不漏。

（12）检查油位计，不漏油，油位合适。

（13）泵的托架、泵盖、泵体接合面应修研，组装打压应无泄漏现象。

5　多级供油泵主要有哪些部件？

答：多级供油泵的主要部件有：壳体部分；转子部分；密封环；轴封装置；传动部分。

6　多级油泵平衡盘及平衡板的组装要点和质量标准有哪些？

答：多级油泵平衡盘及平衡板的组装要点为：

（1）装平衡板，螺钉对角顺序紧固，紧力要求一致。

（2）装键及平衡盘，再依次装调整圈、密封压盖，打紧后检查平衡板、平衡盘结合面接触情况，测量并调整叶轮窜动间隙。

多级油泵平衡盘及平衡板的质量标准为：

（1）平衡板盘端面结合面接触均匀，平面晃度小于或等于 0.016mm。

（2）平衡盘工作面晃度小于或等于 0.016mm。

（3）平衡盘外圆与平衡板内孔间隙为 0.5～0.6mm。

7　平衡盘和平衡板的检修要点和质量标准有哪些？

答：平衡盘和平衡板的检修要点为：

（1）平衡盘、板、接合面应均匀接触，表面磨损时应在磨床上磨出，磨损严重时应更换。

（2）平衡盘内孔键槽两侧配合不松动。

（3）平衡盘表面硬质合金脱落时，应更换。

平衡盘和平衡板的质量标准为：

（1）平衡盘与平衡环端面磨损应小于或等于 1.5mm。

（2）平衡盘（板）内孔与外圆跳动允许误差应小于或等于 0.016mm 。

（3）平衡盘键槽轴线与轴孔线允许误差应小于或等于 0.03mm。

8　轴承箱的组装方法和质量标准有哪些？

答：轴承箱的组装方法为：

（1）将轴承定位圈、防尘环、轴承盖、轴承、轴承定位套、保险圈依次装入，并拧紧，保证牢固。

（2）装轴承箱、油环、轴承顶盖（低压侧装防尘环）。

（3）调整防尘环与轴承盖间隙。

（4）轴承箱注入规定润滑油至油位线。

（5）装泵体靠背轮。

轴承箱的质量标准有：

（1）转子装完后，盘动应灵活，轴向窜动应无卡涩。

（2）前后轴承紧固应打紧，不宜过紧。

（3）防尘环与端盖间隙 4mm，在最大窜动时不与静止部分发生摩擦。

9 油泵试运的质量标准有哪些？

答：油泵试运的质量标准有：

（1）联轴器橡胶垫圈应有弹性，无断裂、脆化现象，与联轴器间隙为 1mm，联轴器找正误差，外圆误差小于或等于 0.05mm，联轴器轴向间隙为 5～6mm。

（2）各部振动小于或等于 0.03mm，轴承温度小于或等于 65℃（滚动轴承小于或等于 70℃），泵出口压力及出力应达到铭牌要求各部转动无异音，各动、静结合面无泄漏，带负荷试运 4h，性能稳定。

（3）现场清洁，设备标志齐全。

第二节 燃油管道、阀门、油枪及其检修

1 燃油系统阀门的使用要求有哪些？

答：燃油系统阀门的使用要求有：

（1）严密性好，强度足够，流动阻力小，零件互换性好，结构简单，量轻体小，维修容易。

（2）压力级别应与燃油额定油压相符，重要部位应选承压高一级别的阀门。

（3）燃油系统阀门一般不选用铸铁阀门。

（4）阀门盘根宜选用聚四氟乙烯、异型耐油橡胶等。

（5）阀门安装前应解体检修，并经 1.25 倍工作压力的水压试验合格，安装后应保证阀门清洁和方向正确。

2 阀门如何分类？

答：阀门的类型有：

（1）按用途可分为：关断阀、调节阀、保护阀等。

（2）按压力可分为：低压阀（≤1.6MPa）、中压阀（2.5～6.4MPa）、高压阀（10～80MPa）、超高压阀（≥100MPa）、真空阀（低于大气压力）。

（3）按工作温度可分为：低温阀门、高温阀门。

（4）按驱动方式分为：电动、气动、手动阀门。

（5）按材质分：铸铁、铸钢、不锈钢、塑料阀门等。

3 阀门的作用是什么？阀门主要由哪几部分组成？

答：阀门的作用是用来关断介质，控制流量，降低流体的压力。

阀门主要由：阀体、阀盖、阀瓣、阀杆、密封面、衬垫、填料、手轮等组成。

4　阀门使用前的检查注意事项有哪些？

答：阀门使用前的检查注意事项有：

(1) 确认该阀门参数符合系统要求，且有合格证等相关技术文件。

(2) 检查填料是否符合要求，填装方法是否正确。

(3) 检查填料密封处有无缺陷。

(4) 检查开关是否灵活，指示是否正确。

(5) 对节流阀还应检查开关行程及终端位置。

(6) 经水压试验合格。

5　阀门密封面如何进行研磨？

答：研磨阀门常用的研磨材料有砂布、研磨砂和研磨膏等。研磨过程分为粗磨、中磨和细磨。

(1) 粗磨。只是把阀瓣或阀座的麻点等去掉，称为粗磨。

(2) 中磨。经粗磨后，更换新的研磨头或研磨座，用较细的研磨料进行手工或机械研磨。中磨后，阀门的接触面已基本达到光亮。

(3) 细磨。它是用阀门的阀瓣对阀座进行研磨，中间加一点机油，顺时针方向转 $60°\sim100°$，再反方向转 $40°\sim60°$，边磨边检查。待发亮光后，再滴上机油轻轻磨几次即结束。

6　阀门盘根的检修维护注意事项有哪些？

答：阀门盘根的检修维护注意事项有：

(1) 压兰与阀杆间隙应为 $0.1\sim0.2$mm，阀杆与盘根接触要光滑，腐蚀坑深小于 0.1mm，压兰要平整。

(2) 更换新填料，在取旧填料时，用的盘根钩子的硬度应小于阀杆硬度，以免阀杆被钩出小槽。

7　阀门检修后应达到什么标准？

答：阀门检修后应达到的标准为：

(1) 合金钢部件的钢种符合图纸规定。

(2) 所用的衬垫、盘根等规格、质量均符合技术要求。

(3) 阀门各部件配合尺寸应符合技术要求。

(4) 水压试验合格。

8　阀门如何解体？

答：阀门的解体步骤为：

(1) 将阀门外部污垢清理干净。

(2) 在阀体、阀盖上打记号，将阀门开启。

(3) 拆下传动装置或拆下手轮螺母，取下手轮。

(4) 卸下填料压盖螺母，退出填料压盖，清除填料室中的盘根。

（5）拆除阀盖螺栓，取下阀盖，清除垫料。

（6）旋出阀杆，取下阀瓣。

9 阀门的检修要求有哪些？

答：阀门的检修要求为：

（1）阀体与阀盖表面应无裂纹或砂眼等缺陷，接合面应平整、光洁，无划痕、坑点等损伤。

（2）阀瓣与阀座的密封面应无裂纹、锈蚀和划痕等缺陷，研磨后接触面应符合要求。

（3）阀杆弯曲度小于或等于 0.1～0.25mm，椭圆度小于或等于 0.02～0.05mm，表面磨损深度小于或等于 0.1～0.2mm，螺纹完整光滑，与套筒螺纹配合灵活，不符合要求时应更换。

（4）填料压盖与阀杆间隙要适当，为 0.1～0.2mm。

（5）各螺栓、螺母的螺纹应完整，配合适当。

（6）平面轴承的滚珠与滚道应无麻点、腐蚀、剥皮、脱落等缺陷。

（7）传动装置运作灵活，配合间隙正确。

（8）手轮等要完整，无损伤。

10 燃油管道有哪些特殊要求？

答：燃油管道的特殊要求有：

（1）燃油管应有完整的保温层，当环境温度为 25℃时，其表面温度应小于或等于 35℃。

（2）若油管的法兰和阀门周围装设有热管道和其他热体，必须在这些热体保温层外再包上白铁皮。若有油漏到保温层上，应及时更换保温。

（3）油管道应尽量少用法兰连接，在热体附近的法兰盘要装金属罩，禁止用塑料垫或胶皮垫。

（4）油管道垫片应按设计选用，公称压力大于 3.95MPa 时，宜采用 0 号铝垫。

（5）蒸汽管道一般应布置于油管的上方。

11 管道附件里的管件包括哪些部件？

答：管道附件里的管件包括：法兰盘、螺栓、螺母、垫圈、垫片、弯头、三通、大小头等。

12 管道常用的膨胀补偿装置有哪些？

答：管道常用的膨胀补偿装置有：套管式补偿装置和方形补偿装置。

13 管道活动支架分哪几种？

答：管道活动支架有：滑动支架、滚动支架和弹簧吊架等。

14 管道支吊架应符合哪些要求？

答：管道支吊架应符合的要求为：

（1）支吊架根部牢固，无歪斜、扭曲变形，构架刚性强。

（2）固定支架的管道应无间隙地安置在托架上，卡箍应紧贴管子支架，无位移。

（3）恒作用支架要焊接牢固，转动灵活，滑动支架的滑动面应清洁，垫位移符合设计要求。

（4）弹簧吊架、吊杆应为垂直状态，无弯曲现象，弹簧的压缩度符合设计要求，弹簧受力后无倾斜，并有再受力的余量。吊杆焊接牢固，调节适当，螺栓、螺母配合完好。

（5）导向支架的管子与枕托要紧贴，无松动，导向槽位焊接牢固，枕托位于导向槽内，间隙均匀且滑动良好，无阻碍。

（6）所有固定支架、导向支架和活动支架，构件内不能有任何杂物。对滚动支架，其支座与底板和滚珠（滚柱）应接触良好，滚动灵活。

15　管子的检查方法有哪些？

答：管子的检查方法有：

（1）外观检查。用肉眼检查管子内、外壁表面，应光滑、无刻痕、裂纹、凹陷、锈坑及层皮等。

（2）管径、厚度检查。沿管轴向长度选择 3～4 个测量点，管径偏差及椭圆度一般不超过管径的 10%，管壁厚度误差不超过管壁厚度的 10%。

（3）光谱检查。检查管子的出厂证明，材质应与相应管子材质相同，并用光谱仪复查管子的材质。

16　弯管应符合哪些要求？

答：弯曲半径应符合设计图纸或用实样配制的样棒，管子最小弯曲半径 R 如下：

（1）冷弯时，$R \geqslant$ 管径的 4 倍。

（2）弯管机弯管，$R \geqslant$ 管径的 2 倍。

（3）热弯（管内充砂），$R \geqslant$ 管径的 3.5 倍。

17　管道系统的检验要求有哪些？

答：管道系统的检验要求有：

（1）安装多支架管道应符合基准标高线。穿越公路的地下管道时，应在套管内装设支撑，并应能保证管道的自由膨胀。套管内管道段应尽量避免有焊口。蒸汽吹扫管道与油管道接口处应装有两道阀门。

（2）燃油管道伴热管的支架应在燃油管道水压试验前焊完，管子应有适当的疏水坡度。燃油管道的保温，应在水压试验合格后进行。

（3）露天燃油管道上的排油管和排空管的一次门前管段应尽量缩短，以防凝油堵塞。

（4）排油管出口严禁接入全厂排水系统，排出口不得对着设备或建筑物。

18　管道焊接时对焊口位置有哪些要求？

答：管道焊接时对焊口位置的要求为：

（1）管子接口距离弯管起弧点大于或等于管子外径，并大于或等于 100mm，管子两接口间距不得小于管径，且大于或等于 150mm。管子焊口不应布置在支吊架上，距离支吊架应大于 50mm。对接焊后需预热处理的焊口，距离不得小于焊缝的 5 倍，且应不小于 100mm。

（2）管子焊口应避开疏水、放水及仪表管等的开孔位置，一般距开孔的边缘大于或等于 50mm，且不得减小孔径。

（3）管子经过管墙及楼板时，穿墙部位不得有焊口。

19 燃油管道焊接工艺的要求有哪些？

答：燃油管道焊接工艺的要求有：

（1）燃油管道焊接时，必须将油管吹扫干净，最好拆下，移至安全工作区进行。外部清理干净，两端敞口，并做好防火措施。

（2）焊完后，要对焊缝彻底清理，用手锤或扁铲清除药皮、药渣，然后用压缩空气吹扫干净。

（3）若是在油系统上对接，应先将该系统与其他系统隔绝并用蒸汽吹扫干净，办好动火工作票。焊接完后，再恢复系统。

20 管道安装有哪些要求？

答：管道安装的要求为：

（1）安装要横平竖直，对口准确。

（2）管道应有一定坡度，且不得小于 0.1%。

（3）安装时，若发现对口偏差大，应查明原因再进行处理。

（4）管道安装后，除支吊架约束管道外，其他任何装置都不准妨碍管道的热位移。

（5）蒸汽管道最低点应装疏水门。

（6）管道密集的地方应留下足够的空间，以方便管道保温和消缺，油管道不得直接与蒸汽管道接触，防止油系统着火。

21 油燃烧器的组成是什么？

答：油燃烧器由油雾化器和配风器组成。

油雾化器又叫油枪或油喷嘴，其作用是将油雾化成细小的油滴。配风器有旋流式和直流式两大类。

22 燃油雾化喷嘴主要有哪几种？

答：燃油雾化喷嘴主要有压力雾化油喷嘴和蒸汽雾化油喷嘴两种。压力雾化喷嘴又分为简单机械雾化器、回油机械雾化器和柱塞压力雾化器。

23 简单机械雾化器的结构及工作原理是什么？

答：简单机械雾化器主要由雾化片、旋流片和分流片三部分组成。油在一定的压力下经分流片的小孔汇合到一个环形槽中，然后经过旋流片的切向槽进入旋流中心的旋流室，产生高速的旋流运动，并经中心孔喷出。油在离心力的作用下克服了本身的黏性力和表面张力，被粉碎成细小的油滴，并形成具有一定角度的圆锥形雾化矩。雾化矩的雾化角一般在 $60°\sim100°$。

24　简单机械雾化喷嘴的优缺点是什么？

答：简单机械雾化喷嘴的优点是供油系统简单，雾化后油滴分布均匀，有利于混合燃烧。其缺点是用改变进油压力来调节喷油量，因而锅炉负荷的调节幅度不大。因为当锅炉低负荷运行时，由于燃油压力降得过低，将使雾化质量变差，增加了不完全燃烧损失，对较大的负荷变化，只能用增减油枪数量和调换不同出力雾化器的办法实现。所以这种喷嘴只适宜带基本负荷的锅炉。

25　回油式机械雾化喷嘴的优缺点是什么？

答：回油式机械雾化喷嘴的优点是可以在维持进油压力基本不变的情况下，通过调整回油量来调节喷油量，进行锅炉负荷的调节，因此适应负荷变化能力强，调节性能较好。缺点是当负荷降低时，回油量增加。由于进入炉膛的重油流量减少，使喷油孔出口轴向流速降低，雾化角会相应扩大，可能导致燃烧器烧坏或喷口附近结焦。同时其系统也较复杂。

26　Y型蒸汽雾化器的结构和工作原理是什么？

答：Y型蒸汽雾化器是利用蒸汽高速喷射将油滴粉碎、雾化。这种喷嘴由油孔、汽孔和混合孔构成Y字形，故得名Y型喷嘴。油、汽进入混合孔相互撞击，形成乳油状油汽混合物，然后由混合孔高速喷出，雾化成油滴进入炉膛燃烧。由于喷嘴上有多个混合孔，所以容易和空气混合。Y型喷嘴一般采用调节油压的方法来调节出力，提高蒸汽压力虽然可以改善雾化质量，但汽耗增加，同时容易引起熄火。为了便于控制，将蒸汽压力保持不变，用调节油压的方法来改变喷油量。

27　Y型油喷嘴的优缺点是什么？

答：Y型油喷嘴的优点是出力大，雾化质量好，负荷调节幅度大，结构简单并可用于高黏度劣质油的雾化。缺点是：喷嘴容易堵塞，汽、油部件结合面加工精度要求高。

28　燃油雾化喷嘴的检修内容有哪些？

答：燃油雾化喷嘴的检修内容有：
（1）将油枪从燃烧器中抽出，用蒸汽吹扫干净后进行解体。
（2）检查各零部件尺寸，偏于原始尺寸5％时，应更换。
（3）检查喷嘴头部有无烧损变形，若有应更换。
（4）检查垫圈有无损坏，若有应更换。
（5）检查连接软管有无破损，若有应更换。
（6）喷嘴尺寸误差小于或等于5mm。
（7）喷嘴检修完毕，要对喷嘴进行试验，检查严密性、雾化角及流量偏差，其偏差应小于或等于±3％。
（8）安装喷嘴时必须保证角度正确。

29　燃油设备检修应掌握哪些要点？

答：燃油设备检修应掌握的要点有：

（1）检修前准备工作要点：

1）针对设备存在的缺陷及上次大修后遗留的问题，制定检修项目，避免检修工作的盲目性和无序性。

2）根据检修项目，准备好检修用工器具、备品配件及消耗材料，准备工作应充分。

3）安全措施必须周密、完备，并根据锅炉用油量合理安排检修时间。

（2）检修中的质量保证：严格按检修技术要求进行检修工作，积极采用新技术、新工艺、新材料，确保检修质量。

（3）验收时应出具的各种材料及附件有：工作进度表；检修记录；有设备改进时，应附相关图纸及资料；各部试运的记录，并再次试运；现场整洁，验收完后应填写验收报告；所有工作完毕后，要做好检修技术总结。

第十四章

燃油区域设备检修安全及消防安全管理

第一节 燃油区域设备检修安全管理

1 油区内应做到的"三清、四无、四不漏"是指什么？

答：三清：设备清洁、场地清洁、工具清洁。

四无：无油垢、无明火、无易燃物、无杂草。

四不漏：不漏油、不漏水、不漏气、不漏电。

2 油区内防火的安全措施有哪些内容？

答：油区内防火的安全措施有：

（1）油区周围必须设置围墙其高度不低于 2m，并挂有"严禁烟火"等明显的警告标示牌，动火要办动火工作票。锅炉房内的油母管检修时，按寿命管理要求应加强检查；运行中巡回检查路线应包括各炉油母管管段和支线 。

（2）油区必须制订油区出入制度。进入油区应进行登记，交出火种，不准穿钉有铁掌的鞋子。

（3）油区的一切电气设施（如断路器、隔离开关、照明灯、电动机、电铃、自启动仪表触点等）均应为防爆型。电力线路必须是暗线或电缆，不准有架空线。

（4）油区内应保持清洁，无杂草，无油污，不准储存其他易燃物品和堆放杂物，不准搭建临时建筑。

（5）油区内应有符合消防要求的消防设施，必须备有足够的消防器材，并经常处在完好的备用状态。

（6）油区周围必须有消防车行驶的通道，并经常保持畅通。

（7）卸油区及油罐区必须有避雷装置和接地装置。油罐接地线和电气设备接地线应分别装设。输油管应有明显的接地点。油管道法兰应用金属导体跨接牢固。每年雷雨季节前须认真检查，并测量接地电阻。

（8）油区内一切电气设备的维修，都必须停电进行。

（9）参加油区工作的人员，应了解燃油的性质和有关防火防爆规定。对不熟悉的人员应先进行有关燃油的安全教育，然后方可参加燃油设备的运行和维修工作。

（10）油区内进行动火工作时，必须办理有总工签字的动火工作票。

3 燃油设备检修工作开工前应做哪些安全检查工作？

答：燃油设备检修开工前，检修工作负责人和当值运行人员必须共同将被检修设备与运行系统可靠地隔离，在与系统、油罐、卸油沟连接处加装堵板，并对被检修设备有效地冲洗和换气。测定设备冲洗换气后的气体浓度（气体浓度限额可根据现场条件制订）。严禁对燃油设备及油管道采用明火办法测验其可燃性。

4 油区工作时使用的工器具有何规定？

答：油区检修应尽量使用有色金属制成的工具，如使用铁制工具时，都应采取防止产生火花的措施，例如涂黄油、加铜垫等。

5 油区检修临时用电及照明线路应符合哪些安全要求？

答：油区检修用的临时动力和照明的电气线路，应符合下列要求：
（1）电源应设置在油区外面。
（2）横过通道的电线，应有防止被轧断的措施。
（3）全部动力线或照明线均应有可靠的绝缘及防爆性能。
（4）禁止把临时电线跨越或架设在燃油或热体管道设备上。
（5）禁止把临时电线引入未经可靠地冲洗、隔绝和通风的容器内部。
（6）用手电筒照明时应使用塑料电筒。
（7）所有临时电线在检修工作结束后，应立即拆除。

6 动火作业的含义是什么？

答：凡是能产生火花的工作、安设电气刀闸的地方、安设非防爆型灯具的地点、钢铁工具的敲打工作、凿水泥地、打墙眼及使用电烙铁等均为动火作业。

7 动火工作票主要包括哪些内容？

答：燃油设备检修需要动火时，应办理动火工作票。动火工作票的内容应包括动火地点、时间、工作负责人、监护人、审核人、批准人、安全措施等项。动火工作的批准权限应明确规定。在油区内的燃油设备上动火，须经厂主管生产的领导（总工程师）批准。

8 动火工作的监护人有哪些安全职责？

答：动火工作必须有监护人。监护人应熟知设备系统、防火要求及消防方法。其安全职责是：
（1）检查防火措施的可靠性，并监督执行。
（2）在出现不安全情况时，有权制止动火作业。
（3）动火工作结束后检查现场，做到不遗留任何火源。

9 油区如何控制可燃物？

答：油区控制可燃物的方法为：
（1）杜绝储油容器溢油，对在装卸油品操作中发生的跑、冒、滴、漏、溢油应及时处理。

（2）严禁将油污、油泥、废油等倒入下水道排放，应收集于指定地点，妥善处理。

（3）油罐、泵房等建筑物附近，要清除一切易燃物品，如树叶、干草或杂物等。

（4）用过的沾油棉纱、油抹布、油手套、油纸等应放于工作间外有盖的铁桶内，并及时按规定清理。

10　油区内如何做到断绝火源？

答：油区内做到断绝火源的措施为：

（1）严格执行油区出入制度，严禁携带火种进入油区。严格控制火源流动和明火作业。只允许用防爆式或封闭式灯光照明。

（2）油罐区、油泵房严禁烟火。检修作业必须使用明火（对设备、容器、管道等进行气焊、电焊、喷灯、熔炉等作业）时，应办理有总工签字的一级动火工作票，采取必要的安全措施后，在专职消防员及安全人员的监护下，方可进行作业。

（3）机动车辆进入油区时，必须在排气口加戴防火罩，停车后应立即停止发动机。严禁在油区内检修车辆，不得在作业过程中启动发动机。

（4）铁路机车进入卸油站台时，要加挂隔离车，关闭灰箱挡板，并不得在卸油区清炉和在非作业范围内停留。

（5）油轮停靠码头时，严禁使用明火。禁止携带火源登船。

11　油区如何防止电火花引起燃烧或爆炸？

答：油区防止电火花引起燃烧或爆炸的措施为：

（1）油区及一切作业场所使用的各种电气设备，都必须是防爆型的，安装要合乎安全要求，电线不可有破皮、露线及发生短路的现象。

（2）油罐区上空，严禁高压电线跨越。与电线的距离，必须大于电杆长度的 1.5 倍以上。

（3）通入油区的铁轨，必须在入油区前安装绝缘隔板，以防止外部电源经由铁轨流入油区发生电火花。

12　油区如何防止金属摩擦产生火花引起燃烧或爆炸？

答：油区防止金属摩擦产生火花引起燃烧或爆炸的措施为：

（1）严格执行出入油区和作业区的有关规定。禁止穿钉子鞋或有掌铁的鞋进入储油罐区，更不能攀登油罐、油轮、油槽车、油罐汽车，并禁止骡马和铁轮车进入油区。

（2）不准用铁质工具去敲打油罐的盖，开启油槽车盖时，应使用铜扳手或碰撞时不会发生火花的合金扳手。

（3）油品在接卸作业中，要避免鹤嘴管在插入或拔出油槽车口（或油轮舱口）时碰撞。

13　油区接地装置的设置有何要求？

答：油区接地装置的设置要求是：

（1）接地线。接地线必须有良好的导电性能、适当的截面积和足够的强度。油罐、管线、装卸设备的接地线，常使用厚度不小于 4mm、截面积不小于 48mm² 的扁钢；油罐汽车和油轮可用直径不小于6mm的铜线或铝线；橡胶管一般用直径3～4mm的多股铜线。

（2）接地极。接地极应使用直径50mm、长2.5m、管壁厚度不小于3mm的钢管，清除管子表面的铁锈和污物，挖一个深约0.5m的坑，将接地极垂直打入坑底土中。接地极应埋在湿度大、地下水位高的地方。接地极与接地线间的所有的触点均应栓接或卡接，确保接触良好。

14 燃油为何具有较大的毒性？

答：油品具有一定的毒害性，毒性的大小因其化学结构、蒸发速度和所含添加剂性质、加入量的不同而不同。一般认为基础油中的芳香烃、环烷烃毒性较大，油品中加入的各种添加剂，如抗爆剂（四乙基铅）、防锈剂、抗腐剂等都有较大的毒性。这些有毒物质主要是通过呼吸道、消化道和皮肤侵入人体、造成人身中毒。

15 如何避免油气中毒？

答：避免油气中毒的方法为：

（1）尽量减少油品蒸气的吸入量。

1）油品库房要保持良好的通风。进入轻质油库房作业前，应先打开窗门，让油品蒸气尽量逸散后再进入库内工作。

2）油罐、油箱、管线、油泵及加油设备要保持严密不漏，如发现渗漏现象，应及时维修，并彻底收集和清除漏洒的油品，避免油品产生蒸气，加重作业区的空气污染。

3）进入轻油罐、船舶油舱作业时，必须事先打开人孔通风，进行动物试验和化学检测，确认没有问题，方可进入作业，并穿戴有通风装置的防毒装备，还要佩上保险带和信号绳。操作时，在罐外要有专人值班，以便随时与罐内操作人员联系，并轮换作业。

4）清扫油罐汽车和其他小型容器的余油时，严禁工作人员进入罐内操作，在需清扫其他余油，必须进罐时，应采取有效的安全措施。

5）进行轻油作业时，操作者一定要站在上风口位置，尽量减少油蒸气吸入。

6）油品质量调整的作业场所，要安装排风装置，以免在加热和搅拌中产生大量油气，防止危害操作人员健康。

（2）避免口腔和皮肤与油品接触。

1）作业完毕后，要用碱水或肥皂洗手，未经洗手、洗脸和漱口不要吸烟、饮水或进食。

2）严禁用含铅汽油洗手、擦洗衣服、擦洗机件、灌注打火机或作喷灯燃料。

3）不要将沾有油污、油垢的工作服、手套、鞋袜带进食堂和宿舍，应放于指定的更衣室，并定期洗净。

第二节　燃油区域消防设施及其检修

1 油区常用的消防器材及使用方法有哪些？

答：在存储、收发和使用油品的作业场所，要配备适用有效和足够的消防器材，以便能在起火之初迅速扑灭。常用的消防器材有：

（1）灭火砂箱。配备必要的铁锹、钩杆、斧头、水桶等消防工具。发生火灾时用铁锹或水桶将砂子散开，覆盖火焰，使其熄灭，这种方法适用于扑灭漏洒在地面的油品着火，也可用于掩埋地面管线的初起小火灾。

（2）石棉被。将石棉被覆盖在着火物上，火焰因窒息而熄灭。适用于扑灭各种储油容器的罐口、桶口、油槽车罐口、管线裂缝的火焰以及地面小面积的初起火焰。

（3）泡沫灭火器。灭火时，将泡沫灭火器机身倒置，泡沫即可喷出，覆盖着火物而达到灭火目的。适用于扑灭管线、桶装油品、地面的火灾，不宜用于电气设备和精密金属制品的火灾。

（4）四氯化碳灭火器。四氯化碳是无色透明、不导电、气化后密度较空气大的气体。灭火时将机身倒置，喷嘴向下，旋开手阀，即可喷向火焰，使其熄灭。适用于扑灭电气设备和贵重仪器设备的火灾。四氯化碳毒性大，使用时操作者要站在上风口处，在室内灭火后，要及时通风。

（5）二氧化碳灭火器。二氧化碳是一种不导电的气体，密度较空气大，在钢瓶内的高压下为液态。灭火时只需扳动开关，二氧化碳即以气体状态喷射到着火物上，隔绝空气，使火焰熄灭。适用于精密仪器、电气设备以及油品化验室等场所的小面积火灾。二氧化碳由液态转变为气态时，大量吸热、温度极低（可达$-80℃$）。因此，在使用时要避免冻伤；同时，二氧化碳有毒，应尽量避免吸入。

（6）干粉灭火器。钢瓶内装有干粉和二氧化碳。使用时将灭火器的提环提起，干粉剂在二氧化碳气体作用下喷出粉雾，覆盖在着火物上，使火焰熄灭。它适用于扑灭油罐区、库房、油泵房、发油间等场所的火灾，不宜用于精密电气设备的火灾。

2　物理爆炸和化学爆炸的区别是什么？

答：物理爆炸是由物理变化引起的爆炸。这类爆炸常常是由于设备内部介质的压力超过了设备所能承受的强度，致使容器破裂，内部受压物质冲出而引起的。

化学爆炸是由化学反应引起的爆炸。化学爆炸实质上就是高速度的燃烧，它的作用时间极短，仅为百分之几秒或千分之几秒。随着燃烧会产生大量的气体和热量，气体骤然膨胀产生很大的压力。因此，通常化学爆炸随着就发生火灾。

3　防火防爆的方法有哪些？

答：产生燃烧的三个必要条件是：可燃物质、助燃物质、着火源。

防火防爆的原理和方法就是设法消除造成燃烧或爆炸的这三个条件。实际应用的方法是：控制可燃物，防止可燃气体、蒸气和可燃粉尘与空气构成爆炸混合物；消除着火源；隔绝空气储存，密闭生产。

4　泡沫消防系统的工作原理是什么？

答：消防水经过消防泵升压，少部分高压水流经泡沫混合器产生负压，由混合器吸入泡沫液，自动与水按6∶94比例混合，再经消防泵出口管至各罐顶的泡沫发生器与空气混合后形成泡沫，喷射在油液表面。由于泡沫比油轻，覆盖在着火的油面上，使油面与火隔绝。由于泡沫传热性能低，可以防止油品形成蒸气，同时泡沫所含的水冷却油的表面，并阻止油品蒸气进入燃烧区，从而起到灭火的作用。

5 泡沫灭火系统主要包括哪些设备？

答：泡沫灭火系统主要有离心式消防泵、灌水排空设备（包括中间水箱、补水门、溢流门等）、储药罐、到各罐的供水门、泡沫发生器等。

6 消防泵启动前应检查的项目有哪些？

答：消防泵启动前应检查的项目有：

（1）检查中间水箱来水门开启，溢流管有溢流。

（2）打开中间水箱出口门、消防泵入口门及排空门，进行泵及入口管道的排空，见水后关闭排空门。

（3）检查消防泵出口门关闭。

（4）检查至各罐的供水门关闭。

（5）检查消防泵轴承已加油，电动机接线良好，各地脚螺钉齐全、紧固。

（6）关闭中间水箱出口门。

（7）启动消防泵，检查振动、声音、各轴承温度正常。

7 如何用消防泵系统灭火？

答：用消防泵系统灭火的步骤为：

（1）按规定程序启动消防泵，稳定出口压力在 0.2MPa。

（2）开启泵出口门。

（3）开启着火油罐的供水门。

（4）开启储药罐出口门，开启加药调整门。

（5）开大消防水蓄水池补水门，保证用水量。